"十三五"江苏省高等学校重点教材

(江苏省重点教材编号:2018-1-066)

新概念武器发射原理

(第2版)

陆欣　编著

北京航空航天大学出版社

内 容 简 介

本书主要针对近几十年来武器系统发射领域中出现的新原理、新理论和新方法，论述新概念武器系统的工作过程和发射原理。主要内容包括内弹道流体动力学理论基础、轻气炮内弹道理论、液体发射药火炮内弹道理论、电磁发射原理、电热化学炮发射原理、随行装药发射原理、埋头弹药发射原理和冲压加速发射原理。

本书可作为武器发射工程专业的本科生专业课教材，也可供相关专业的研究生和从事武器发射研究工作的科技人员参考和使用。

图书在版编目(CIP)数据

新概念武器发射原理/ 陆欣编著. --2 版. -- 北京 ：北京航空航天大学出版社，2020.6

ISBN 978-7-5124-3275-8

Ⅰ.①新… Ⅱ.①陆… Ⅲ.①高技术武器-发射系统-理论-高等学校-教材 Ⅳ.①E92

中国版本图书馆 CIP 数据核字(2020)第 031748 号

版权所有，侵权必究。

新概念武器发射原理

(第 2 版)

陆欣　编著

责任编辑　董瑞　周世婷

*

北京航空航天大学出版社出版发行

北京市海淀区学院路 37 号(邮编 100191)　http://www.buaapress.com.cn

发行部电话:(010)82317024　传真:(010)82328026

读者信箱: goodtextbook@126.com　邮购电话:(010)82316936

涿州市新华印刷有限公司印装　各地书店经销

*

开本:710×1 000　1/16　印张:15　字数:320 千字

2020 年 8 月第 2 版　2020 年 8 月第 1 次印刷　印数:2 000 册

ISBN 978-7-5124-3275-8　定价:46.00 元

若本书有倒页、脱页、缺页等印装质量问题，请与本社发行部联系调换。联系电话:(010)82317024

前　　言

随着军事科学技术的发展，特别是当高新技术应用于军事科学领域后，出现了众多以新概念、新能源为关键技术的武器发射新原理，如轻气炮发射原理、液体发射药火炮内弹道理论、随行装药发射原理和埋头弹药发射原理等。

本书是为“新概念武器发射原理”课程编写的，全面介绍武器系统发射领域中的新原理、新理论和新方法，主要论述新概念武器系统的工作过程和发射原理，是武器发射工程专业的必修课教材。书中综合运用内弹道学、工程热力学及流体力学等基础理论知识，注重揭示新概念武器系统的基本发射原理，阐明数学建模的基本思想和处理方法，密切关注新概念发射领域的新进展、新趋势。本书主要针对武器发射工程专业学生，系统而全面地介绍新概念武器系统的种类特点、发射方式、工作原理和发展趋势，以及相关专业领域的主要研究内容、研究方法和研究成果。全书共分 8 章。

第 1 章主要介绍内弹道流体动力学理论基础，包括流体运动的基本概念和基本方程，作为后续章节学习的基础。

第 2 章主要讲述轻气炮内弹道理论，在讨论影响弹丸初速的基本因素、膛内气体压力扰动传播过程的基础上，得出轻质气体是提高弹丸初速的理想工质，并论述一级轻气炮和二级轻气炮的工作原理及内弹道模型。

第 3 章主要讲述液体发射药火炮内弹道理论，包括液体发射药火炮的内弹道循环、液体燃料的物理化学性能、再生式液体发射药火炮的再生喷射结构、内弹道零维模型和气液两相流动模型等内容。

第 4 章主要讲述电磁发射原理，着重讨论电磁炮的分类及关键技术、电枢的分类及关键技术、电磁导轨炮的内弹道模型和箍缩电磁炮的理论模型等。

第 5 章讲述电热化学炮发射原理，包括化学工质的选择及其热化学性能、等离子体与化学工质的相互作用、电热化学炮内弹道经典模型及一维两相流模型及计算方法等理论知识。

第 6 章主要讲述随行装药发射原理，探讨随行装药基本概念、随行装药关键技术、固体随行装药经典内弹道模型及液体随行装药内弹道一维两相流模型。

第 7 章主要讲述埋头弹药发射原理，包括埋头弹药的基本概念、发射原理、关键技术和内弹道模型等基本内容。

第 8 章讲述冲压加速发射原理，在介绍冲压加速原理及工作模式、混合气体工质种类及热力学性质的基础上，讨论亚声速燃烧热节制推进一维内流场数值模拟和亚爆轰推进一维模型的解析解，最后对冲压加速过程的测试技术做了简单介绍。

在内容的讲解上，本书力求物理概念清晰，数学推导严谨，尽可能把严密的数学方法与工程实际相结合,注意引导学生联系工程应用,使学生对新概念发射领域中所涉及的技术及原理有一个系统而全面的了解,掌握武器系统发射领域的新原理、新理论和新方法,拓宽所学专业的知识面,在培养创新思维、增强创新意识、提高专业素养等方面得到锻炼,提高自学能力和综合运用所学专业知识分析问题、解决问题的能力。

在本书的编写过程中,得到南京理工大学内弹道教研室老师的热情关怀和帮助。金志明教授编著的《高速推进内弹道学》,周彦煌教授、王升晨研究员在1990年出版的《实用两相流内弹道学》,王金贵先生编著的《气体炮原理及技术》以及王莹教授、肖峰研究员编著的《电炮原理》都是本书在编著过程中最重要的参考书。在这里对前辈们长期以来的辛勤工作表示崇高的敬意。书中引用的一些素材直接来源于国内外学者们的研究成果,在此对原作者表示谢意。

由于作者的水平有限,书中难免存在缺点和不足之处,敬请广大读者及专家给予批评指正。

作　者

2019年12月

目　　录

绪　论……………………………………………………………………… 1

第 1 章　内弹道流体动力学理论基础……………………………………… 5

1.1　流体动力学基本方程 …………………………………………………… 5
1.1.1　质量体和控制体 ……………………………………………………… 5
1.1.2　局部导数和随体导数 ………………………………………………… 5
1.1.3　雷诺输运定律 ………………………………………………………… 6
1.1.4　质量体上的动力学方程 ……………………………………………… 7
1.1.5　控制体上的守恒方程 ………………………………………………… 8
1.1.6　流体动力学微分型基本方程 ………………………………………… 9
1.2　气体超声速流动的特征线………………………………………………… 11
1.2.1　特征线的基本概念…………………………………………………… 11
1.2.2　偏微分方程的特征线理论…………………………………………… 12
1.2.3　一维非定常等熵流动的特征线……………………………………… 15
1.3　内弹道一维两相流基本方程……………………………………………… 18
1.3.1　基本假设……………………………………………………………… 18
1.3.2　一维变截面管内两相流基本方程…………………………………… 18

第 2 章　轻气炮内弹道理论 ………………………………………………… 23

2.1　影响弹丸初速的基本因素………………………………………………… 23
2.2　弹丸最大可能速度………………………………………………………… 24
2.2.1　定常假设下的极限速度……………………………………………… 24
2.2.2　经典内弹道理论的弹丸极限速度…………………………………… 25
2.2.3　非定常等熵假设下的逃逸速度……………………………………… 26
2.2.4　三种极限速度的讨论………………………………………………… 27
2.3　膛内气体压力扰动的传播………………………………………………… 28
2.3.1　膛内气体压力扰动传播的定性分析………………………………… 28
2.3.2　声惯性………………………………………………………………… 29
2.4　提高弹丸初速的理想工质………………………………………………… 30
2.4.1　增大逃逸速度………………………………………………………… 30

2.4.2 减小声惯性……………………………………………………………… 31

2.5 一级轻气炮…………………………………………………………………… 32

2.5.1 一级轻气炮的工作原理……………………………………………… 32

2.5.2 一级轻气炮内弹道模型……………………………………………… 33

2.6 二级轻气炮…………………………………………………………………… 34

2.6.1 二级轻气炮的工作原理……………………………………………… 34

2.6.2 二级轻气炮的数学模型……………………………………………… 35

2.6.3 二级轻气炮参量对发射性能的影响………………………………… 37

第3章 液体发射药火炮内弹道理论 ………………………………………… 52

3.1 概 述………………………………………………………………………… 52

3.2 液体发射药火炮的内弹道循环……………………………………………… 56

3.2.1 整装式液体发射药火炮的内弹道循环……………………………… 56

3.2.2 再生式液体发射药火炮的内弹道循环……………………………… 58

3.3 液体燃料的物理化学性能…………………………………………………… 60

3.3.1 液体燃料的分类及其理化性能……………………………………… 60

3.3.2 液体燃料性能的基本要求…………………………………………… 61

3.4 再生式液体发射药火炮的再生喷射结构…………………………………… 64

3.5 再生式液体发射药火炮内弹道零维模型…………………………………… 66

3.5.1 内弹道模型应考虑的因素…………………………………………… 66

3.5.2 物理模型及基本假设………………………………………………… 67

3.5.3 基本方程……………………………………………………………… 68

3.5.4 再生式液体发射药火炮内弹道封闭方程组………………………… 71

3.5.5 初始条件……………………………………………………………… 71

3.6 再生式液体发射药火炮内弹道拉格朗日问题……………………………… 72

3.6.1 气动力数学模型和速度分布………………………………………… 72

3.6.2 弹后空间压力分布…………………………………………………… 74

3.6.3 弹后空间的平均压力………………………………………………… 76

3.7 再生式液体发射药火炮气液两相流内弹道模型…………………………… 76

3.7.1 物理现象和基本假设………………………………………………… 76

3.7.2 数学模型……………………………………………………………… 77

第4章 电磁发射原理 ………………………………………………………… 82

4.1 电磁发射概念、意义及应用前景 …………………………………………… 82

4.1.1 电磁炮的发展概况…………………………………………………… 82

4.1.2 电磁炮的优点及应用前景…………………………………………… 83

4.1.3　电磁炮的关键技术…… 84
4.2　电磁炮的分类…… 85
4.2.1　导轨炮…… 85
4.2.2　线圈炮…… 86
4.2.3　重接炮…… 86
4.3　电　枢…… 88
4.3.1　概　述…… 88
4.3.2　固体电枢…… 90
4.3.3　等离子体电枢…… 91
4.3.4　混合电枢…… 94
4.3.5　过渡电枢…… 95
4.4　电磁导轨炮…… 96
4.4.1　固体电枢内弹道方程组…… 96
4.4.2　等离子体电枢内弹道方程组…… 98
4.5　箍缩电磁炮…… 101
4.5.1　箍缩电磁炮的概念…… 101
4.5.2　箍缩电磁炮的理论模型…… 101
4.6　线圈炮…… 105
4.6.1　线圈炮的概念…… 105
4.6.2　单级线圈炮…… 106
4.6.3　多级线圈炮…… 111
4.7　重接炮…… 113
4.7.1　概　述…… 113
4.7.2　板状弹丸重接炮…… 114
4.7.3　柱状弹丸重接炮…… 117

第5章　电热化学炮发射原理…… 120

5.1　电热炮的基本概念…… 120
5.2　受约束高压放电等离子体的基本特性…… 121
5.2.1　等离子体存在的基本条件…… 121
5.2.2　等离子体状态方程…… 122
5.2.3　等离子体的宏观方程…… 122
5.3　化学工质的选择及其热化学性能…… 123
5.3.1　化学工质的分类…… 124
5.3.2　工质的热化学特性…… 125
5.4　等离子体与化学工质的相互作用…… 128

5.4.1 化学工质的反应速率 …… 128
5.4.2 影响化学工质反应速率的因素 …… 129
5.4.3 化学工质反应速率对内弹道性能的影响 …… 131
5.5 电热化学炮内弹道经典模型 …… 134
5.5.1 放电管等离子体数学模型 …… 134
5.5.2 燃烧室内弹道数学模型 …… 135
5.6 电热化学炮内弹道一维两相流模型 …… 136
5.6.1 物理模型 …… 136
5.6.2 放电管内等离子体一维流动数学模型 …… 137
5.6.3 燃烧室一维两相流数学模型 …… 137
5.7 电热化学炮一维两相流计算方法 …… 139
5.7.1 两相流内弹道方程组的类型 …… 139
5.7.2 差分格式 …… 142
5.7.3 边界条件与初始条件 …… 144
5.7.4 网格自动生成方法 …… 146
5.7.5 人工黏性和滤波 …… 147
5.7.6 守恒性检查 …… 148

第6章 随行装药发射原理 …… 149

6.1 随行装药基本概念 …… 149
6.1.1 随行装药效应 …… 149
6.1.2 随行装药的类型 …… 150
6.1.3 随行装药研究发展现状 …… 150
6.2 随行装药关键技术 …… 152
6.2.1 随行技术 …… 152
6.2.2 点火延迟时间控制技术 …… 153
6.2.3 高燃速火药技术 …… 153
6.3 固体随行装药经典内弹道模型 …… 153
6.3.1 内弹道过程的物理描述 …… 153
6.3.2 固体随行装药经典内弹道模型 …… 155
6.4 液体随行装药内弹道一维两相流模型 …… 155
6.4.1 物理模型 …… 156
6.4.2 数学模型 …… 156
6.4.3 数值模拟 …… 158
6.4.4 计算结果及分析 …… 164

第7章　埋头弹药发射原理 …… 166

7.1　埋头弹药基本概念 …… 166

7.1.1　埋头弹药特点 …… 166

7.1.2　埋头弹药研究发展状况 …… 167

7.2　埋头弹药发射原理 …… 170

7.3　埋头弹药关键技术 …… 171

7.3.1　二次点火技术 …… 171

7.3.2　旋转药室技术 …… 172

7.3.3　高压动态密封技术 …… 172

7.4　埋头弹药经典内弹道模型 …… 172

7.4.1　埋头弹药内弹道过程的主要特点 …… 172

7.4.2　基本假设 …… 173

7.4.3　数学模型 …… 173

7.5　埋头弹药内弹道两相流模型 …… 174

7.5.1　物理模型及基本假设 …… 174

7.5.2　数学模型 …… 175

7.6　埋头弹药内弹道优化设计 …… 176

7.6.1　内弹道优化设计过程 …… 176

7.6.2　模式搜索法 …… 178

7.6.3　模拟退火算法 …… 181

7.6.4　遗传算法 …… 189

7.7　埋头弹药结构设计 …… 196

7.7.1　装药结构设计 …… 196

7.7.2　旋转药室结构设计 …… 197

7.7.3　高压动态密封结构设计 …… 198

第8章　冲压加速发射原理 …… 201

8.1　概　述 …… 201

8.2　冲压加速原理及工作模式 …… 202

8.2.1　冲压加速原理概述 …… 203

8.2.2　冲压加速工作模式 …… 204

8.3　混合气体工质 …… 206

8.3.1　混合气体种类及热力学性质 …… 206

8.3.2　混合气体的燃烧实验 …… 206

8.3.3　混合气体的高压不稳定燃烧分析 …… 207

8.3.4 频谱分析 …… 208
8.3.5 混合气体工质的C-J爆轰速度 …… 209
8.4 亚声速燃烧热节制推进一维内流场数值模拟 …… 212
8.4.1 基本假设 …… 212
8.4.2 平衡化学一维数学方程 …… 212
8.4.3 计算结果分析 …… 215
8.5 亚爆轰推进一维模型的解析解 …… 217
8.5.1 无量纲推力表达式 …… 217
8.5.2 弹道效率与推力压力比 …… 220
8.6 冲压加速过程的测试技术 …… 221
8.6.1 测试方法 …… 221
8.6.2 三种工作模式实验结果分析 …… 222
8.6.3 冲压加速气动力分析 …… 224

参考文献 …… 228

绪 论

火炮发射技术的发展已有悠久的历史，从机械发射（如弓箭、弩、抛石机）发展到化学能发射是火炮技术发展史上的一次重大革命。这次革命使火炮武器的威力、射程、射击精度以及在野战条件下的可操作性都得到了很大的提升，具有火力突击性的火箭和火炮武器成为地面火力的骨干，极大地提高了军队的战斗力。军队的作战方式也从冷兵器时代短兵相接的白刃格斗逐渐过渡到远距离的火力杀伤。在第二次世界大战以后的一个漫长时期，火炮发射技术虽有某些进步，但总的来说仍处于停滞状态。然而，近二三十年来，由于防空、反导、特别是坦克和反坦克兵器发展的需要，世界各国都相继发展了一种高膛压火炮发射技术。它主要是通过增加装填密度将膛压由原来通常在 200～300 MPa 增加到 400～700 MPa，以达到增加弹丸初速、提高武器威力的目的。很显然，这是在原有火炮发射技术条件下，火炮发射药无突破性进展时所采取的一种技术途径。这种高装填密度、高膛压、高初速的火炮发射系统，虽然使弹丸的初速有明显的提高，可以达到 1.8 km/s 的水平。但是，新的严重问题也随之而来，极危险的膛炸现象时有发生，对炮手的安全造成很大的威胁。发射安全性成为高膛压火炮发展的一种障碍。因此，研究新的发射理论和发射技术已成为当前火炮武器发展中的一项重要任务。

随着军事科学技术的发展，特别是在高科技作战条件下，未来战场上的兵器，其作战性能将有显著的变化。今后，无论是提高防空兵器的有效作战能力，研制对付未来新型装甲目标的反坦克兵器，还是在大纵深、宽正面上对步兵提供火力支援的压制兵器，都要求弹丸的初速有较大的提高。近代的作战理论也将“远程精确打击”的作战方针放在极其重要的地位。对火炮武器来说，要达到远射程，必须要增加炮口动能，提高弹丸初速。因此，如何提高初速是火炮技术领域中一项极重要的长期的研究课题。根据国内外军事专家的预测，未来火炮的弹道性能应使弹丸初速达到 2～2.5 km/s 的水平，才能对付野战条件下战场上可能出现的目标。为此，研究新的发射技术，显著提高火炮的弹道性能，较大幅度地增加火炮初速、射速和威力，是火炮武器面临着的又一次新的技术革命。

以化学能为能源的火炮，其弹丸初速将受到燃气声速的限制。根据经典的内弹道理论，弹丸初速取决于极限速度和火炮效率。一般情况下，火炮有效热效率为 0.16～0.30。因此，影响初速最敏感的是火炮的极限速度。而极限速度与燃气滞止声速成正比，声速越大，则极限速度也越大，因而弹丸初速也相应增加。滞止声速与滞止温度开平方成正比，与燃气分子量开平方成反比。燃气温度受到火炮身管烧蚀寿命的限制，不能无限制地提高燃气温度来增加滞止声速，而是通过减小燃气的分子量。分子量越小，则滞止声速越大，以此来达到提高初速的目的。一般的发射弹药由

C、H、O、N元素组成。燃烧后生成的燃气主要由CO_2、CO、NO_2、NO和H_2O组成。混合燃气的平均分子量在20～30之间变化。因此,要减小分子量,可采用一些轻质气体,如H_2和He。H_2的分子量为2.016,He的分子量为4.003。对于氢气来说,它的分子量只有常用发射弹药燃气的分子量的7%左右,因此,可以大幅度增加滞止声速。于是,利用轻质气体为工质的发射技术受到人们的关注。1968年美国海军实验研究所利用二级轻气炮将0.2 g弹丸加速到11.6 km/s的惊人速度,这说明了用火炮推进技术能达到宇宙速度的发射能力。最近几年来发射较大质量弹丸的二级轻气炮也有所进展,如加拿大的DREV 250/105 mm二级轻气炮,将1.01 kg的弹丸加速到2.3 km/s的初速。

众所周知,低分子量气体的声惯性比较小,因此在膛内气体膨胀做功的过程中,气体能迅速跟上弹丸运动,不至于引起弹底压力的显著下降。直接推动弹丸运动的是弹底压力,弹底压力越高,弹丸获得的加速度越大。在通常的火炮装药系统中,弹后空间的压力分布近似于遵循拉格朗日假设下的一种抛物线型的压力分布。膛底压力最大,而弹底压力最小。随着弹丸初速的增加,这种压降趋势更为严重,影响到对弹丸的做功能力。为了能提高弹底压力,减小压力降,可以通过改变原来常规的装药结构,让一部分火药随着弹丸一起运动。这就是随行装药发射技术。火药在跟随弹丸运动中不断地燃烧,产生的燃气可以填补由弹丸运动形成的弹底空间的低压区,使弹底保持一个较高的弹底压力,从而显著地提高弹丸的初速。美国国防部将随行装药发射技术列入"超高速射弹"中的关键技术之一,认为要使火炮的弹丸初速达到2～3 km/s的内弹道性能指标,采用随行装药发射技术是一种可供选择的发射技术。根据实验和理论分析表明,随行原理的潜在能力十分明显。贝尔(Baer P G)在40 mm弹道炮上采用助推装药,占总装药量的25%,随行装药占75%,弹丸质量为150 g,获得炮口速度为2.93 km/s。然而到目前为止,随行原理的工程化问题尚未解决,仍停留在原理性试验阶段。

液体发射药火炮与固体发射药火炮同属于化学能发射技术的范畴,但其内弹道循环有很大的差别。火炮的结构通常有整装式(BLPG)和再生式(RLPG)两种类型。整装式的装药结构由于内弹道性能难以控制,所以曾在一个时期内,人们对它的兴趣有所衰退。很多国家都集中力量开展再生式液体发射药推进技术的研究。RLPG的突出优点是可以通过再生喷射的控制,不仅有效地增大装药质量比,而且能使膛内的压力曲线产生"平台"效应,增大炮膛工作容积利用系数,从而在相同的最大压力条件下,获得更高的弹丸速度,有望将常规火炮的弹丸速度增加20%～25%。美国通用电气公司研究的155 mm再生式液体发射药火炮(VIC RLPG),其射程可达44 km。新一代的AFAS液体发射药火炮的射程要求达到50 km,这远远领先于一些先进的固体发射药火炮的水平。液体推进剂是采用一种由硝酸羟胺(HAN)为基的单元燃料,它具有良好的点火和燃烧性能以及比较高的能量指标。再生喷射结构的设计、液体发射药的喷射和雾化质量的控制是液体发射药推进技术中的关键技术,直接影响

到发射过程中内弹道循环的稳定性。燃烧过程中的压力振荡是液体发射药推进技术中的一种有害现象，在严重情况下可诱发回火而引起灾难性的膛炸现象发生。

冲压加速也属于一种化学推进技术。美国在20世纪80年代中期已开始这项工作的研究。它通过对弹丸逐级加速的程序，使弹丸达到超常规的速度。弹丸质量可以在几克到几吨之间任意选取。这种加速弹丸的推进装置类似于冲压原理的热力学循环。在冲压加速器中，由燃料和氧化剂混合的燃气流场产生一个恒定的推力。弹丸类似于超声速冲压器中的中心体。常用的燃料和氧化剂有CH_4、O_2和N_2的混合物。可以通过化学能量密度和超声速燃气的调整来控制加速管的马赫数和弹丸速度。冲压加速过程不产生像火炮那样的后坐现象，而且整个循环过程中的最大压力总是处于弹底，因而提高了内弹道效率。冲压加速推进循环有三种工作模式，即亚爆轰速度、跨爆轰速度和超爆轰速度。亚爆轰速度工作模式的弹丸速度可达到90% C-J(Chapman-Jouguet)速度。实验测得，在38 mm加速管中可将弹丸速度加速到1.15～2.6 km/s。对于超爆轰工作模式，实验表明，在乙烯为基的混合燃气中，马赫数超过8.5，相应的弹丸速度为C-J速度的150%，弹丸可以加速到6 km/s以上。利用冲压加速概念的超高速发射，在原理上可以按比例放大尺寸，进行很多有意义的实验，例如高能冲击研究、远程防卫、软发射和超声速空气弹道研究等。单级冲压加速可获得显著高于常规火炮的弹丸速度。

就发射技术中新能源的应用而言，由化学能发展到电能，标志着发射技术到达一个新的里程碑。从理论上来说，电能推进不像化学能推进那样弹丸速度受到燃气声速的限制，是一种很理想的发射技术。利用电磁力发射物体的设想迄今已有近一百年的历史。自从发现运动带电粒子或载流导体在磁场中受到洛伦兹力作用的物理现象以来，人们一直在追求将洛伦兹力用于军事目的，发展一种利用电磁力代替火药发射弹丸的电磁炮(EMG)。早在第一次世界大战期间，法国和德国相继开展电磁炮的研究工作。然而，电磁发射技术的实质性进展是20世纪70年代初期，澳大利亚堪培拉国立大学的研究工作，他们使用一台储能为550 MJ的当时世界上最大的单极发电机，将3 g塑料弹丸加速到5.9 km/s。这一研究成果激发了许多国家政府及研究人员的热情。1986年，我国研制的303EMG电磁发射装置将30 g弹丸加速到3 km/s。随着电磁发射技术的日趋发展，电磁炮极有可能成为新一代作战兵器。电源及其小型化是电磁发射中的一项关键技术。目前采用的电源有电容器、单极发电机(HPG)、补偿电机和蓄电池四种类型。以电容器为例，美国在20世纪末已达到电容器质量储能10 J/g。若要获得10 MJ的炮口动能，效率为10%，则电容器储能需达到100 MJ。以美国目前的水平，其电容器质量应为10 t。这样庞大的电源是野战兵器不能接受的，因此，电源小型化是发展电磁发射技术中的一个主要难题。

由于电源小型化的技术问题还不能在短时间内解决，因此人们又开始研究一种电能和化学能混合应用的发射技术——电热化学(ETC)发射技术。电磁发射是通过电磁场的洛伦兹力形式推动等离子电枢，弹丸在等离子电枢作用下加速运动。而电热化学发射技术是以高温等离子体加热含能工质,如 $LiBH_4$、TiH_2/Al、C_8H_{18}/H_2O_2 和 LP1846 等含能物质。因此,除电能加入以外,这些含能物质在等离子体作用下发生化学反应而释放出化学能。在获得相同初速条件下,电热化学发射技术的电源蓄能容量比电磁发射技术的要小得多,电能一般只占总能量的10%~20%,其余由化学能来提供。这类发射技术可将弹丸加速到2~3 km/s的初速。如美国食品机械公司(FMC)研制的一种燃烧增强等离子体电热炮,初速可达3 km/s。德国、以色列和俄罗斯等国家也在开展这方面的研究工作。电热发射技术适用于需要高炮口动能的坦克和反坦克兵器。国内外有关专家认为,这是一种比较现实的技术,有可能在近期内发展成一种新型的发射兵器。等离子体发生器、等离子体与含能工质的相互作用机理等是电热化学发射技术中需要重点研究的内容。

埋头弹药技术是一种能有效提高步兵战车、装甲武器威力的装药技术。它与常规装药技术最大的不同就是弹丸完全缩在药筒内,在弹丸的后方和周围都装填发射药,整个弹药外形呈规则的圆柱状。与常规弹药相比,埋头弹药的长度大大缩短,外形简单规则。埋头弹药的这种特点使其在使用中具有许多明显的优势。弹药长度缩短,与常规弹药相比节省了弹药储存空间,可使装甲武器系统携带更多的弹药;形状规则,有利于设计出结构更加紧凑的供弹机构,同时可以利用旋转药室和"推抛式"工作原理提高火炮的射速。这些新机构、新技术和新原理的应用,使得可以在原有武器系统炮塔尺寸不变的条件下换装较大口径的火炮,从而提升原有武器系统的威力。同时,由于埋头弹药技术的使用仅更换发射系统,原有装甲武器的车体、底盘、履带等无须改变,因此也节约了武器系统更新换代的成本。美国在埋头弹药技术方面的研究最早,已有40多年历史,投入了大量的人力物力,到20世纪90年代,总投入已超过21 300多万美元。其陆军、空军、海军和海军陆战队都对此进行了研究,涉及的口径系列繁多,包括12.7 mm、20 mm、25 mm、30 mm、45 mm和76 mm,但一直没有开发出成熟的产品。在这方面研究比较成功的是法国和英国,已经开发出了可用于武器装备的成熟产品。1996年法国地面武器公司(GIAT)研制出了45M911型快速发射45 mm埋头弹火炮,1997年英法埋头弹联合国际公司(CTAI)开发的低重心轻型武器发射平台——40 mm CTWS(Cased Telescoped Weapon System)可以安装在美国的布雷德利(Bradley)步兵战车上,代替其上装备的25 mm Bushmaster火炮,射速可达200发/分。

第1章　内弹道流体动力学理论基础

1.1　流体动力学基本方程

类似于固体质点动力学的两种描述方法，建立流体运动的动力学方程也有两种方法：一种是追随流体的质量体建立动力学方程；另一种是在固定的控制体内建立动力学方程。这两种分析方法的主要区别在于描述研究对象所采用的基本思想和观点不同，在流体运动的过程中，质量体是不变的质点系统，相当于热力学中的闭口系统，是与拉格朗日(Lagrange)方法对应的；而控制体是可变的质点系统，相当于热力学中的开口系统，是与欧拉(Eular)方法对应的。下面先介绍这两种有限体积系统的概念。

1.1.1　质量体和控制体

流场中封闭流体面所包含的流体称为质量体。质量体随流体质点一起运动，它的边界形状和体积都随时间变化，在边界上可有力的作用和能量交换，但没有质量的输入或输出。因此质量体所包含的流体质量是不变的，相当于热力学中的闭口系统。

相对于某参照坐标系不随时间变化的封闭曲面中所包含的流体称为控制体。控制体的几何外形和体积都不随时间变化。控制体的边界上可有力的作用和能量交换，也可有流体的流入或流出，因此它相当于热力学中的开口系统。

众所周知，经典的力学和热力学定律都是建立在闭口系统上的，因此很容易在质量体上建立有限体积的流体动力学方程，但是质量体是变形系统，建立在质量体上的流体动力学方程在实际使用时很不方便。为此需要一种方法将建立在质量体上的动力学方程变换到控制体上，下面介绍这种方法。为了明确区分这两种系统，质量体的体积和边界分别用$V^*(t)$、$\Sigma^*(t)$表示，它们是时间的函数；控制体的体积和边界分别用V、Σ表示，它们不随时间变化。

1.1.2　局部导数和随体导数

控制体内某物理量随时间的变化率称为局部导数，用$\partial/\partial t$表示。例如，控制体内的总质量$m=\int_V \rho \mathrm{d}V$，它的局部导数为

$$\frac{\partial m}{\partial t}=\frac{\partial}{\partial t}\int_V \rho \mathrm{d}V=\int_V \frac{\partial \rho}{\partial t}\mathrm{d}V \tag{1.1}$$

因为V是控制体包围的区域，与时间无关，因而局部导数和控制体上的积分运算可以交换。

质量体内某物理量随时间的变化率称为随体导数,用 d/dt 表示。例如,质量体内的总质量 $m=\int_{V^*(t)}\rho\mathrm{d}V$,其随体导数为

$$\frac{\mathrm{d}m}{\mathrm{d}t}=\frac{\mathrm{d}}{\mathrm{d}t}\int_{V^*(t)}\rho\mathrm{d}V \tag{1.2}$$

因为质量体的积分域 $V^*(t)$是随时间变化的,所以随体导数不能与质量体上的积分运算交换。雷诺(Reynolds)输运定律可以将随体导数与局部导数联系起来,从而能够把建立在质量体上的动力学方程变换到控制体上。

1.1.3 雷诺输运定律

假设 Φ 为质量体 $V^*(t)$内的任一物理量,它可以代表质量、动量、能量等流体物理参量的场密度,其随体导数为$\frac{\mathrm{d}}{\mathrm{d}t}\int_{V^*(t)}\Phi\mathrm{d}V$。根据导数的定义,可表示为

$$\frac{\mathrm{d}}{\mathrm{d}t}\int_{V^*(t)}\Phi\mathrm{d}V=\lim_{\delta t\to 0}\frac{\int_{V^*(t+\delta t)}\Phi(t+\delta t)\mathrm{d}V-\int_{V^*(t)}\Phi(t)\mathrm{d}V}{\delta t} \tag{1.3}$$

式中,$V^*(t+\delta t)$为 $t+\delta t$ 时刻质量体的体积,可以分解为(见图 1.1)

$$V^*(t+\delta t)=V^*(t)+\delta V^* \tag{1.4}$$

$V^*(t)$是 t 时刻质量体的体积,它等于 t 时刻取定的与质量体重合的控制体的体积 V;δV^* 是质量体 $V^*(t+\delta t)$与 $V^*(t)$之差,根据质量体边界面的运动情况,这部分质量体的体积可以为正值,也可以为负值。

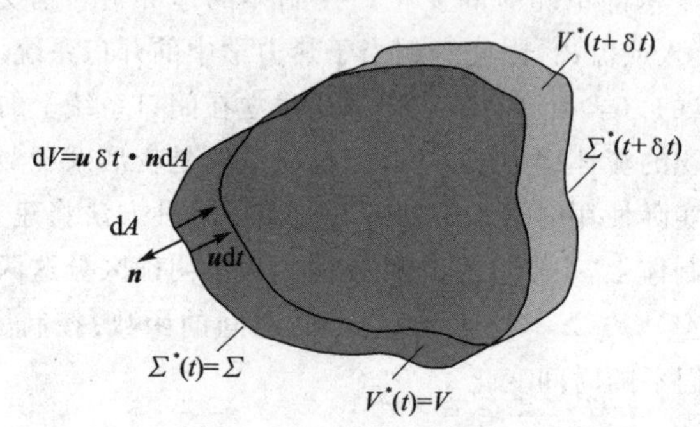

图 1.1 推导随体导数示意图

利用式(1.4),$t+\delta t$ 时刻物理量的体积分公式可表示为两部分之和,即

$$\int_{V^*(t+\delta t)}\Phi(t+\delta t)\mathrm{d}V=\int_{V^*(t)}\Phi(t+\delta t)\mathrm{d}V+\int_{\delta V^*}\Phi(t+\delta t)\mathrm{d}V$$

于是式(1.3)可进一步写为

$$\frac{\mathrm{d}}{\mathrm{d}t}\int_{V^*(t)}\Phi\mathrm{d}V=\lim_{\delta t\to 0}\frac{\int_{V^*(t)}\Phi(t+\delta t)\mathrm{d}V-\int_{V^*(t)}\Phi(t)\mathrm{d}V}{\delta t}+\lim_{\delta t\to 0}\frac{\int_{\delta V^*}\Phi(t+\delta t)\mathrm{d}V}{\delta t} \tag{1.5}$$

式(1.5)等号右边第一项是在积分域 $V^*(t)=V$ 上的局部导数,故该项可以写为

$$\lim_{\delta t\to 0}\frac{\int_{V^*(t)}\Phi(t+\delta t)\mathrm{d}V-\int_{V^*(t)}\Phi(t)\mathrm{d}V}{\delta t}=\frac{\partial}{\partial t}\int_{V^*(t)}\Phi\mathrm{d}V=\int_V\frac{\partial\Phi}{\partial t}\mathrm{d}V \tag{1.6}$$

式(1.5)等号右边第二项可以化为一个曲面积分。具体方法如下:将 δV^* 无限分割为以边界 $\Sigma^*(t)$包围的微元面积 $\mathrm{d}A$ 为底,以 $\Sigma^*(t)$上任意流体质点到 $\Sigma^*(t+\delta t)$上的位移为边的无穷多微元斜柱体。由 $\Sigma^*(t)$上任意流体质点到 $\Sigma^*(t+\delta t)$上的位移等于 $\boldsymbol{u}\delta t$,因而斜柱体的体积应为

$$\mathrm{d}V=\boldsymbol{u}\delta t\cdot\boldsymbol{n}\mathrm{d}A$$

$\boldsymbol{n}$ 为微元面积的外法线向量。可以看出,如果 $\boldsymbol{u}\cdot\boldsymbol{n}>0$,则 $\mathrm{d}V>0$,表示 δV^* 为 δt 时间内质量体体积的增加部分;反之,若 $\boldsymbol{u}\cdot\boldsymbol{n}<0$,则 $\mathrm{d}V<0$,表示 δV^* 为 δt 时间内质量体体积的减小部分。利用上式,则式(1.5)中等号右边第二项可写为

$$\lim_{\delta t\to 0}\frac{\int_{\delta V^*}\Phi(t+\delta t)\mathrm{d}V}{\delta t}=\lim_{\delta t\to 0}\frac{\oiint_{\Sigma^*(t)}\Phi(t+\delta t)\boldsymbol{u}\cdot\boldsymbol{n}\delta t\mathrm{d}A}{\delta t}=\oiint_{\Sigma^*(t)}\Phi\boldsymbol{u}\cdot\boldsymbol{n}\mathrm{d}A=\oiint_{\Sigma}\Phi\boldsymbol{u}\cdot\boldsymbol{n}\mathrm{d}A \tag{1.7}$$

式(1.7)的结果表示物理量 Φ 在控制体边界 Σ 上的输运量,即由流体运动携带出去的量,又称物理量的通量。如果 $\boldsymbol{u}\cdot\boldsymbol{n}>0$,则输运量为正值,表示物理量从边界流出控制体;如果 $\boldsymbol{u}\cdot\boldsymbol{n}<0$,则输运量为负值,表示物理量从边界流入控制体。

将式(1.6)和式(1.7)代入式(1.5),得到

$$\frac{\mathrm{d}}{\mathrm{d}t}\int_{V^*(t)}\Phi\mathrm{d}V=\int_V\frac{\partial\Phi}{\partial t}\mathrm{d}V+\oiint_{\Sigma}\Phi\boldsymbol{u}\cdot\boldsymbol{n}\mathrm{d}A \tag{1.8}$$

式(1.8)即为雷诺输运定律,可表述为任一时刻质量体内物理量的随体导数等于该时刻体积、形状相同的控制体内物理量的局部导数与通过该控制体表面的输运量之和,即

随体导数=局部导数+控制体输出的输运量

下面先建立质量体上的动力学守恒方程,然后应用雷诺输运定律建立控制体上的动力学守恒方程。

1.1.4　质量体上的动力学方程

应用力学和热力学守恒定律,质量体上有以下基本方程。

1. 质量守恒方程

质量体是闭口系统,因而它的总质量不变,即

$$\frac{\mathrm{d}}{\mathrm{d}t}\int_{V^*(t)}\rho\mathrm{d}V=0 \tag{1.9}$$

2. 动量守恒方程

根据牛顿定律,质量体内动量的变化率等于作用在质量体上的外力之和。将牛

顿定律应用于流体的质量体,就可得到质量体上的动量守恒方程。

质量体内的动量变化率为 $\frac{\mathrm{d}}{\mathrm{d}t}\int_{V^*(t)}\rho\boldsymbol{u}\mathrm{d}V$。作用在质量体上的外力可分为体积力和表面力,假设作用在单位质量流体上的体积力之和为 $\boldsymbol{f}$,作用在单位面积流体上的表面力仅考虑压力,则质量体内的体积力为$\int_{V^*(t)}\rho\boldsymbol{f}\mathrm{d}V$,作用在质量体边界上的表面力为 $-\oiint_{\Sigma^*(t)}p\boldsymbol{n}\mathrm{d}A$。于是动量守恒方程为

$$\frac{\mathrm{d}}{\mathrm{d}t}\int_{V^*(t)}\rho\boldsymbol{u}\mathrm{d}V=\int_{V^*(t)}\rho\boldsymbol{f}\mathrm{d}V-\oiint_{\Sigma^*(t)}p\boldsymbol{n}\mathrm{d}A \tag{1.10}$$

3. 能量守恒方程

能量守恒方程可以应用热力学第一定律得到。根据热力学第一定律,质量体内总能量的变化率等于单位时间内外力做功与外界输入质量体内的热量之和。

质量体的总能量等于动能与内能之和,故质量体内总能量的变化率为

$$\frac{\mathrm{d}}{\mathrm{d}t}\int_{V^*(t)}\rho\left(e+\frac{1}{2}\boldsymbol{u}^2\right)\mathrm{d}V$$

式中:e 为流体单位质量的内能,是热力学状态参量;$\frac{1}{2}\boldsymbol{u}^2$ 为单位质量的动能。

外力做功包括体积力做功和表面力做功两部分。单位时间内体积力做功可表示为$\int_{V^*(t)}\rho\boldsymbol{f}\cdot\boldsymbol{u}\mathrm{d}V$;若表面力仅考虑压力,则单位时间内表面力做功可表示为$-\oiint_{\Sigma^*(t)}\mathrm{p}\boldsymbol{u}\cdot\boldsymbol{n}\mathrm{d}A$。因此,单位时间内外力所做的功为

$$\int_{V^*(t)}\rho\boldsymbol{f}\cdot\boldsymbol{u}\mathrm{d}V-\oiint_{\Sigma^*(t)}p\boldsymbol{u}\cdot\boldsymbol{n}\mathrm{d}A$$

令 $\dot{q}$ 表示单位时间内外界传给单位质量流体的热量,则单位时间内外界输入质量体内的热量为$\int_{V^*(t)}\rho\dot{q}\mathrm{d}V$。于是能量守恒方程为

$$\frac{\mathrm{d}}{\mathrm{d}t}\int_{V^*(t)}\rho\left(e+\frac{1}{2}\boldsymbol{u}^2\right)\mathrm{d}V=\int_{V^*(t)}\rho\boldsymbol{f}\cdot\boldsymbol{u}\mathrm{d}V-\oiint_{\Sigma^*(t)}p\boldsymbol{u}\cdot\boldsymbol{n}\mathrm{d}A+\int_{V^*(t)}\rho\dot{q}\mathrm{d}V \tag{1.11}$$

1.1.5 控制体上的守恒方程

利用雷诺输运定律,将式(1.9)~式(1.11)等号左边的随体导数用局部导数及输运量来表示,即可把建立在质量体上的动力学方程变换为控制体上的守恒方程。

由式(1.8),质量体内的总质量变化率可表示为

$$\frac{\mathrm{d}}{\mathrm{d}t}\int_{V^*(t)}\rho\mathrm{d}V=\int_{V}\frac{\partial\rho}{\partial t}\mathrm{d}V+\oiint_{\Sigma}\rho\boldsymbol{u}\cdot\boldsymbol{n}\mathrm{d}A \tag{1.12}$$

质量体上的动量变化率可表示为

$$\frac{\mathrm{d}}{\mathrm{d}t}\int_{V^*(t)}\rho\boldsymbol{u}\,\mathrm{d}V=\int_V\frac{\partial\rho\boldsymbol{u}}{\partial t}\mathrm{d}V+\oiint_\Sigma\rho\boldsymbol{u}\boldsymbol{u}\cdot\boldsymbol{n}\,\mathrm{d}A \tag{1.13}$$

质量体上的总能量变化率可表示为

$$\frac{\mathrm{d}}{\mathrm{d}t}\int_{V^*(t)}\rho\left(e+\frac{1}{2}\boldsymbol{u}^2\right)\mathrm{d}V=\int_V\frac{\partial\rho\left(e+\frac{1}{2}\boldsymbol{u}^2\right)}{\partial t}\mathrm{d}V+\oiint_\Sigma\rho\left(e+\frac{1}{2}\boldsymbol{u}^2\right)\boldsymbol{u}\cdot\boldsymbol{n}\,\mathrm{d}A \tag{1.14}$$

将式(1.12)～式(1.14)代入式(1.9)～式(1.11)，并取 t 时刻与质量体重合的控制体区域，则得到该控制体上的守恒方程如下：

① 质量守恒方程

$$\int_V\frac{\partial\rho}{\partial t}\mathrm{d}V+\oiint_\Sigma\rho\boldsymbol{u}\cdot\boldsymbol{n}\,\mathrm{d}A=0 \tag{1.15}$$

② 动量守恒方程

$$\int_V\frac{\partial\rho\boldsymbol{u}}{\partial t}\mathrm{d}V+\oiint_\Sigma\rho\boldsymbol{u}\boldsymbol{u}\cdot\boldsymbol{n}\,\mathrm{d}A=\int_V\rho\boldsymbol{f}\,\mathrm{d}V-\oiint_\Sigma p\boldsymbol{n}\,\mathrm{d}A \tag{1.16}$$

③ 能量守恒方程

$$\int_V\frac{\partial\rho\left(e+\frac{1}{2}\boldsymbol{u}^2\right)}{\partial t}\mathrm{d}V+\oiint_\Sigma\rho\left(e+\frac{1}{2}\boldsymbol{u}^2\right)\boldsymbol{u}\cdot\boldsymbol{n}\,\mathrm{d}A=\int_V\rho\boldsymbol{f}\cdot\boldsymbol{u}\,\mathrm{d}V-\oiint_\Sigma p\boldsymbol{u}\cdot\boldsymbol{n}\,\mathrm{d}A+\int_V\rho\dot{q}\,\mathrm{d}V \tag{1.17}$$

1.1.6　流体动力学微分型基本方程

利用奥-高公式，将控制体上的守恒方程式(1.15)～式(1.17)中的面积分变换为体积分，可以得到微分形式的守恒方程。

1. 质量守恒方程

对控制体上的质量守恒方程

$$\int_V\frac{\partial\rho}{\partial t}\mathrm{d}V+\oiint_\Sigma\rho\boldsymbol{u}\cdot\boldsymbol{n}\,\mathrm{d}A=0$$

应用奥-高公式，将面积分化为体积分，即

$$\oiint_\Sigma\rho\boldsymbol{u}\cdot\boldsymbol{n}\,\mathrm{d}A=\int_V\nabla\cdot(\rho\boldsymbol{u})\mathrm{d}V$$

代入质量守恒方程中，得

$$\int_V\left[\frac{\partial\rho}{\partial t}+\nabla\cdot(\rho\boldsymbol{u})\right]\mathrm{d}V=0$$

由被积函数的连续性和积分区域的任意性，可得

$$\frac{\partial \rho}{\partial t}+\nabla \cdot (\rho \boldsymbol{u})=0 \tag{1.18}$$

式(1.18)即为质量守恒方程的微分形式。

2. 动量守恒方程

对控制体上的动量守恒方程

$$\int_V \frac{\partial \rho \boldsymbol{u}}{\partial t}\mathrm{d}V+\oiint_{\Sigma} \rho \boldsymbol{u}\boldsymbol{u}\cdot \boldsymbol{n}\,\mathrm{d}A=\int_V \rho \boldsymbol{f}\,\mathrm{d}V-\oiint_{\Sigma} p\boldsymbol{n}\,\mathrm{d}A$$

应用奥-高公式,将上式中的面积分化为体积分

$$\oiint_{\Sigma} \rho \boldsymbol{u}\boldsymbol{u}\cdot \boldsymbol{n}\,\mathrm{d}A=\int_V \nabla (\rho \boldsymbol{u}\boldsymbol{u})\mathrm{d}V$$

$$\oiint_{\Sigma} p\boldsymbol{n}\,\mathrm{d}A=\int_V \nabla p\,\mathrm{d}V$$

代入动量守恒方程中,得

$$\int_V \left[\frac{\partial \rho \boldsymbol{u}}{\partial t}+\nabla \cdot (\rho \boldsymbol{u}\boldsymbol{u})-\rho \boldsymbol{f}+\nabla p\right]\mathrm{d}V=0$$

由被积函数的连续性和积分区域的任意性,可得微分形式的动量守恒方程

$$\frac{\partial \rho \boldsymbol{u}}{\partial t}+\nabla \cdot (\rho \boldsymbol{u}\boldsymbol{u})=\rho \boldsymbol{f}-\nabla p \tag{1.19}$$

3. 能量守恒方程

对控制体上的能量守恒方程

$$\int_V \frac{\partial \rho\left(e+\frac{1}{2}\boldsymbol{u}^2\right)}{\partial t}\mathrm{d}V+\oiint_{\Sigma} \rho\left(e+\frac{1}{2}\boldsymbol{u}^2\right)\boldsymbol{u}\cdot \boldsymbol{n}\,\mathrm{d}A=\int_V \rho \boldsymbol{f}\cdot \boldsymbol{u}\,\mathrm{d}V-\oiint_{\Sigma} p\boldsymbol{u}\cdot \boldsymbol{n}\,\mathrm{d}A+\int_V \rho \dot{q}\,\mathrm{d}V$$

应用奥-高公式,将上式中的面积分化为体积分

$$\oiint_{\Sigma} \rho\left(e+\frac{1}{2}\boldsymbol{u}^2\right)\boldsymbol{u}\cdot \boldsymbol{n}\,\mathrm{d}A=\int_V \nabla \cdot \left[\rho\left(e+\frac{1}{2}\boldsymbol{u}^2\right)\boldsymbol{u}\right]\mathrm{d}V$$

$$\oiint_{\Sigma} p\boldsymbol{u}\cdot \boldsymbol{n}\,\mathrm{d}A=\int_V \nabla \cdot (p\boldsymbol{u})\mathrm{d}V$$

代入能量守恒方程中,得

$$\int_V \left\{\frac{\partial \rho\left(e+\frac{1}{2}\boldsymbol{u}^2\right)}{\partial t}+\nabla \cdot \left[\rho\left(e+\frac{1}{2}\boldsymbol{u}^2\right)\boldsymbol{u}\right]-\rho \boldsymbol{f}\cdot \boldsymbol{u}+\nabla \cdot (p\boldsymbol{u})-\rho \dot{q}\right\}\mathrm{d}V=0$$

由被积函数的连续性和积分区域的任意性,可得微分形式的能量守恒方程

$$\frac{\partial \rho\left(e+\frac{1}{2}\boldsymbol{u}^2\right)}{\partial t}+\nabla \cdot \left[\rho\left(e+\frac{1}{2}\boldsymbol{u}^2\right)\boldsymbol{u}\right]=\rho \boldsymbol{f}\cdot \boldsymbol{u}-\nabla \cdot (p\boldsymbol{u})+\rho \dot{q} \tag{1.20}$$

1.2 气体超声速流动的特征线

1.2.1 特征线的基本概念

特征线,也称为特征曲线,是一簇特征量在受到扰动时的传播线。例如,抖动绳索过程中产生的波动现象,如图 1.2 所示。当绳索抖动时,绳索上具有相同振动幅度的点的连线在平面(x,t)上的投影线,就是绳索振幅这一特征量在平面(x,t)上的特征线。随着时间的增加,绳索的振幅沿着特征线传播。同样,在流体力学中,超声速流场中的流动物理量的扰动也是沿着特征线传播的。超声速流场中的激波线、马赫线、流线就是特征线在可见时的表象(如图 1.3 和图 1.4 所示),沿着这些特征线或者在这些特征线的两侧,流动物理量的函数值才显现出变化。当超声速流场中某点处没有扰动时,即某些特征线不能被观察到时,这些特征线的影响物理量传播方向的本质并没有消失,即特征线并不会消失,只是暂时不显现其作用而已。

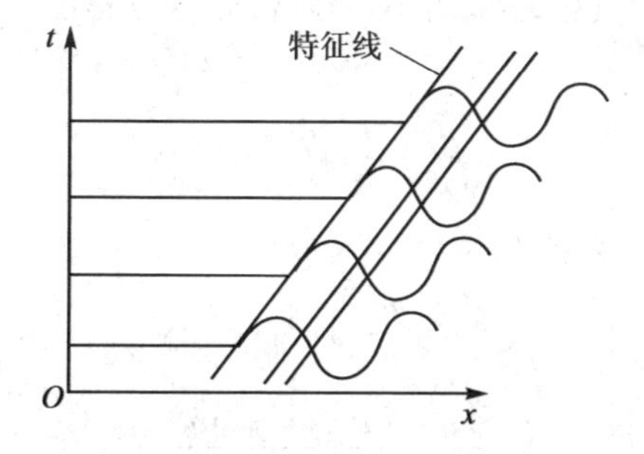

图 1.2　抖动绳索产生的行波上振幅相同的点的连线是特征线

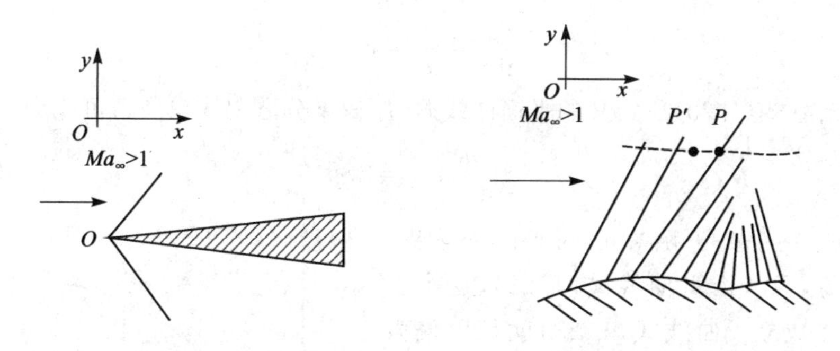

图 1.3　激波是流场中的特征线　　图 1.4　膨胀波和弱压缩波是流场中的特征线

特征线的概念早在 19 世纪末就被提出并得到了广泛研究,产生了求解偏微分方程的特征线方法,形成了特征线理论。特征线方法是以偏微分方程的特征线理论为基础

求解双曲型偏微分方程的一种计算方法,可以求得偏微分方程的分析解或数值解。特征线方法还可以用来对双曲型问题做定性分析,尤其是可用来研究怎样给出初始条件和边界条件使问题适定,这对设计求解双曲型偏微分方程的数值方法有指导意义。

特征线方法适用于求解具有两个自变量,如(x,t)或(x,y)的双曲型一阶线性或一阶拟线性偏微分方程或偏微分方程组。比如方程

$$a\frac{\partial u}{\partial x}+b\frac{\partial u}{\partial y}+c=0$$

如果未知函数u的最高阶偏导数的系数a、b为常数,则方程是双曲型一阶线性偏微分方程;如果系数a、b只是自变量x、y和未知函数u本身的函数,而不含未知函数u的最高阶偏导数$\left(即\frac{\partial u}{\partial x}或\frac{\partial u}{\partial y}\right)$,则方程是双曲型一阶拟线性偏微分方程。上述方程描述的是一个二维平面(x,y)上的函数$u(x,y)$的波动现象。

下面介绍偏微分方程的特征线理论。

1.2.2 偏微分方程的特征线理论

先通过单一偏微分方程来介绍求解一阶偏微分方程的特征线方法。设有偏微分方程

$$a\left(\frac{\partial u}{\partial x}+\frac{b}{a}\frac{\partial u}{\partial y}\right)+c=0 \tag{1.21}$$

$u(x,y)$为连续可微函数,则其全微分形式为

$$\mathrm{d}u=\frac{\partial u}{\partial x}\mathrm{d}x+\frac{\partial u}{\partial y}\mathrm{d}y$$

即

$$\frac{\mathrm{d}u}{\mathrm{d}x}=\frac{\partial u}{\partial x}+\frac{\mathrm{d}y}{\mathrm{d}x}\frac{\partial u}{\partial y} \tag{1.22}$$

比较式(1.21)和式(1.22),可以看出,当令

$$\frac{\mathrm{d}y}{\mathrm{d}x}=\frac{b}{a}=\lambda \tag{1.23}$$

也就是当沿着式(1.23)所定义的平面曲线时,原偏微分方程式(1.21)可化为

$$a\frac{\mathrm{d}u}{\mathrm{d}x}+c=0 \tag{1.24}$$

式(1.24)是一个关于函数u的常微分方程。但是应注意,只有沿着曲线式(1.23),这个常微分方程才成立。曲线式(1.23)就是原偏微分方程式(1.21)的特征线方程,而常微分方程式(1.24)称为原偏微分方程式(1.21)的相容性方程。由于式(1.24)联系了函数$u(x,y)$和其自变量x的关系,如图1.5所示,因此可以

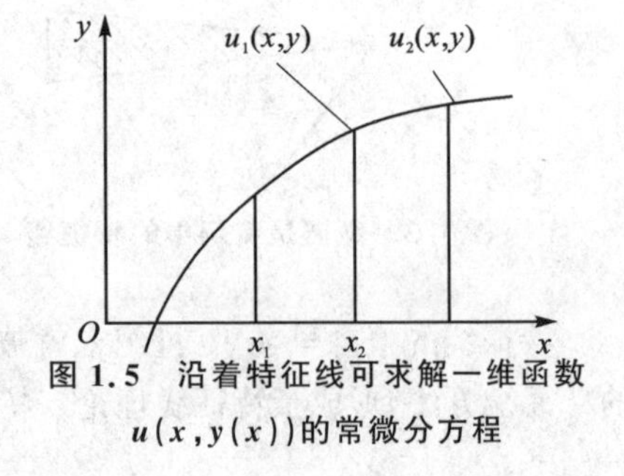

图1.5 沿着特征线可求解一维函数$u(x,y(x))$的常微分方程

沿着特征线通过对单自变量 x 积分相容性微分方程式(1.24)，从而求得函数 $u(x,y)$在特征线上的解。

从以上的分析可以看出，特征线的数学意义就是，它是平面上的一个曲线簇，沿着此曲线簇中的任一条曲线，可以把待求物理量的一阶偏微分方程简化为常微分方程，即消去了偏导数。所以，特征线方法的基本思想就是，不求解原偏微分方程，而是沿特征线求解一个与原偏微分方程相容的常微分方程。

［**例**］ 设一阶方程

$$2\frac{\partial u}{\partial x}+3x\frac{\partial u}{\partial y}=4xu$$

$u(x,y)$关于 x 的初始条件为 $u(0,y)=5y+1$。求：

(1) 通过平面(x,y)上点$(2,4)$的特征线方程；

(2) 沿着该特征线的相容性方程；

(3) $u(2,4)$的值。

解　将原方程写为

$$\frac{\partial u}{\partial x}+\frac{3}{2}x\frac{\partial u}{\partial y}=2xu$$

函数 u 的全微分为

$$\mathrm{d}u=\frac{\partial u}{\partial x}\mathrm{d}x+\frac{\partial u}{\partial y}\mathrm{d}y \text{ 即 } \frac{\mathrm{d}u}{\mathrm{d}x}=\frac{\partial u}{\partial x}+\frac{\mathrm{d}y}{\mathrm{d}x}\frac{\partial u}{\partial y}$$

对比以上两式可知，当沿着平面曲线$\frac{\mathrm{d}y}{\mathrm{d}x}=\frac{3}{2}x$ 时，原偏微分方程可写为常微分方程$\frac{\mathrm{d}u}{\mathrm{d}x}=2xu$，也就是说，沿着曲线 $y=\frac{3}{4}x^2+c_1$，有 $u=c_2\mathrm{e}^{x^2}$ 成立。

(1) 将平面点(2,4)代入特征曲线 $y=\frac{3}{4}x^2+c_1$，得 $c_1=1$，因此通过点(2,4)的特征线方程为

$$y=\frac{3}{4}x^2+1$$

(2) 由特征线 $y=\frac{3}{4}x^2+1$ 可知点(0,1)为特征线上的一点，则有 $u(0,1)=c_2\mathrm{e}^{0^2}=c_2$。由初始条件得：$u(0,1)=5\times1+1=6$，所以 $c_2=6$。故相容性方程为

$$u=6\mathrm{e}^{x^2}$$

(3) 由于点(2,4)在特征线 $y=\frac{3}{4}x^2+1$ 上，所以

$$u(2,4)=6\mathrm{e}^{2^2}=6\mathrm{e}^4$$

将偏微分方程式(1.21)和其全微分方程式(1.22)联立，可得如下关于$\frac{\partial u}{\partial x}$和$\frac{\partial u}{\partial y}$的线性方程组

$$\begin{cases} a\dfrac{\partial u}{\partial x}+b\dfrac{\partial u}{\partial y}=-c \\ \mathrm{d}x\dfrac{\partial u}{\partial x}+\mathrm{d}y\dfrac{\partial u}{\partial y}=\mathrm{d}u \end{cases}$$

利用线性方程组的克莱姆(Gramer)法则可求得该方程组的解为

$$\begin{cases} \dfrac{\partial u}{\partial x}=\dfrac{\begin{vmatrix} -c & b \\ \mathrm{d}u & \mathrm{d}y \end{vmatrix}}{\begin{vmatrix} a & b \\ \mathrm{d}x & \mathrm{d}y \end{vmatrix}}=\dfrac{-b\mathrm{d}u-c\mathrm{d}y}{a\mathrm{d}y-b\mathrm{d}x} \\ \dfrac{\partial u}{\partial y}=\dfrac{\begin{vmatrix} a & -c \\ \mathrm{d}x & \mathrm{d}u \end{vmatrix}}{\begin{vmatrix} a & b \\ \mathrm{d}x & \mathrm{d}y \end{vmatrix}}=\dfrac{a\mathrm{d}u+c\mathrm{d}x}{a\mathrm{d}y-b\mathrm{d}x} \end{cases}$$

可以看出，当沿着特征线$\dfrac{\mathrm{d}y}{\mathrm{d}x}=\dfrac{b}{a}$，$\dfrac{\partial u}{\partial x}$和$\dfrac{\partial u}{\partial y}$的分母均为零，由相容性方程式(1.24)可知$\dfrac{\partial u}{\partial y}$的分子为零，将$\dfrac{\partial u}{\partial x}$的分母代入分子可得$\dfrac{\partial u}{\partial x}$的分子也为零。因此，沿着特征线，$\dfrac{\partial u}{\partial x}$和$\dfrac{\partial u}{\partial y}$为$\dfrac{0}{0}$型的不定式，表明存在着$\dfrac{\partial u}{\partial x}$、$\dfrac{\partial u}{\partial y}$作为$x,y$的函数是不连续函数的可能性。也就是说，横跨特征线时，偏微分方程的最高阶偏导数有可能不连续，或者说特征线可以是待求物理量的导数的间断线，这也是特征线的第二个数学意义。

利用特征线的上述性质，可以得到求解双曲型偏微分方程或偏微分方程组特征线的一般方法。

由$a\dfrac{\partial u}{\partial x}+b\dfrac{\partial u}{\partial y}=-c$，得

$$\frac{\partial u}{\partial x}+\frac{b}{a}\frac{\partial u}{\partial y}=-\frac{c}{a} \tag{1.25}$$

由未知函数u的全微分形式，并令$\dfrac{\mathrm{d}y}{\mathrm{d}x}=\lambda$，有$\dfrac{\partial u}{\partial x}+\lambda\dfrac{\partial u}{\partial y}=\dfrac{\mathrm{d}u}{\mathrm{d}x}$，代入式(1.25)消去$\dfrac{\partial u}{\partial x}$，得

$$\left(\frac{b}{a}-\lambda\right)\frac{\partial u}{\partial y}=-\frac{c}{a}-\frac{\mathrm{d}u}{\mathrm{d}x}$$

若$\dfrac{\partial u}{\partial y}$不连续，则必有

$$\frac{b}{a}-\lambda=0$$

即

$$\frac{\mathrm{d}y}{\mathrm{d}x}=\lambda=\frac{b}{a}$$

这种方法可以推广到求解偏微分方程组的特征线。设偏微分方程组

$$\boldsymbol{A}\frac{\partial \boldsymbol{U}}{\partial x}+\boldsymbol{B}\frac{\partial \boldsymbol{U}}{\partial y}=-\boldsymbol{C}$$

其中,$\boldsymbol{A}$、$\boldsymbol{B}$、$\boldsymbol{C}$、$\boldsymbol{U}$ 均为 n 阶矩阵

$$\boldsymbol{A}=\begin{bmatrix} a_{11} & a_{12} & \cdots & a_{1n} \\ a_{21} & a_{22} & \cdots & a_{2n} \\ \vdots & \vdots & & \vdots \\ a_{n1} & a_{n2} & \cdots & a_{nn} \end{bmatrix},\ \boldsymbol{B}=\begin{bmatrix} b_{11} & b_{12} & \cdots & b_{1n} \\ b_{21} & b_{22} & \cdots & b_{2n} \\ \vdots & \vdots & & \vdots \\ b_{n1} & b_{n2} & \cdots & b_{nn} \end{bmatrix},\ \boldsymbol{C}=\begin{bmatrix} c_1 \\ c_2 \\ \vdots \\ c_n \end{bmatrix},\ \boldsymbol{U}=\begin{bmatrix} u_1 \\ u_2 \\ \vdots \\ u_n \end{bmatrix}$$

上式可写为

$$\frac{\partial \boldsymbol{U}}{\partial x}+\boldsymbol{D}\frac{\partial \boldsymbol{U}}{\partial y}=\boldsymbol{E} \tag{1.26}$$

式中:$\boldsymbol{D}=\boldsymbol{A}^{-1}\boldsymbol{B}$,$\boldsymbol{E}=-\boldsymbol{A}^{-1}\boldsymbol{C}$,$\boldsymbol{A}^{-1}$ 为 $\boldsymbol{A}$ 的逆矩阵。

$\boldsymbol{U}$ 的全微分的矩阵形式为 $\mathrm{d}x\boldsymbol{I}\frac{\partial \boldsymbol{U}}{\partial x}+\mathrm{d}y\boldsymbol{I}\frac{\partial \boldsymbol{U}}{\partial y}=\mathrm{d}\boldsymbol{U}$,这里 $\boldsymbol{I}$ 为单位矩阵。令 $\frac{\mathrm{d}y}{\mathrm{d}x}=\lambda$,则有 $\frac{\partial \boldsymbol{U}}{\partial x}+\lambda\boldsymbol{I}\frac{\partial \boldsymbol{U}}{\partial y}=\frac{\mathrm{d}\boldsymbol{U}}{\mathrm{d}x}$,代入式(1.26)消去 $\frac{\partial \boldsymbol{U}}{\partial x}$,得

$$(\boldsymbol{D}-\lambda\boldsymbol{I})\frac{\partial \boldsymbol{U}}{\partial y}=\boldsymbol{E}-\frac{\mathrm{d}\boldsymbol{U}}{\mathrm{d}x}$$

这是关于未知函数 $\boldsymbol{U}$ 的偏导数 $\frac{\partial \boldsymbol{U}}{\partial y}$ 的非齐次线性方程组。若 $\frac{\partial \boldsymbol{U}}{\partial y}$ 不连续,则必有线性方程组的系数行列式为零,即

$$\det(\boldsymbol{D}-\lambda\boldsymbol{I})=0 \tag{1.27}$$

式(1.27)称为式(1.26)的特征方程,λ 称为特征根,$(\boldsymbol{D}-\lambda\boldsymbol{I})$ 称为式(1.26)的特征矩阵。解关于未知数 λ 的方程式(1.27)即可得到偏微分方程组(1.26)的特征线。

1.2.3　一维非定常等熵流动的特征线

将 1.1.6 小节的微分形式的流体动力学方程式(1.18)～式(1.20)在直角坐标系下展开,可得流体非定常流动的基本方程。

1. 质量守恒方程

$$\frac{\partial \rho}{\partial t}+\frac{\partial \rho u}{\partial x}+\frac{\partial \rho v}{\partial y}+\frac{\partial \rho w}{\partial z}=0$$

2. 动量守恒方程

x 方向: $$\frac{\partial \rho u}{\partial t}+\frac{\partial \rho u^2}{\partial x}+\frac{\partial \rho uv}{\partial y}+\frac{\partial \rho uw}{\partial z}=\rho f_x-\frac{\partial p}{\partial x}$$

y 方向: $$\frac{\partial \rho v}{\partial t}+\frac{\partial \rho uv}{\partial x}+\frac{\partial \rho v^2}{\partial y}+\frac{\partial \rho vw}{\partial z}=\rho f_y-\frac{\partial p}{\partial y}$$

z 方向: $$\frac{\partial \rho w}{\partial t}+\frac{\partial \rho uw}{\partial x}+\frac{\partial \rho vw}{\partial y}+\frac{\partial \rho w^2}{\partial z}=\rho f_z-\frac{\partial p}{\partial z}$$

式中:u、v、w 分别为速度矢量 $\boldsymbol{u}$ 在 x、y、z 方向上的分量;f_x、f_y、f_z 分别为作用在单位质量流体上的体积力 $\boldsymbol{f}$ 在 x、y、z 方向上的分量。

3. 能量守恒方程

$$\frac{\partial \rho\left[e+\frac{1}{2}(u^2+v^2+w^2)\right]}{\partial t}+\frac{\partial \rho u\left[e+\frac{1}{2}(u^2+v^2+w^2)\right]}{\partial x}+$$

$$\frac{\partial \rho v\left[e+\frac{1}{2}(u^2+v^2+w^2)\right]}{\partial y}+\frac{\partial \rho w\left[e+\frac{1}{2}(u^2+v^2+w^2)\right]}{\partial z}=$$

$$\rho u f_x+\rho v f_y+\rho w f_z-\frac{\partial p u}{\partial x}-\frac{\partial p v}{\partial y}-\frac{\partial p w}{\partial z}+\rho\dot{q}$$

对于等熵流动,$\dot{q}=0$,同时忽略流体所受的体积力,则流体非定常等熵流动基本方程的一维形式如下:

$$\frac{\partial \rho}{\partial t}+\frac{\partial \rho u}{\partial x}=0 \tag{1.28}$$

$$\frac{\partial \rho u}{\partial t}+\frac{\partial \rho u^2}{\partial x}+\frac{\partial p}{\partial x}=0 \tag{1.29}$$

$$\frac{\partial \rho\left(e+\frac{1}{2}u^2\right)}{\partial t}+\frac{\partial \rho u\left(e+\frac{1}{2}u^2\right)}{\partial x}+\frac{\partial p u}{\partial x}=0 \tag{1.30}$$

另外,在等熵流动情况下,能量方程式(1.30)可用如下方程代替:

$$\frac{\partial}{\partial t}\left(\frac{p}{\rho^\gamma}\right)+u\frac{\partial}{\partial x}\left(\frac{p}{\rho^\gamma}\right)=0 \tag{1.31}$$

式中:γ 为绝热指数。

将质量守恒方程式(1.28)代入式(1.29)和式(1.31),可以得到另一种形式的一维非定常等熵流动基本方程

$$\frac{\partial \rho}{\partial t}+u\frac{\partial \rho}{\partial x}+\rho\frac{\partial u}{\partial x}=0 \tag{1.32}$$

$$\frac{\partial u}{\partial t}+u\frac{\partial u}{\partial x}+\frac{1}{\rho}\frac{\partial p}{\partial x}=0 \tag{1.33}$$

$$\frac{\partial p}{\partial t}+\gamma p\frac{\partial u}{\partial x}+u\frac{\partial p}{\partial x}=0 \tag{1.34}$$

下面利用特征线理论,求由方程式(1.32)~式(1.34)组成的一维非定常等熵流动的特征线。首先将方程式(1.32)~式(1.34)写成矩阵形式

$$\frac{\partial}{\partial t}\begin{bmatrix}\rho\\ u\\ p\end{bmatrix}+\begin{bmatrix}u & \rho & 0\\ 0 & u & \frac{1}{\rho}\\ 0 & \gamma p & u\end{bmatrix}\frac{\partial}{\partial x}\begin{bmatrix}\rho\\ u\\ p\end{bmatrix}=\begin{bmatrix}0\\ 0\\ 0\end{bmatrix}$$

令

$$\boldsymbol{U}=\begin{bmatrix}\rho\\u\\p\end{bmatrix},\ \boldsymbol{D}=\begin{bmatrix}u & \rho & 0\\0 & u & \dfrac{1}{\rho}\\0 & \gamma p & u\end{bmatrix},\ \boldsymbol{E}=\begin{bmatrix}0\\0\\0\end{bmatrix}$$

则有

$$\frac{\partial \boldsymbol{U}}{\partial t}+\boldsymbol{D}\frac{\partial \boldsymbol{U}}{\partial x}=\boldsymbol{E}$$

由特征线理论可知，上式的特征方程为 $\det(\boldsymbol{D}-\lambda\boldsymbol{I})=0$，其特征根 λ 即为特征线方程。由式(1.27)得

$$\det(\boldsymbol{D}-\lambda\boldsymbol{I})=\begin{vmatrix}u-\lambda & \rho & 0\\0 & u-\lambda & \dfrac{1}{\rho}\\0 & \gamma p & u-\lambda\end{vmatrix}=(u-\lambda)^3-\gamma\frac{p}{\rho}(u-\lambda)=0$$

在等熵条件下，对于理想气体，$\gamma\dfrac{p}{\rho}=c^2$（$c$ 为气体声速）。因此有

$$(u-\lambda)[(u-\lambda)^2-c^2]=0$$

上述方程有三个根，即

$$\lambda_1=u+c,\quad \lambda_2=u-c,\quad \lambda_3=u$$

故，一维非定常等熵流动存在三簇特征线，分别为

$$\left(\frac{\mathrm{d}x}{\mathrm{d}t}\right)_{\mathrm{I}}=u+c,\quad \left(\frac{\mathrm{d}x}{\mathrm{d}t}\right)_{\mathrm{II}}=u-c,\quad \left(\frac{\mathrm{d}x}{\mathrm{d}t}\right)_{\mathrm{III}}=u$$

得到一维非定常等熵流动的特征线后，可以进一步求出对应各簇特征线的相容性方程。对应于特征线$\left(\dfrac{\mathrm{d}x}{\mathrm{d}t}\right)_{\mathrm{I}}=u+c$，有

$$\mathrm{d}u=\frac{\partial u}{\partial t}\mathrm{d}t+\frac{\partial u}{\partial x}\mathrm{d}x$$

即

$$\frac{\mathrm{d}u}{\mathrm{d}t}=\frac{\partial u}{\partial t}+\frac{\mathrm{d}x}{\mathrm{d}t}\frac{\partial u}{\partial x}=\frac{\partial u}{\partial t}+(u+c)\frac{\partial u}{\partial x}$$

同理

$$\frac{\mathrm{d}p}{\mathrm{d}t}=\frac{\partial p}{\partial t}+(u+c)\frac{\partial p}{\partial x}$$

于是，可得以下方程组

$$\begin{cases}\dfrac{\partial u}{\partial t}+u\dfrac{\partial u}{\partial x}+\dfrac{1}{\rho}\dfrac{\partial p}{\partial x}=0 & ①\\[2ex]\dfrac{\partial p}{\partial t}+\gamma p\dfrac{\partial u}{\partial x}+u\dfrac{\partial p}{\partial x}=0 & ②\\[2ex]\dfrac{\partial u}{\partial t}+(u+c)\dfrac{\partial u}{\partial x}=\dfrac{\mathrm{d}u}{\mathrm{d}t} & ③\\[2ex]\dfrac{\partial p}{\partial t}+(u+c)\dfrac{\partial p}{\partial x}=\dfrac{\mathrm{d}p}{\mathrm{d}t} & ④\end{cases}$$

解此方程组,得

$$dp+\rho c\,du=0$$

上式就是对应于特征线$\left(\frac{dx}{dt}\right)_{\mathrm{I}}=u+c$的相容性方程。

用同样的方法可以得到,对应于特征线$\left(\frac{dx}{dt}\right)_{\mathrm{II}}=u-c$和$\left(\frac{dx}{dt}\right)_{\mathrm{III}}=u$的相容性方程分别为$dp-\rho c\,du=0$和$dp-c^2 d\rho=0$。

1.3 内弹道一维两相流基本方程

经典内弹道理论是以平衡态热力学为基础,以集总参数法为模型研究膛内弹道参量平均值的变化规律,无法分析膛内压力波动、点传火过程、燃气与火药颗粒的两相作用、火药颗粒间应力等因素对内弹道性能的影响。内弹道两相流理论则可以考虑气固两相相互作用、相间热交换、颗粒间应力等膛内流动细节,揭示气相与固相物理量在时间和空间上的变化规律,为现代火炮的内弹道计算及装药设计提供理论指导。本节对内弹道一维两相流理论和模型作一简要介绍。

1.3.1 基本假设

根据膛内的射击现象,提出以下假设:

① 由火药颗粒群组成的固相连续地分布在气相中,也就是把火药颗粒群当作一种具有连续介质特性的拟流体来处理,即双流体假设。

② 膛内整个流体为一维非定常流动,所有流动参量均是时间t和坐标x的函数。

③ 单个颗粒火药均服从几何燃烧定律和指数燃速定律,火药的几何形状和尺寸完全一致。

④ 火药燃烧产物的组分保持不变,火药气体的热力学参数,如火药力、余容、绝热指数等均为常量。

⑤ 固体药粒不可压缩,即火药密度为常数。

⑥ 气相的状态变化服从Noble-Abel状态方程。

1.3.2 一维变截面管内两相流基本方程

在双流体假设下,将流动的两相都作为连续介质处理,对每一项分别建立质量、动量和能量守恒方程,相间的质量、动量和能量输运则由两相间相互作用的性质具体考虑。考虑如图1.6所示的控制体,控制体的体积为V,长度为dx,横截面积为A,管壁面积为A_W。在体积V中被气

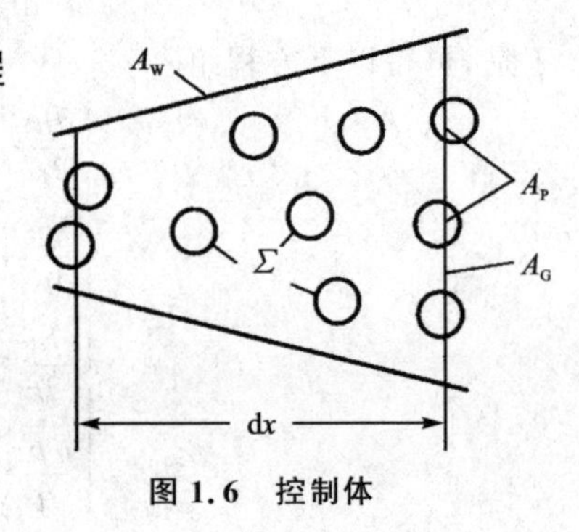

图1.6 控制体

相所占的部分用 V_G 表示，被固相所占的部分用 V_P 表示。同样的，将控制体的截面积 A 分为 A_G 和 A_P 两部分，管壁面积 A_W 分为 A_{WG} 和 A_{WP} 两部分，控制体中两相之间的交界面则用 Σ 表示。因此，在控制体 V 中，气相所占区域的边界为 $A_G \cup A_{WG} \cup \Sigma$，固相为 $A_P \cup A_{WP} \cup \Sigma$。在两相流中，一般把气相所占体积与总体积之比，称为空隙率，通常用 ϕ 表示。显然，根据空隙率的定义，有 $V_G=\phi V$ 和 $A_G=\phi A$。

1. 气相连续性方程

由质量守恒定律可知，膛内气体质量的增加率等于火药燃气的质量生成率，即

$$\frac{\mathrm{d}}{\mathrm{d}t}\int_{V_G^*(t)}\rho_G \mathrm{d}V_G=\int_{V^*(t)}\dot{m}_c \mathrm{d}V$$

式中：$\dot{m}_c$ 定义为单位体积内火药颗粒燃烧生成的气体的质量增加率。由空隙率的定义，有 $\frac{\mathrm{d}}{\mathrm{d}t}\int_{V_G^*(t)}\rho_G \mathrm{d}V_G=\frac{\mathrm{d}}{\mathrm{d}t}\int_{V^*(t)}\phi\rho_G \mathrm{d}V$，因此上式可写为

$$\frac{\mathrm{d}}{\mathrm{d}t}\int_{V^*(t)}\phi\rho_G \mathrm{d}V=\int_{V^*(t)}\dot{m}_c \mathrm{d}V$$

利用雷诺输运定律将上式变换到控制体上，则有

$$\int_V \frac{\partial \phi\rho_G}{\partial t}\mathrm{d}V+\oint\!\!\oint_{A\cup A_W}\phi\rho_G \boldsymbol{u}_G\cdot\boldsymbol{n}\mathrm{d}A=\int_V \dot{m}_c \mathrm{d}V \tag{1.35}$$

式(1.35)等号左边第一项可写为

$$\int_V \frac{\partial \phi\rho_G}{\partial t}\mathrm{d}V=\int \frac{\partial \phi\rho_G A}{\partial t}\mathrm{d}x$$

由于管壁侧面是不可穿透的，在该面上有 $\boldsymbol{u}_G\cdot\boldsymbol{n}=0$，则式(1.35)等号左边第二项可写为

$$\oint\!\!\oint_{A\cup A_W}\phi\rho_G \boldsymbol{u}_G\cdot\boldsymbol{n}\mathrm{d}A=\iint_A \phi\rho_G \boldsymbol{u}_G\cdot\boldsymbol{n}\mathrm{d}A=-(\phi\rho_G A u_G)|_x+(\phi\rho_G A u_G)|_{x+\mathrm{d}x}=\int\frac{\partial \phi\rho_G A u_G}{\partial x}\mathrm{d}x$$

式(1.35)等号右边可写为

$$\int_V \dot{m}_c \mathrm{d}V=\int \dot{m}_c A\,\mathrm{d}x$$

将以上结果代入式(1.35)，并考虑到被积函数的连续性和积分区域的任意性，可得气相连续性方程

$$\frac{\partial \phi\rho_G A}{\partial t}+\frac{\partial \phi\rho_G A u_G}{\partial x}=\dot{m}_c A \tag{1.36}$$

2. 固相连续性方程

对固相应用质量守恒定律，有

$$\frac{\mathrm{d}}{\mathrm{d}t}\int_{V_P^*(t)}\rho_P \mathrm{d}V_P=-\int_{V^*(t)}\dot{m}_c \mathrm{d}V$$

由 $\frac{\mathrm{d}}{\mathrm{d}t}\int_{V_P^*(t)}\rho_P \mathrm{d}V_P=\frac{\mathrm{d}}{\mathrm{d}t}\int_{V^*(t)}(1-\phi)\rho_P \mathrm{d}V$，上式可写为

$$\frac{\mathrm{d}}{\mathrm{d}t}\int_{V^*(t)}(1-\phi)\rho_{\mathrm{P}}\mathrm{d}V=-\int_{V^*(t)}\dot{m}_{\mathrm{c}}\mathrm{d}V$$

对上式进行与气相连续性方程类似的推导,可得

$$\frac{\partial(1-\phi)\rho_{\mathrm{P}}A}{\partial t}+\frac{\partial(1-\phi)\rho_{\mathrm{P}}Au_{\mathrm{P}}}{\partial x}=-\dot{m}_{\mathrm{c}}A$$

考虑到固相不可压缩假设,即 ρ_{P}=常数,于是固相连续性方程可写为

$$\frac{\partial(1-\phi)A}{\partial t}+\frac{\partial(1-\phi)Au_{\mathrm{P}}}{\partial x}=-\frac{\dot{m}_{\mathrm{c}}}{\rho_{\mathrm{P}}}A \tag{1.37}$$

式(1.37)实际上是一个关于空隙率的方程。

3. 气相动量守恒方程

由牛顿定律,并应用雷诺输运定律,可得气相动量守恒方程如下:

$$\int_V\frac{\partial\phi\rho_{\mathrm{G}}\boldsymbol{u}_{\mathrm{G}}}{\partial t}\mathrm{d}V+\oiint_{A\cup A_{\mathrm{W}}}\phi\rho_{\mathrm{G}}\boldsymbol{u}_{\mathrm{G}}\boldsymbol{u}_{\mathrm{G}}\cdot\boldsymbol{n}\mathrm{d}A=\int_V\dot{m}_{\mathrm{c}}\boldsymbol{u}_{\mathrm{P}}\mathrm{d}V-\oiint_{A_{\mathrm{G}}\cup A_{\mathrm{WG}}}p\boldsymbol{n}\mathrm{d}A-\int_V\boldsymbol{D}\mathrm{d}V \tag{1.38}$$

式中:$\boldsymbol{D}$ 为气固两相之间的作用力;$\dot{m}_{\mathrm{c}}\boldsymbol{u}_{\mathrm{P}}$ 为单位体积上火药燃烧释放的气体所携带的动量,这里认为火药燃烧生成的气体的速度等于火药颗粒的运动速度。

在一维情况下,式(1.38)左边第一项可写为

$$\int_V\frac{\partial\phi\rho_{\mathrm{G}}\boldsymbol{u}_{\mathrm{G}}}{\partial t}\mathrm{d}V=\int\frac{\partial\phi\rho_{\mathrm{G}}Au_{\mathrm{G}}}{\partial t}\mathrm{d}x$$

式(1.38)等号左边第二项可写为

$$\oiint_{A\cup A_{\mathrm{W}}}\phi\rho_{\mathrm{G}}\boldsymbol{u}_{\mathrm{G}}\boldsymbol{u}_{\mathrm{G}}\cdot\boldsymbol{n}\mathrm{d}A=\iint_A\phi\rho_{\mathrm{G}}\boldsymbol{u}_{\mathrm{G}}\boldsymbol{u}_{\mathrm{G}}\cdot\boldsymbol{n}\mathrm{d}A=\int\frac{\partial\phi\rho_{\mathrm{G}}Au_{\mathrm{G}}^2}{\partial x}\mathrm{d}x$$

式(1.38)等号右边第一项和第三项可写为

$$\int_V\dot{m}_{\mathrm{c}}\boldsymbol{u}_{\mathrm{P}}\mathrm{d}V-\int_V\boldsymbol{D}\mathrm{d}V=\int(\dot{m}_{\mathrm{c}}Au_{\mathrm{P}}-DA)\mathrm{d}x$$

式(1.38)等号右边第二项可写为

$$\oiint_{A_{\mathrm{G}}\cup A_{\mathrm{WG}}}p\boldsymbol{n}\mathrm{d}A=\iint_{A_{\mathrm{G}}}p\boldsymbol{n}\mathrm{d}A+\iint_{A_{\mathrm{WG}}}p\boldsymbol{n}\mathrm{d}A=\int\frac{\partial pA_{\mathrm{G}}}{\partial x}\mathrm{d}x-\int p\frac{\partial A_{\mathrm{G}}}{\partial x}\mathrm{d}x=$$

$$\int A_{\mathrm{G}}\frac{\partial p}{\partial x}\mathrm{d}x=\int\phi A\frac{\partial p}{\partial x}\mathrm{d}x$$

将以上结果代入式(1.38),并考虑到被积函数的连续性和积分区域的任意性,可得气相动量方程

$$\frac{\partial\phi\rho_{\mathrm{G}}Au_{\mathrm{G}}}{\partial t}+\frac{\partial\phi\rho_{\mathrm{G}}Au_{\mathrm{G}}^2}{\partial x}=\dot{m}_{\mathrm{c}}Au_{\mathrm{P}}-\phi A\frac{\partial p}{\partial x}-DA \tag{1.39}$$

4. 固相动量守恒方程

与气相动量方程类似,根据牛顿定律,可得控制体上的固相动量守恒方程为

$$\int_V \frac{\partial(1-\phi)\rho_P \boldsymbol{u}_P}{\partial t}\mathrm{d}V + \oiint_{A\cup A_W}(1-\phi)\rho_P \boldsymbol{u}_P \boldsymbol{u}_P \cdot \boldsymbol{n}\mathrm{d}A =$$

$$\int_V \boldsymbol{D}\mathrm{d}V - \int_V \dot{m}_c \boldsymbol{u}_P \mathrm{d}V - \oiint_{A_P\cup A_{WP}\cup\Sigma}(p+\tau_P)\boldsymbol{n}\mathrm{d}A$$

其中，方程等号右边最后一项中的 τ_P 表示颗粒间应力。一般来说，作用在火药颗粒上的表面力包括两部分：一是颗粒受到的膛内气体压力，二是颗粒被挤压而相互接触和碰撞时产生的颗粒间应力。当火药颗粒处于稠密状态时，必须考虑颗粒间的应力，尤其是在膛内射击的初始阶段。只有在射击过程的后期，大部分火药已经燃烧而且弹后空间也大大增加，颗粒分布比较稀疏时颗粒间应力才可以忽略不计。这是气固两相流与均相流的重要差别之一。

由于在火药颗粒之间的接触面上，颗粒受到的气体压力和颗粒间应力是大小相等方向相反的，彼此相互抵消，因此上式等号右边最后一项可以写为

$$\oiint_{A_P\cup A_{WP}\cup\Sigma}(p+\tau_P)\boldsymbol{n}\mathrm{d}A = \oiint_{A_P\cup A_{WP}}(p+\tau_P)\boldsymbol{n}\mathrm{d}A =$$

$$\iint_{A_P}(p+\tau_P)\boldsymbol{n}\mathrm{d}A + \iint_{A_{WP}}(p+\tau_P)\boldsymbol{n}\mathrm{d}A =$$

$$\int \frac{\partial(p+\tau_P)A_P}{\partial x}\mathrm{d}x - \int (p+\tau_P)\frac{\partial A_P}{\partial x}\mathrm{d}x =$$

$$\int A_P \frac{\partial(p+\tau_P)}{\partial x}\mathrm{d}x = \int (1-\phi)A\frac{\partial(p+\tau_P)}{\partial x}\mathrm{d}x$$

其余各项可参照气相动量方程作类似处理，将推导结果和上式一并代入固相动量方程中，则有

$$\frac{\partial(1-\phi)\rho_P A u_P}{\partial t} + \frac{\partial(1-\phi)\rho_P A u_P^2}{\partial x} = -\dot{m}_c A u_P - (1-\phi)A\frac{\partial p}{\partial x} + DA - (1-\phi)A\frac{\partial \tau_P}{\partial x} \tag{1.40}$$

5. 气相能量守恒方程

根据热力学第一定律，控制体上的气相能量守恒方程为

$$\int_V \frac{\partial \phi\rho_G\left(e_G + \frac{1}{2}\boldsymbol{u}_G^2\right)}{\partial t}\mathrm{d}V + \oiint_{A\cup A_W}\phi\rho_G\left(e_G+\frac{1}{2}\boldsymbol{u}_G^2\right)\boldsymbol{u}_G\cdot\boldsymbol{n}\mathrm{d}A =$$

$$\int_V \dot{m}_c H_P\mathrm{d}V - \iint_\Sigma p\boldsymbol{u}_{Ps}\cdot\boldsymbol{n}\mathrm{d}A - \int_V \boldsymbol{D}\cdot\boldsymbol{u}_P\mathrm{d}V - \oiint_{A_G\cup A_{WG}} p\boldsymbol{u}_G\cdot\boldsymbol{n}\mathrm{d}A - \int_V Q\mathrm{d}V \tag{1.41}$$

式中：H_P 为火药颗粒的燃烧焓；Q 为相间热交换。

式(1.41)等号右边第二项为火药燃烧引起的气体膨胀功。由于火药颗粒的燃烧，固相体积减小了，而气相体积增大了，因此气相在获得固相燃烧释放的能量的同

时必须膨胀做功来填补增大的气相空间。这就是产生这一项的原因,其中的 $\boldsymbol{u}_{\mathrm{Ps}}$ 为火药颗粒的表面速度,等于固相运动速度 $\boldsymbol{u}_{\mathrm{P}}$ 与火药颗粒表面法向燃烧速度 $\dot{\boldsymbol{r}}_{\mathrm{P}}$ 的矢量和,即 $\boldsymbol{u}_{\mathrm{Ps}}=\boldsymbol{u}_{\mathrm{P}}+\dot{\boldsymbol{r}}_{\mathrm{P}}$,从而有

$$\iint_{\Sigma} p\boldsymbol{u}_{\mathrm{Ps}}\cdot\boldsymbol{n}\mathrm{d}A=\iint_{\Sigma} p\boldsymbol{u}_{\mathrm{P}}\cdot\boldsymbol{n}\mathrm{d}A+\iint_{\Sigma} p\dot{\boldsymbol{r}}_{\mathrm{P}}\cdot\boldsymbol{n}\mathrm{d}A=-\iint_{\Sigma} p\dot{r}_{\mathrm{P}}\mathrm{d}A=$$

$$-\int p\,\frac{\partial(1-\phi)A}{\partial t}\mathrm{d}x=\int pA\,\frac{\partial\phi}{\partial t}\mathrm{d}x$$

式(1.41)等号右边第四项可以写为

$$\oiint_{A_{\mathrm{G}}\cup A_{\mathrm{WG}}} p\boldsymbol{u}_{\mathrm{G}}\cdot\boldsymbol{n}\mathrm{d}A=\iint_{A_{\mathrm{G}}} p\boldsymbol{u}_{\mathrm{G}}\cdot\boldsymbol{n}\mathrm{d}A=\iint_{A}\phi p\boldsymbol{u}_{\mathrm{G}}\cdot\boldsymbol{n}\mathrm{d}A=\int\frac{\partial\phi pAu_{\mathrm{G}}}{\partial x}\mathrm{d}x$$

将上述结果代入式(1.41)中,并考虑被积函数的连续性和积分区域的任意性,可得气相能量方程

$$\frac{\partial\phi\rho_{\mathrm{G}}A\left(e_{\mathrm{G}}+\frac{1}{2}u_{\mathrm{G}}^{2}\right)}{\partial t}+\frac{\partial\phi\rho_{\mathrm{G}}Au_{\mathrm{G}}\left(e_{\mathrm{G}}+\frac{1}{2}u_{\mathrm{G}}^{2}\right)}{\partial x}+\frac{\partial\phi pAu_{\mathrm{G}}}{\partial x}=$$

$$\dot{m}_{\mathrm{c}}AH_{\mathrm{P}}-pA\,\frac{\partial\phi}{\partial t}-DAu_{\mathrm{P}}-QA \tag{1.42}$$

6. 固相能量守恒方程

采用与气相能量方程类似的推导方法,可得固相能量方程为

$$\frac{\partial(1-\phi)\rho_{\mathrm{P}}A\left(e_{\mathrm{P}}+\frac{1}{2}u_{\mathrm{P}}^{2}\right)}{\partial t}+\frac{\partial(1-\phi)\rho_{\mathrm{P}}Au_{\mathrm{P}}\left(e_{\mathrm{P}}+\frac{1}{2}u_{\mathrm{P}}^{2}\right)}{\partial x}+\frac{\partial(1-\phi)pAu_{\mathrm{P}}}{\partial x}=$$

$$-\dot{m}_{\mathrm{c}}AH_{\mathrm{P}}+pA\,\frac{\partial\phi}{\partial t}+DAu_{\mathrm{P}}+QA \tag{1.43}$$

式(1.43)是关于火药颗粒内能的能量守恒方程,可以用来求得火药颗粒的平均温度 T_{P}。然而,在火炮内弹道中,由于火药颗粒的导热系数一般都比较小,属于导热性能比较差的物质,从表及里的温度梯度非常大。也许表面温度已经达到着火温度而被点燃了,其中心的温度仍处于初始温度。所以即使由固相能量方程求得火药颗粒的平均温度,对于我们判别火药是否达到着火状态也没有直接的帮助。本来,关心火药颗粒平均温度的真正目的,就是想用来判断火药什么时候着火。但是,由于火药颗粒的温度梯度非常大,用平均温度来判断火药着火条件会导致较大的误差。也许平均温度只须上升几度,火药表面就已经着火了,这样就不能反应点火的实际过程。因此,在建立内弹道两相流模型时,一般都不使用固相能量方程,而用火药颗粒表面温度方程代替。根据火药颗粒表面温度方程求出火药的表面温度 T_{Ps},当表面温度达到着火温度 T^{*} 时就认为火药已被点燃。

第 2 章　轻气炮内弹道理论

轻气炮是一种利用高温低分子量气体工质膨胀做功的方式来推动弹丸,使之获得极高速度的发射系统。从 20 世纪 40 年代末到 60 年代中期,这种高温低分子量气体的发射系统,在实验室中进行的高速发射研究就已取得辉煌的成果。1948 年,美国新墨西哥州矿业学校第一次成功地完成二级轻气炮的发射,将一个轻质球加速到 4.3 km/s。随后,美国的海军军械研究所(NOL)和通用汽车公司(GM)将近 100 g 弹丸加速到 8 km/s。海军研究所(NRL)将 0.2 g 弹丸加速到 11.6 km/s,达到第二宇宙速度的惊人结果。这种轻气炮发射装置主要用在实验室中研究弹丸气动力弹道学和终点弹道学,也用于材料在高速碰撞下的力学性能的研究。本章将根据内弹道学和气体动力学理论,从影响弹丸初速的因素,分析常规火炮弹丸初速受到限制的原因及弹丸初速的极限,说明为什么采用轻质气体可以达到提高弹丸速度的目的,然后介绍一级和二级轻气炮的工作原理和内弹道模型。

2.1　影响弹丸初速的基本因素

讨论影响弹丸初速的因素,可根据弹丸运动方程进行分析。若作用在弹底的压力为 p_b,弹丸的质量为 m,则其运动方程可表示为

$$Ap_b = \varphi_1 m \frac{dv}{dt} \tag{2.1}$$

式中:A 为炮膛截面积;φ_1 为阻力系数。

用 l 表示弹丸的行程,则式(2.1)可表示为

$$Ap_b = \varphi_1 m v \frac{dv}{dl} \tag{2.2}$$

将式(2.2)积分,可得下述的弹丸初速公式

$$v_g = \sqrt{\frac{2IA}{\varphi_1 m}} \tag{2.3}$$

式中:

$$I = \int_0^{l_g} p_b dl \tag{2.4}$$

积分上限 l_g 为弹丸行程长。

由式(2.3)可以看出:影响弹丸初速 v_g 的因素主要是炮膛截面积 A、弹丸质量 m 及压力曲线下的积分面积 I。随着炮膛面积的增大,弹丸的受力面积也增大。在其他条件相同的情况下,弹丸能获得更大的初速。若其他条件不变,则随着弹丸质量的减小而弹丸的初速增大。目前火炮技术中应用的次口径弹,就是根据这个原理来提

高初速的。至于压力曲线下的积分面积 I,可以由式(2.4)看出,它又取决于弹丸行程长 l_g 和弹底压力 p_b 两个因素。弹底压力越高,作用在弹丸上的力也越大,这显然是增加弹丸初速的一个重要途径。在第二次世界大战中使用的火炮,其膛压一般不超过320 MPa,而目前的坦克炮和反坦克炮的膛压已经达到600～700 MPa,并且还有增加的趋势。另外,弹丸的行程越长,火药气体对弹丸膨胀做功的距离就越大,就能使火药气体的内能更加充分地转化为弹丸的动能,从而使弹丸初速得到提高。然而,从整个火炮战术技术要求来全面分析,上述影响弹丸初速的诸因素,各自又受到很多的限制。口径增大虽然可以提高初速,但相应的火炮质量也很快增加,使火炮的机动性下降。减轻弹丸质量也势必影响到弹丸的威力。增长身管也受到火炮机动性等因素的限制。而材料自身的强度也制约了膛压的提高,高膛压也会带来很强的炮口冲击波,从而影响使用安全性。因此,在现有的火药、炮身材料的条件下,要求大幅度提高弹丸初速是不切实际的,也是违反客观规律的。要使提高初速有新的突破,就要去寻求新能源、新材料和新的发射原理。轻气炮的理论就是在这方面的一种探索。虽然它用于野战的使用条件尚不成熟,但在实验室中已经将弹丸初速提高到惊人的程度,使弹丸速度跨入了宇宙速度的领域。

2.2 弹丸最大可能速度

利用火药的化学能发射弹丸的火炮,其弹丸初速在理论上究竟能达到怎样一个极限,这是内弹道理论中一个备受关注的问题。根据对膛内气流作出某些理想的假设,可以得到三种条件下的弹丸最大极限速度。

2.2.1 定常假设下的极限速度

根据对膛内气体流动定常等熵的假设,其能量方程为

$$h+\frac{u^2}{2}=\text{常数} \tag{2.5}$$

由于理想气体的比焓 h 仅是温度的函数,则有

$$h=c_pT=\frac{\gamma}{\gamma-1}RT$$

若气体的初始状态为滞止状态,则式(2.5)可化为

$$u=\sqrt{\frac{2\gamma}{\gamma-1}RT_0\left(1-\frac{T}{T_0}\right)} \tag{2.6}$$

当气体无限膨胀,使其温度 T 趋于0时,由上式可得到第一种极限速度

$$u_{\mathrm{Jm}}^{(1)}=\sqrt{\frac{2}{\gamma-1}}c_0 \tag{2.7}$$

式中:c_0 为滞止声速,即

$$c_0 = \sqrt{\gamma R T_0} \tag{2.8}$$

式(2.7)表示在定常假设下,气体的全部能量转变为弹丸动能时所具有的极限速度,它与滞止声速成正比。由此可见,弹丸的极限速度受其声速的限制。若绝热指数 $\gamma=1.20$,$R=300\ \text{J/(kg·K)}$,$T_0=2\ 500\ \text{K}$,则滞止声速数值为

$$c_0 = \sqrt{1.20 \times 300 \times 2\ 500}\ \text{m/s} = 948.68\ \text{m/s}$$

代入式(2.7),可得

$$u_{\text{Jm}}^{(1)} = \sqrt{\frac{2}{1.20-1}} \times 948.68\ \text{m/s} = 3\ 000\ \text{m/s}$$

2.2.2　经典内弹道理论的弹丸极限速度

在经典内弹道理论中,拉格朗日提出弹后空间气体密度均匀分布的假设,由此可以得到气流速度为线性分布。在此假设下,弹后空间的气体动能为$\frac{\omega v^2}{6}$。当火药的全部化学能都转化为气体动能时,弹底处气体流动速度达到最大值 $u_{\text{Jm}}^{(2)}$,即

$$\frac{\omega f}{\theta} = \frac{1}{6}\omega\left(u_{\text{Jm}}^{(2)}\right)^2 \tag{2.9}$$

或

$$u_{\text{Jm}}^{(2)} = \sqrt{\frac{6f}{\theta}}$$

由于 $f=\gamma f_0$,$c_0=\sqrt{\gamma f_0}=\sqrt{\gamma R T_0}$,$\theta=\gamma-1$,其中 f_0 为定压火药力,则有

$$u_{\text{Jm}}^{(2)} = \sqrt{\frac{6}{\gamma-1}}\, c_0 \tag{2.10}$$

式(2.10)表示弹后空间气流线性分布条件下具有的极限速度。

由经典内弹道理论可知,在一定的装填条件下,弹丸的极限速度为

$$v_{\text{J}} = \sqrt{\frac{2f\omega}{\theta\varphi m}} \tag{2.11}$$

式中:m 和 ω 分别为弹丸质量和火药质量;φ 为次要功计算系数,可表示为

$$\varphi = a + b\frac{\omega}{m}$$

则

$$v_{\text{J}} = \sqrt{\frac{2f}{\theta}\,\frac{\frac{\omega}{m}}{a+b\frac{\omega}{m}}}$$

由上式可以看出:当$\frac{\omega}{m}\to\infty$时,$v_{\text{J}}$ 将趋于某个极限。通常 $b=\frac{1}{3}$,则有

$$v_{\mathrm{J}}=\sqrt{\frac{6f}{\theta}}=\sqrt{\frac{6}{\gamma-1}}c_0=u_{\mathrm{Jm}}^{(2)} \tag{2.12}$$

由此可见,$u_{\mathrm{Jm}}^{(2)}$ 是相对装药量$\frac{\omega}{m}$趋于无穷大时的极限速度。若绝热指数 γ、气体常数 R 和滞止温度 T_0 取与前面相同的数据,则

$$u_{\mathrm{Jm}}^{(2)}=\sqrt{\frac{6}{1.20-1}}\times 948.68\ \mathrm{m/s}=5\ 196\ \mathrm{m/s}$$

这个数值比定常假设条件下的极限速度大得多。

2.2.3 非定常等熵假设下的逃逸速度

一维非定常等熵流的基本方程为

$$\frac{\partial\rho}{\partial t}+\frac{\partial\rho u}{\partial x}=0$$

$$\frac{\partial\rho u}{\partial t}+\frac{\partial\rho u^2}{\partial x}+\frac{\partial p}{\partial x}=0$$

$$\frac{\partial}{\partial t}\left(\frac{p}{\rho^{\gamma}}\right)+u\frac{\partial}{\partial x}\left(\frac{p}{\rho^{\gamma}}\right)=0$$

将连续性方程代入上面最后一个等式,并作适当的变换,可得另一种形式的一维非定常等熵流基本方程

$$\frac{\partial\rho}{\partial t}+u\frac{\partial\rho}{\partial x}+\rho\frac{\partial u}{\partial x}=0$$

$$\frac{\partial u}{\partial t}+u\frac{\partial u}{\partial x}+\frac{1}{\rho}\frac{\partial p}{\partial x}=0$$

$$\frac{\partial p}{\partial t}+\gamma p\frac{\partial u}{\partial x}+u\frac{\partial p}{\partial x}=0$$

应用特征线方法求解上述一阶拟线性偏微分方程组,可得如下的特征线方程及对应的相容性方程:

$$\begin{cases}\left(\dfrac{\mathrm{d}x}{\mathrm{d}t}\right)_{\mathrm{I}}=u+c, \mathrm{d}p+\rho c\,\mathrm{d}u=0\\[2ex]\left(\dfrac{\mathrm{d}x}{\mathrm{d}t}\right)_{\mathrm{II}}=u-c, \mathrm{d}p-\rho c\,\mathrm{d}u=0\\[2ex]\left(\dfrac{\mathrm{d}x}{\mathrm{d}t}\right)_{\mathrm{III}}=u, \qquad \mathrm{d}p-c^2\mathrm{d}\rho=0\end{cases}$$

第一簇特征线代表向右传播的扰动,叫右行波;第二簇特征线代表向左传播的扰动,叫左行波。这些扰动可以是压缩波也可以是膨胀波。第三簇特征线是流体微团的迹线,表示沿迹线流体微团等熵。若流动在开始时各微团的熵相等,即全流场等熵,则上面的相容性方程可表示为

$$u \pm \frac{2}{\gamma - 1}c = \text{const.} \tag{2.13}$$

采用滞止状态参量，式(2.13)可写为

$$u \pm \frac{2}{\gamma - 1}c = \pm \frac{2}{\gamma - 1}c_0$$

从上式可以看出，当 $c=0$ 时气体速度 u 达到最大值，此时对应于气体膨胀到温度为零、压力为零的状态。对于右行波，有

$$u_{\max} = \frac{2}{\gamma - 1}c_0 \tag{2.14}$$

$u_{\max}$ 称为逃逸速度。当弹丸速度大于逃逸速度时，弹后的气体就不可能再跟上弹丸推动其运动了。如果不考虑摩擦和阻力，弹丸只能保持逃逸速度做惯性运动。所以，逃逸速度是在一维非定常等熵流动条件下的弹丸最大极限速度。仍取前面的火药气体热力学参数值，则

$$u_{\mathrm{Jm}}^{(3)} = u_{\max} = \frac{2}{\gamma - 1}c_0 = \frac{2}{1.20 - 1} \times 948.68\ \mathrm{m/s} = 9\ 487\ \mathrm{m/s}$$

由此可见，逃逸速度比拉格朗日假设下的极限速度大很多。

2.2.4　三种极限速度的讨论

当 $\gamma=1.20$ 时，三种极限速度之间的比值为

$$\frac{u_{\mathrm{Jm}}^{(2)}}{u_{\mathrm{Jm}}^{(1)}} = \frac{\sqrt{\dfrac{6}{\gamma - 1}}c_0}{\sqrt{\dfrac{2}{\gamma - 1}}c_0} = \sqrt{3} = 1.732$$

$$\frac{u_{\mathrm{Jm}}^{(3)}}{u_{\mathrm{Jm}}^{(2)}} = \frac{\dfrac{2}{\gamma - 1}c_0}{\sqrt{\dfrac{6}{\gamma - 1}}c_0} = \sqrt{\frac{2}{3(\gamma - 1)}} = 1.826$$

即 $u_{\mathrm{Jm}}^{(2)}$ 为 $u_{\mathrm{Jm}}^{(1)}$ 的 1.732 倍，而 $u_{\mathrm{Jm}}^{(3)}$ 又是 $u_{\mathrm{Jm}}^{(2)}$ 的 1.826 倍。

以上这种差别主要是对气体流动规律采用不同假设而引起的。根据能量守恒原理，式(2.7)、式(2.10)和式(2.14)可分别改写为

$$\frac{1}{2}\omega(u_{\mathrm{Jm}}^{(1)})^2 = \frac{\omega f}{\theta}$$

$$\frac{1}{2}\left(\frac{1}{3}\omega\right)(u_{\mathrm{Jm}}^{(2)})^2 = \frac{\omega f}{\theta}$$

$$\frac{1}{2}\left(\frac{\theta}{2}\omega\right)(u_{\mathrm{Jm}}^{(3)})^2 = \frac{\omega f}{\theta}$$

上面的表达式说明，在定常等熵假设下，火药的化学能转变为气体动能时，全部气体

都能达到极限速度 $u_{\mathrm{Jm}}^{(1)}$；在线性分布假设下，有三分之一的气体能达到极限速度 $u_{\mathrm{Jm}}^{(2)}$；在非定常等熵假设下，当 $\gamma=1.20$ 时，则只有10%的气体能达到极限速度 $u_{\mathrm{Jm}}^{(3)}$。

总之，无论在哪种假设下，要提高弹丸初速，首先应提高气流的极限速度。

2.3 膛内气体压力扰动的传播

2.3.1 膛内气体压力扰动传播的定性分析

本小节我们讨论火药瞬时燃完，弹丸在纯气体膨胀做功条件下压力扰动的传播。当弹丸在膛内开始运动时，紧连弹后的空间由于弹丸移动而出现一个低压区。弹底的那层气体迅速随着弹丸移动而进入低压区，于是弹底压力开始下降。由于第一层气体的运动，紧挨在第一层气体后面的气体层也同样与一个低压区相邻，并跟着进入低压区。以此类推，后面的每一层气体都相继进入它前面刚刚形成的低压区。这一系列相连的运动就形成了气体中以声速传播的扰动，如图2.1(a)所示。这种扰动所到之处，使该处的气体压力和密度减小，故称这种扰动为稀疏扰动，它所形成的扰动波称为稀疏波，或称膨胀波。

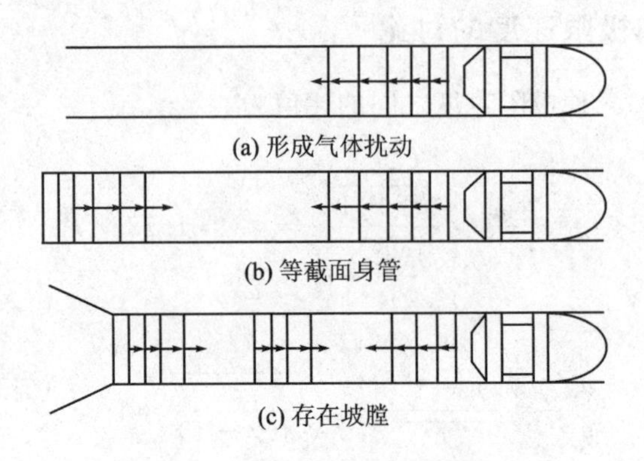

图2.1 膛内气体压力扰动传播示意图

根据上述分析可以看出：随着扰动而产生的压力降，是由于弹丸加速的同时各层气体也随之加速而引起的。从其性质上来说，每层气体进入其邻近的低压区越快，则压力降就越小，气体就能维持其推进力。显然，用于膛内推动弹丸做功的理想工质，应是在这种相连的运动中具有"惯性"小的气体。弹丸在膛内连续运动过程中，不断产生稀疏扰动，这种扰动以当地声速向炮尾传播，扰动所到的区域压力就相继下降。结果，随着弹丸向炮口的加速运动，弹后每层气体的压力连续下降，越接近弹底的气层，压力下降越大，因此由膛底到弹底形成一个压力单调下降的分布。

如果是一个等截面的身管，当扰动传到与膛底紧接的那层气体时，膛底气体开始进入由它的邻近层产生的低压区。可是在它后面已没有邻层气体来填补由它所产生

的低压区。因此，它的运动速度将减慢下来，这样又使它正在进入的前方低压区保持着一定的低压。膛底层前的邻近层受到这个微小的低压区的影响，于是它的向前运动也减慢下来。这种相继减慢的现象向弹丸方向扩展，结果产生了从炮尾向弹底传播的一系列稀疏扰动，如图 2.1(b)所示。这种来自炮尾的扰动称为反射膨胀波。由弹底产生的全部膨胀波都以这种方式被膛底反射回来，并向弹底方向传播。这些反射的膨胀波使气体压力进一步降低，特别当它们到达弹底时，使弹底压力进一步下降。

在存在坡膛的情况下，扰动的传播更加复杂。当向炮尾行进的膨胀波到达坡膛的扩张区时，如图 2.1(c)所示，填补低压区的后一层气体的体积增大，结果使这个区间的压力增加。在坡膛区，每当一层气体相继进入它前面一层所造成的低压区时，都会使其压力稍有增加。因此就其效果来说，由弹底所产生的膨胀波在其达到坡膛时，就部分地被反射回来，变成压缩波，并向弹底方向传播。它们到达弹底时，会使弹底压力增加。综上所述，在存在坡膛情况下，由弹丸运动而产生的膨胀波，在坡膛处一部分被反射回来成为压缩波，另一部分仍以膨胀波继续向膛底行进。它们在膛底以膨胀波的形式又被反射回来。在其到达坡膛时，一部分以膨胀波形式反射回膛底，另一部分以膨胀波形式继续向弹底方向传播。在弹丸沿炮管运动时，这种现象将连续不断地发生，形成复杂的波系。

2.3.2　声惯性

在定性分析扰动波传播现象后，可以根据一维非定常条件下特征线及相容性关系，进一步讨论扰动对压力降的影响。由特征线和相容性关系，方程

$$\mathrm{d}p=\rho c\,\mathrm{d}u$$

是穿越扰动“$u+c$”时所产生的压力变化关系式；而方程

$$\mathrm{d}p=-\rho c\,\mathrm{d}u$$

是穿越扰动“$u-c$”时所产生的压力变化关系式。

上面的方程分别表示穿越右行扰动波和左行扰动波时所产生的压力变化。显然，“ρc”这个量相当于气体工质的惯性，称为工质的声惯性或声阻抗，即单位时间内单位面积扰动波所通过的气体质量。它的大小直接影响流速变化时所引起的压力变化的大小。ρc 越小，由流速变化引起压力变化的影响就越小；ρc 越大，这种影响也就越大。因此，气体工质的声惯性 ρc 是气体的一个基本特性，决定着产生已知流速变化所需要的压力变化的数值。

下面来讨论声惯性与滞止参量的关系。假设气体是完全气体，过程为等熵，则状态方程和等熵方程分别为

$$p=\rho RT$$

$$\frac{p}{p_0}=\left(\frac{\rho}{\rho_0}\right)^{\gamma}$$

式中:p_0、ρ_0 分别为滞止压力和滞止密度。完全气体声速为 $c=\sqrt{\gamma RT}$,则

$$\rho c=\frac{p}{RT}\sqrt{\gamma RT}=\frac{p\sqrt{\gamma}}{\sqrt{RT}}=p_0\frac{p}{p_0}\sqrt{\frac{\gamma}{RT_0}}\frac{\sqrt{RT_0}}{\sqrt{RT}}$$

由状态方程和等熵方程,有

$$\frac{T}{T_0}=\frac{p}{p_0}\frac{\rho_0}{\rho}=\frac{p}{p_0}\left(\frac{p}{p_0}\right)^{-\frac{1}{\gamma}}=\left(\frac{p}{p_0}\right)^{\frac{\gamma-1}{\gamma}}$$

因此,声惯性可以表示为

$$\rho c=p_0\sqrt{\frac{\gamma}{RT_0}}\left(\frac{p}{p_0}\right)^{1-\frac{\gamma-1}{2\gamma}}=\frac{\gamma p_0}{c_0}\left(\frac{p}{p_0}\right)^{\frac{\gamma+1}{2\gamma}} \tag{2.15}$$

由式(2.15)可以看出:声惯性与滞止声速 c_0 成反比。滞止声速越大,声惯性越小。

2.4 提高弹丸初速的理想工质

弹丸运动方程清楚地表明,要提高初速,必须提高弹底压力。但在实际射击过程中,气体推动弹丸作功的同时,由于气体存在惯性,弹底压力随着弹丸运动不断下降,这对弹丸继续加速是不利的。为了克服这种不利因素,必须寻找声惯性小的工质。所谓理想工质是指在相同的装填条件下,使压力下降最小的工质。压力降越小,则在弹丸运动过程中越能保持较高的弹底压力,有利于增加弹丸运动的速度。

下面从两个方面来讨论减小压力降的途径。

2.4.1 增大逃逸速度

由于逃逸速度是弹丸的最大极限速度,所以逃逸速度越大,弹丸的速度也越大。因此,火炮膛内的理想工质应是具有大逃逸速度的气体工质。对于完全气体的非定常等熵过程,有

$$\frac{T}{T_0}=\left(\frac{p}{p_0}\right)^{\frac{\gamma-1}{\gamma}}$$

$$c=\sqrt{\gamma RT}$$

于是

$$\frac{c}{c_0}=\sqrt{\frac{T}{T_0}}=\left(\frac{p}{p_0}\right)^{\frac{\gamma-1}{2\gamma}} \tag{2.16}$$

根据相容性方程,有

$$\frac{c}{c_0}=1\mp\frac{\gamma-1}{2}\frac{u}{c_0}=1-\frac{u}{u_{\max}} \tag{2.17}$$

将式(2.16)代入式(2.17),可得

$$\frac{p}{p_0}=\left(1-\frac{u}{u_{\max}}\right)^{\frac{2\gamma}{\gamma-1}} \tag{2.18}$$

式中：$u_{\max}$ 为逃逸速度。

从式(2.18)可以看出，影响压力降有两个因素：一个是逃逸速度 $u_{\max}$，另一个是绝热指数 γ。

逃逸速度越大，在气体对弹丸膨胀做功的过程中，压力降就越小。当 $u_{\max}$ 趋于无穷大时，压力始终保持与初始状态压力相等，$p=p_0$，即气体工质保持恒压状态推动弹丸做功。由式(2.14)可知，逃逸速度又与滞止声速成正比。滞止声速越大，对减小压力降越有利。对完全气体，滞止声速为

$$c_0=\sqrt{\gamma RT_0}=\sqrt{\gamma\frac{\widetilde{R}}{\mu}T_0} \tag{2.19}$$

式中：$\widetilde{R}$ 为通用气体常数；μ 为气体分子量。式(2.19)表明，滞止声速又与滞止温度的平方根成正比，与气体分子量的平方根成反比。由此可见，理想工质应该是滞止温度高而分子量小的工质，即所谓热轻质气体。

影响压力降的另一个因素是绝热指数 γ。从式(2.18)可以看出，当 γ 减小时，逃逸速度将增大，但括号中的数值总是小于 1，而指数$\dfrac{2\gamma}{\gamma-1}$将增大。所以，总的影响还是减小压力降。因此，希望气体工质的 γ 值要小。应该指出，γ 值对压力降的影响比滞止声速对压力降的影响小得多。

2.4.2　减小声惯性

声惯性是反映气体在膨胀做功过程中惯性的大小。在等截面身管和火药瞬时燃完的条件下，满足简单波的要求，当弹丸在气体压力作用下向前运动时，扰动也以 $u-c$ 的速度同时向膛底传播。这时穿越扰动波的压力变化为

$$\mathrm{d}p=-\rho c\,\mathrm{d}u \tag{2.20}$$

式(2.20)表示声惯性 ρc 与弹后压力降的关系。对于已知速度增量来说，压力降与声惯性 ρc 成正比。因此，在非定常膨胀过程中，气体的压力降是直接由气体的声惯性造成的。这种压力降是不可避免的，除非是 ρc 等于零。

将式(2.20)积分，则膛内任意一个截面上的气流速度为

$$u=-\int_{p_0}^{p}\frac{\mathrm{d}p}{\rho c}$$

该式表示在已知初始压力 p_0 的条件下，由静止状态开始膨胀的气体速度仅取决于声惯性。ρc 越小，则流动速度越大，气体就能很快跟上弹丸运动，因而弹底压力下降就越小。

在完全气体和等熵条件下，声惯性又与滞止声速成反比。因此，要减小声惯性必须增大滞止声速，于是理想工质应该是滞止温度高、分子量小的气体工质。这一结论

与增大逃逸速度是一致的。

无论是增大逃逸速度还是减小声惯性,理想工质均应具有高的滞止温度和小的气体分子量。具有这种性能的工质称为热轻质气体,如氢气和氦气。表2.1列出了一些推进气体的性能参数。

表2.1　200 MPa下推进气体的性能参数

气　体	分子量 $\mu/(\mathrm{kg\cdot mol^{-1}})$	绝热指数 γ	声惯性 $\rho c/(\mathrm{kg\cdot m^{-2}\cdot s^{-1}})$	滞止温度 T_0/K
氢气	0.2016×10^{-2}	1.40	7.53×10^{4}	2 411
氦气	0.4003×10^{-2}	1.67	7.46×10^{4}	5 723
空气	2.8×10^{-2}	1.40	2.83×10^{5}	2 376
火药气体	$(2.0\sim3.0)\times10^{-2}$	1.25	3.69×10^{5}	1 250

从表2.1可以看出,氢气的分子量为2.016 g/mol,氦气的分子量为4.003,而火药气体的分子量在20～30之间。同时,氢气和氦气的滞止温度也比火药气体高很多。因此,目前基本都使用氢气和氦气作为轻气炮的气体工质。就氢气和氦气而言,各有利弊。氢气的分子量比氦气小;氦气的滞止温度比氢气高,但温度高的气体对发射管的烧蚀作用也比较大。因此,使用氢气作为驱动气体可以得到更好的发射性能;而从安全性方面考虑,氦气是惰性气体,不会发生爆炸,比较安全。但氦气的价格要比氢气贵得多,这也是在选择驱动气体时不可忽略的一个因素。

2.5　一级轻气炮

2.5.1　一级轻气炮的工作原理

典型的一级轻气炮结构如图2.2所示。炮的主体部分由高压气室和发射管组成,高压气室上连接有高压气源注气装置。靶室是做碰撞实验时用的一个大容器,相当于受弹室,发射管的出口穿进靶室内部,靶室上方连接抽真空系统。高压气室内装

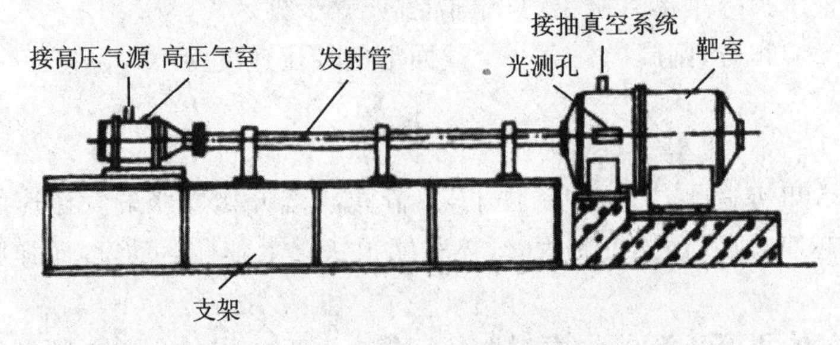

图2.2　一级轻气炮结构示意图

有气体释放机构，弹丸放在气室与发射管之间。发射前，首先对气室抽真空，然后对靶室抽真空，达到规定的真空度后，接通高压气源向气室注入轻气到指定的压力。发射时，通过释放机构的快速打开，气体压力直接作用到弹丸底部，弹丸被加速直到飞出发射管。

2.5.2　一级轻气炮内弹道模型

根据 2.5.1 小节描述的一级轻气炮的工作原理，在本小节建立一级轻气炮的内弹道模型。一级轻气炮是利用在高压气室中预充的轻气膨胀来推动弹丸运动的，整个过程中，气体是非定常流动，应采用气体动力学理论建立一维非定常模型来精确描述气体的运动过程。这里，为了了解轻气炮内弹道过程的主要特点，介绍一种简化的模型，如图 2.3 所示，将气体推动弹丸运动视为理想气体的绝热膨胀过程。这种模型类似于传统火炮的经典内弹道模型。

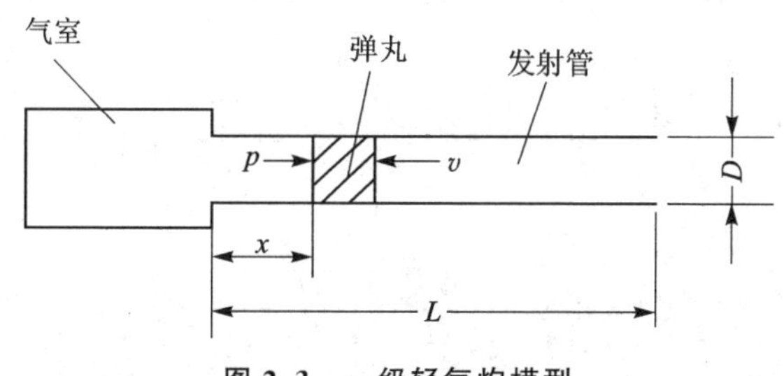

图 2.3　一级轻气炮模型

在建立模型之前，首先做如下假设：

① 轻气为理想气体，在整个内弹道期间为绝热膨胀；

② 不考虑各种损耗（如弹丸的摩擦功和气体运动功）的具体形式，将其折合到次要功计算系数 φ 中考虑。也就是将弹丸质量由原来的 m 增加到 φm，从能量消耗的角度来看，这种增加弹丸质量的效果与考虑各种损耗的效果是相同的。

根据假设①，有

$$pV^{\gamma}=p_0V_0^{\gamma} \tag{2.21}$$

式中：p 为轻气的压力；V 为弹后空间容积；p_0 为初始注气压力；V_0 为高压气室的初始容积。

由图 2.3 可以得到

$$V=V_0+Sx$$

式中：S 为发射管截面积；x 为弹丸从初始位置运动的距离。将上式代入式(2.21)有

$$p=p_0\left(\frac{V_0}{V_0+Sx}\right)^{\gamma} \tag{2.22}$$

根据假设②，弹丸运动方程为

$$Sp=\varphi m\frac{\mathrm{d}v}{\mathrm{d}t} \tag{2.23}$$

式中：φ 为次要功系数，$\varphi=\varphi_1+\frac{1}{3}\frac{M}{m}$，其中 M 为轻气的质量，可由状态方程确定。

根据以上推导结果,可得如下一级轻气炮内弹道方程组:

$$\begin{cases}\dfrac{\mathrm{d}v}{\mathrm{d}t}=\dfrac{Sp}{\varphi m}\\ \dfrac{\mathrm{d}x}{\mathrm{d}t}=v\\ p=p_0\left(\dfrac{V_0}{V_0+Sx}\right)^{\gamma}\end{cases}$$

初始条件为:$t=0$ 时,$p=p_0$,$v=0$,$x=0$。

由一级轻气炮内弹道方程,可以很容易得到弹丸的炮口速度。将式(2.22)代入式(2.23),得

$$\frac{\mathrm{d}v}{\mathrm{d}t}=\frac{Sp_0}{\varphi m}\left(\frac{V_0}{V_0+Sx}\right)^{\gamma}$$

变换上式为

$$\frac{\mathrm{d}v}{\mathrm{d}x}\frac{\mathrm{d}x}{\mathrm{d}t}=v\frac{\mathrm{d}v}{\mathrm{d}x}=\frac{Sp_0}{\varphi m}\left(\frac{V_0}{V_0+Sx}\right)^{\gamma}$$

于是

$$v\mathrm{d}v=\frac{Sp_0V_0^{\gamma}}{\varphi m}\frac{\mathrm{d}x}{(V_0+Sx)^{\gamma}}$$

积分上式

$$\int_0^{v_g}v\mathrm{d}v=\frac{Sp_0V_0^{\gamma}}{\varphi m}\int_0^{L}\frac{\mathrm{d}x}{(V_0+Sx)^{\gamma}}$$

式中:v_g 为弹丸炮口速度;L 为发射管的长度。因此

$$\frac{1}{2}v_g^2=-\frac{1}{\gamma-1}\frac{p_0V_0^{\gamma}}{\varphi m}\frac{1}{(V_0+Sx)^{\gamma-1}}\bigg|_0^L=-\frac{1}{\gamma-1}\frac{p_0V_0^{\gamma}}{\varphi m}\left[\frac{1}{(V_0+SL)^{\gamma-1}}-\frac{1}{V_0^{\gamma-1}}\right]$$

即

$$v_g=\sqrt{\frac{2p_0V_0}{(\gamma-1)\varphi m}\left[1-\left(\frac{V_0}{V_0+SL}\right)^{\gamma-1}\right]}$$

2.6 二级轻气炮

2.6.1 二级轻气炮的工作原理

目前,对于二级轻气炮的结构和工作原理已经提出了很多可行方案,这里介绍一种如图2.4所示的二级轻气炮。它的基本原理是利用火药气体推动活塞,通过活塞压缩加热轻气,然后被压缩的轻气再推动弹丸运动。用这种原理发射弹丸的轻气炮称为二级轻气炮。在发射前,注入轻气室中的轻气具有一定的初始压力,当活塞左端药室内的火药点燃后,产生高温高压的火药气体,达到一定压力后即冲破隔板,火药

气体推动活塞，由活塞压缩和加热轻气。轻气被压缩和加热通常是靠冲击波在活塞与弹丸之间往复运动来实现的，活塞运动速度越高，产生冲击波的强度也就越强。活塞运动速度可通过装药量及活塞的质量来调节，如果活塞运动速度不大，对轻气压缩过程比较缓慢，可以当作绝热过程来处理。在活塞的压缩下，轻气的压力上升到一定程度后，就冲破轻气室与喷管之间的隔板，弹丸在压缩轻气作用下沿着身管运动，以此获得极高的弹丸速度。

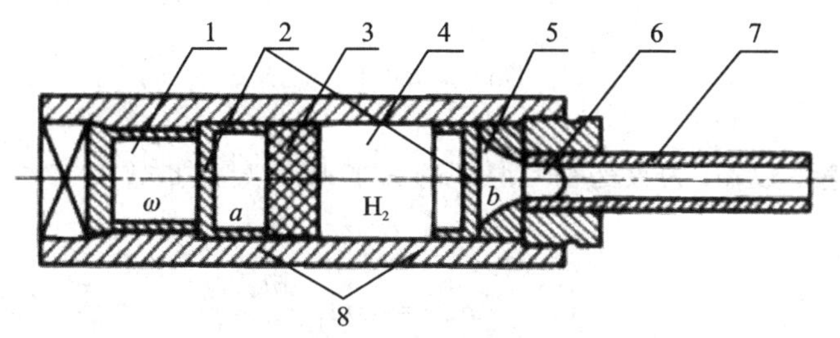

1—药室；2—隔板；3—活塞；4—轻气室；5—喷管；6—弹丸；7—身管；8—缓冲限止器

图 2.4　二级轻气炮发射装置

用这种方法在轻气室中被压缩的气体所获得的声速，将比在弹药室中用化学或电方法加热的气体工质所获得的声速要高得多。在这种二级轻气炮中，轻气室中的气体声速大于活塞左边药室中的声速。然而轻气室中气体做功的能量来自药室中火药燃烧所释放出的能量，活塞只充当一个传递药室能量的工具，活塞的惯性使它在消耗后面火药气体内能的同时，又把前面的轻气压缩到很高的内能。

2.6.2　二级轻气炮的数学模型

二级轻气炮的内弹道过程是比较复杂的，它涉及药室和轻气室的压力变化及活塞和弹丸的运动过程。如果活塞的质量较大、运动速度较慢，那么活塞对轻气的压缩可以看成等熵压缩过程。但在一般情况下，由于活塞的推进，在轻气介质中要产生冲击波，采用等熵压缩假设就不够准确。这里，讨论一种气动力数学模型的二级轻气炮内弹道基本方程。这种数学模型是用经典内弹道基本方程来描述活塞左边药室内火药燃烧及其活塞的运动规律，用气动力数学模型来描述轻气室及身管中的内弹道过程，如图 2.5 所示。

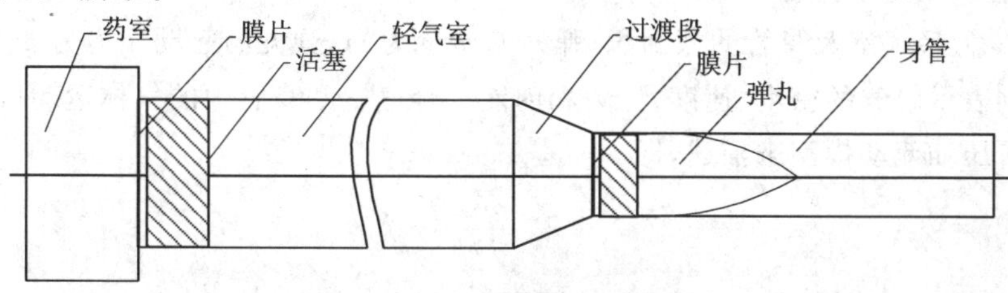

图 2.5　二级轻气炮模型

1. 药室基本方程

设 p_{h} 为药室的平均压力,p_{pf} 是轻气室作用在活塞表面上的压力,活塞质量为 m_{p},速度为 v_{p},轻气室截面积为 S。

火药形状函数为

$$\psi=\chi z(1+\lambda z+\mu z^{2}) \tag{2.24}$$

式中:z、ψ 分别为火药相对已燃厚度和相对已燃体积;χ、λ 和 μ 为火药形状特征量。

燃速方程

$$\frac{\mathrm{d}z}{\mathrm{d}t}=\frac{u_{1}}{e_{1}}p_{\mathrm{h}}^{n} \tag{2.25}$$

式中:u_1 为燃速系数;e_1 为火药初始厚度的一半;n 为燃速指数。

活塞运动方程

$$S(p_{\mathrm{h}}-p_{\mathrm{pf}})=\varphi m_{\mathrm{p}}\frac{\mathrm{d}v_{\mathrm{p}}}{\mathrm{d}t} \tag{2.26}$$

速度方程

$$v_{\mathrm{p}}=\frac{\mathrm{d}l_{\mathrm{p}}}{\mathrm{d}t} \tag{2.27}$$

式中:l_{p} 为活塞行程。

能量平衡方程

$$Sp_{\mathrm{h}}(l_{\mathrm{p}}+l_{\psi})=f\omega\psi-\frac{\theta}{2}\varphi m_{\mathrm{p}}v_{\mathrm{p}}^{2} \tag{2.28}$$

式中:

$$l_{\psi}=l_{0}\left[1-\frac{\Delta}{\rho_{\mathrm{p}}}-\Delta\left(\alpha-\frac{1}{\rho_{\mathrm{p}}}\right)\psi\right]$$

初始条件为 $t=0$ 时:

$$v_{\mathrm{p}}=0,\ l_{\mathrm{p}}=0,\ p_{\mathrm{h}}=p_{1},\ p_{\mathrm{pf}}=p_{\mathrm{cz}},$$

$$\psi_{0}=\frac{\dfrac{1}{\Delta}-\dfrac{1}{\rho_{\mathrm{p}}}}{\dfrac{f}{p_{1}}+\alpha-\dfrac{1}{\rho_{\mathrm{p}}}},\quad z_{0}=\frac{\sqrt{1+4\dfrac{\lambda}{\chi}\psi_{0}}-1}{2\lambda}$$

2. 轻气室基本方程

设 A 为轻气室及身管的截面积;弹丸的质量为 m,弹丸的起动压力为 p_{s};ρ、u、p 和 e 分别表示轻气的密度、速度、压力和内能。轻气室和身管中的气体运动可用一维非定常可压缩流动模型来描述,即

$$\frac{\partial\rho A}{\partial t}+\frac{\partial\rho Au}{\partial x}=0 \tag{2.29}$$

$$\frac{\partial\rho Au}{\partial t}+\frac{\partial\rho Au^{2}}{\partial x}=-A\frac{\partial p}{\partial x} \tag{2.30}$$

$$\frac{\partial \rho A e}{\partial t}+\frac{\partial \rho A u e}{\partial x}=-p\frac{\partial A u}{\partial x} \tag{2.31}$$

$$e=\frac{1}{\gamma-1}p\left(\frac{1}{\rho}-\alpha\right) \tag{2.32}$$

初始条件为 $t=0$ 时：

$$u=0,\ p=p_{cz},\ \rho=\rho_{cz},\ e=e_{cz}$$

边界条件为：

在活塞处 $$u=v_p=\int_0^t \frac{(p_h-p_{pf})A}{\varphi m_p}\mathrm{d}t$$

活塞处的气体密度和内能采用单元控制体方法求出，气体压力则由式(2.32)求出。

在弹丸处 $$u=v=\int_0^t \frac{(p_b-p_f)A}{\varphi' m}\mathrm{d}t$$

式中：φ' 为弹丸的阻力系数；p_b 为弹底压力；p_f 为弹前激波阻力，

$$p_f=p_a\left[1+\frac{\gamma_a(\gamma_a+1)}{4}\left(\frac{v}{c_a}\right)^2+\frac{\gamma_a v}{c_a}\sqrt{1+\left(\frac{\gamma_a+1}{4}\right)^2\left(\frac{v}{c_a}\right)^2}\right]$$

其中：p_a、c_a 为未受扰动的空气压力和空气声速，且 $p_a=1.013\times10^5$ Pa，$c_a=342$ m/s。

弹丸处的气体密度和内能采用单元控制体方法求出，气体压力则由式(2.32)求出。

3. 数值计算方法

药室基本方程为常微分方程，因此可采用 Runge - Kutta 法求解。轻气室的基本方程为偏微分方程，一般采用差分格式进行数值求解。在计算过程中，药室方程和轻气室方程需同时求解，先求解药室方程，得到活塞运动速度，然后求解轻气室方程，得到轻气的压力、速度及密度等参数的分布规律以及弹丸的运动速度。再根据药室方程求出活塞运动速度，然后再求解轻气室方程，如此循环求解，直到弹丸到达身管出口处为止。

2.6.3 二级轻气炮参量对发射性能的影响

1. 初始注气压力

在选定了推进气体后，绝热指数 γ 和分子量也就确定了。于是，对给定的二级轻气炮而言，只有初始注气压力 p_{cz} 和初始气体温度 T_{cz} 可以调节。在这里不考虑事先对气体加温处理，取 T_{cz} 为环境温度，那么剩下 p_{cz} 是可调节的。

为了讨论方便，只考虑直径不变的端部封闭的轻气室里等熵压缩的简单情况。设初始气室体积为 V_{cz}，活塞以速度 v_p 运动。由压力和体积的等熵关系式，可以得到压力变化速率的表达式为

$$\frac{\mathrm{d}p}{\mathrm{d}t}=\frac{\gamma A v_{\mathrm{P}}}{p_{\mathrm{cz}}^{\frac{1}{\gamma}}V_{\mathrm{cz}}}p^{\frac{\gamma+1}{\gamma}} \tag{2.33}$$

该关系式至少在发射过程的初期描述了气体压力上升的速率,此时弹丸运动是很小的。通过式(2.33)可以看出,在 p 和 v_{p} 为特定值时,气室的压缩速率与 $p_{\mathrm{cz}}^{\frac{1}{\gamma}}$ 成反比。对于 $\gamma=1.4$ 的气体来说,p_{cz} 乘以 2,就使 $\frac{\mathrm{d}p}{\mathrm{d}t}$ 乘以 0.61。压力的上升速率 $\frac{\mathrm{d}p}{\mathrm{d}t}$ 也是 p 的函数,在压力上升时,气室的压缩速率更为迅速,如图 2.6 所示。

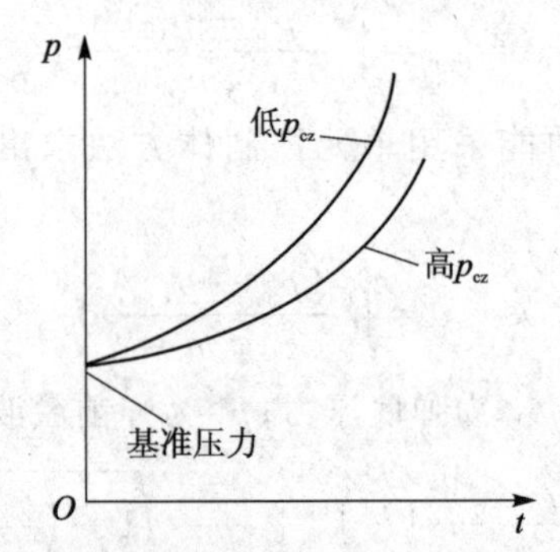

图 2.6 以某一基准压力为起点,在等熵压缩情况下初始注气压力对压力上升速率的影响

发射时,初始注气压力 p_{cz} 对弹丸承受的弹底压力的影响如图 2.7 所示。在阿姆斯研究中心的 7.1 mm/39 mm(发射管口径 7.1 mm,轻气室口径 39 mm)二级轻气炮上测量了发射过程的弹底压力。除了初始注气压力 p_{cz} 以外,在两种发射中其他负载条件近似相同。较低的 p_{cz} 造成了较高的弹底压力,除了较低的 p_{cz} 使气室的压缩速率增加造成弹速的差异外,另一个重要因素是由于减小了 p_{cz} 使有效压缩比增加,致使气体温度较高,也使发射性能提高。

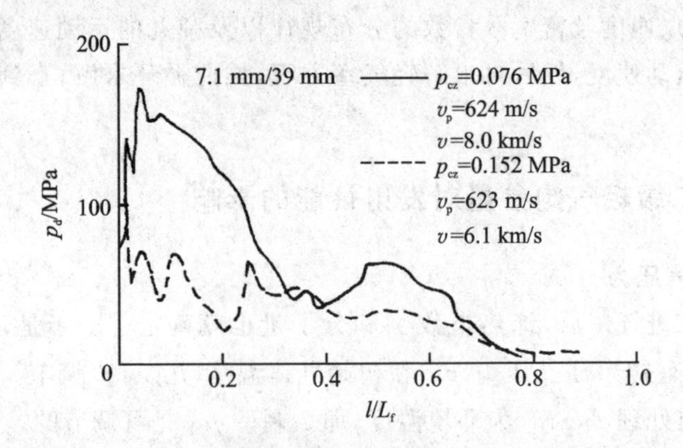

图 2.7 发射时初始注气压力对弹底压力的影响(实验值)

在图 2.8 中,阿姆斯研究中心的 7.1 mm/39 mm 二级轻气炮上发射两种弹丸

时,得到了由初始注气压力变化引起弹底压力变化的曲线。弹丸质量 m 分别为 0.16 g 和 0.65 g,对于该炮的炮膛直径来说,相当于塑料圆柱体(材料为聚碳酸酯)为 0.5 倍和 2 倍口径长度。活塞质量 m_p 为 200 g,膜片破裂压力(即弹丸起动压力) p_s 为 69 MPa。对于 625 m/s 和 750 m/s 的活塞速度来说,按照 p_{cz} 减小,气室的压缩速率增加的规律,当 p_{cz} 减小时,实际上使最大弹底压力增加。对于重的弹丸来说,上述这种作用很大。在这种实验条件下,膜片破裂后弹丸只移动了很短一段距离,在此段短距离的时间内出现了最大弹底压力。由于弹丸较重,惯性较大,初始运动速度很慢,而且气室的压缩速率高(特别是用低的 p_{cz} 时),所以在弹丸后面产生足够大的体积之前,弹底压力上升到很高的值。

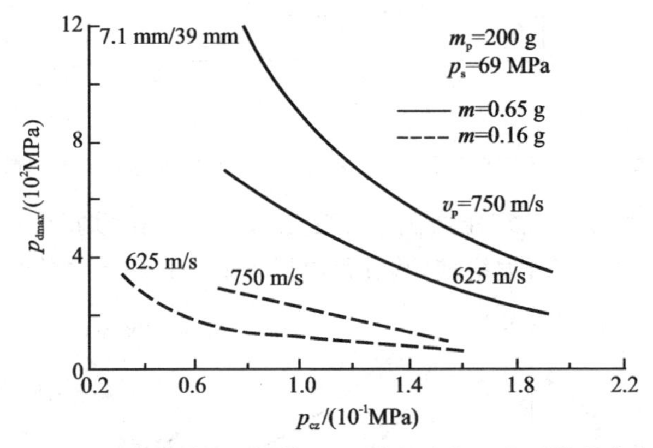

图 2.8　在两种活塞速度和弹丸质量情况下,初始注气压力对最大弹底压力的影响

在这种条件下获得的弹速如图 2.9 所示。从图中可以看到,减小 p_{cz} 将产生较高的压力和温度,使弹丸速度增加。当 p_{cz} 接近允许的最小极限时,弹丸速度的上升速率就下降。所以,若保持较理想的弹底压力状态应使气体质量与弹丸质量具有合理的比例。通常,较重的弹丸需要较高的初始注气压力。

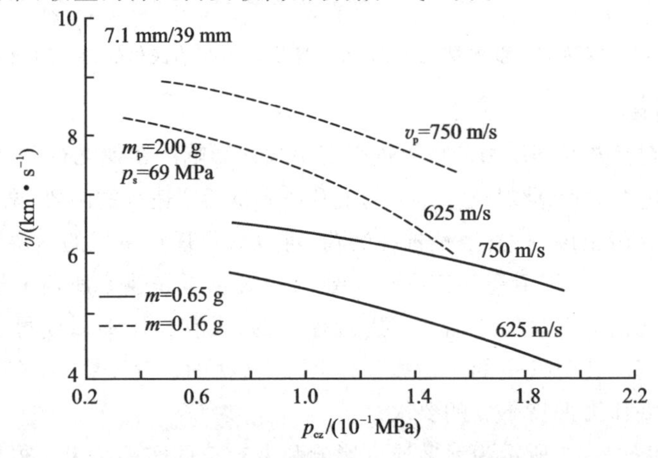

图 2.9　在两种活塞速度和两种弹丸质量情况下,初始注气压力与弹丸速度的关系(实验值)

在图2.10中,由实验数据得到了当弹丸速度为8 km/s和6 km/s时,对应不同的 p_{cz} 值所产生的最大弹底压力变化曲线。从图中可以看出,可以通过减小弹底压力而增加 p_{cz}(同时增加活塞速度 v_p),来获得相同的弹丸速度。

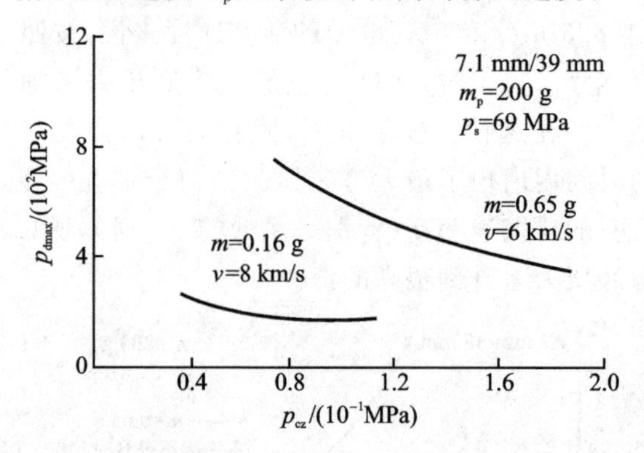

图2.10 在弹丸速度不变的情况下,初始注气压力对最大弹底压力的影响(实验值)

图2.11所示为最大气室压力随 p_{cz} 变化的关系。在活塞质量和速度不变时,p_{cz} 的减小会使最大气室压力增加,其过程类似于最大弹底压力的情况。

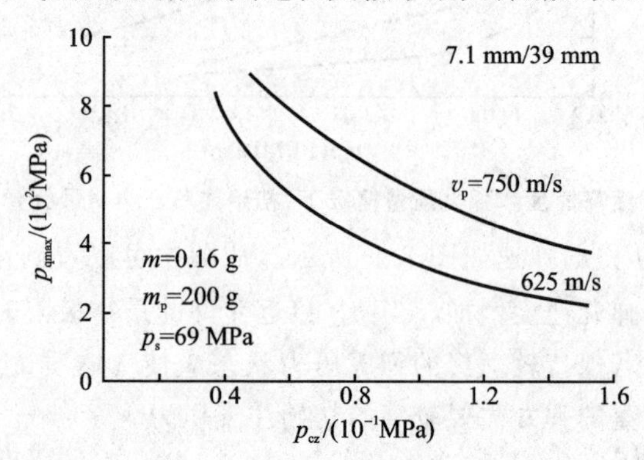

图2.11 在活塞速度不变的情况下,最大气室压力与初始注气压力的对应变化曲线

2. 活塞速度

活塞速度对弹丸底部压力的持续过程有很大的影响。在弹丸运动的初期,只有很少量的气流流进发射管,此时气室压力的上升速率是活塞速度的函数,见式(2.33)。

在允许的极限范围内,恰当地选择装药,可以获得任意所需的活塞速度。例如在弹丸开始运动时,可以把活塞加速到给定要求的气室压缩速率所需的速度。在活塞运动过程中是无法对气室的压缩速率进行控制的,只有在压缩后期可以通过改变活塞质量控制活塞减速时气室的压缩速率。因此,活塞的速度变化,在整个压缩期间不可能满足使弹底压力保持不变的要求。

图2.12和图2.13所示为活塞速度影响弹丸初速的实验结果。根据弹丸的起动压力 p_s,在发射周期开始前,活塞进入减速阶段。实验中为了观察参量 v_p 变化的影

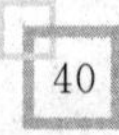

响，使两种弹丸质量、弹丸起动压力 p_s 和活塞质量保持不变。初始注气压力 p_{cz} 用 MPa 表示，也用气体质量与弹丸质量之比$\frac{m_g}{m}$表示。$\frac{m_g}{m}$是一个有价值的无量纲参数。它由所需的条件来决定，要求气体质量是弹丸质量的函数，此值在比较尺寸大小和结构均不相同的二级轻气炮时是有用的。在图 2.12 中给出了轻弹丸$\frac{m_g}{m}$值的范围，此范围是这种类型轻气炮的典型范围，但不能包括重弹丸的范围。从图 2.12 和图 2.13 可以看到，沿 p_{cz} 为常数的线，随着活塞速度的增加，弹丸速度也增加，但是以后增加的速率变小了。有些参数的组合可以使 p_{cz} 为高值和低值情况下，弹丸速度 v 与活塞速度 v_p 对应的曲线斜率均逐渐减小。例如，当活塞速度增加到高性能条件时，发射管的烧蚀是推进气体污染及高温引起的其他损失；在 p_{cz} 处于最低值时，可能没有足够的气体来提供连续的弹底压力；由于活塞速度的增加造成较高的冲击波压力，可能使弹丸过早起动（在高 p_{cz} 值时，这种作用较大，而且对轻弹丸的速度有较大的影响）。这些因素都可能使上述曲线的斜率逐渐减小。

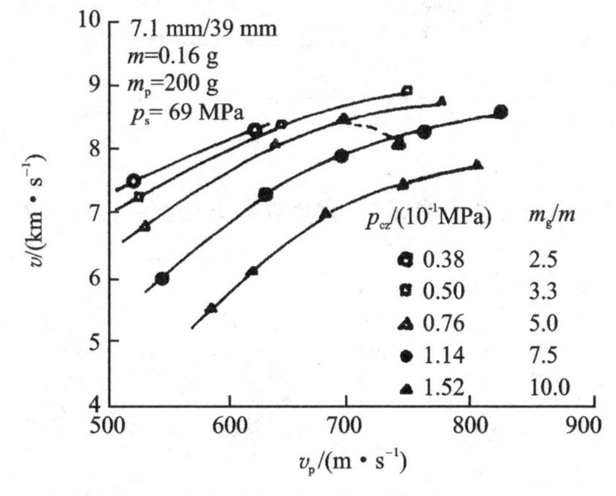

图 2.12　在初始注气压力不变的条件下，轻弹丸速度与活塞速度的对应关系

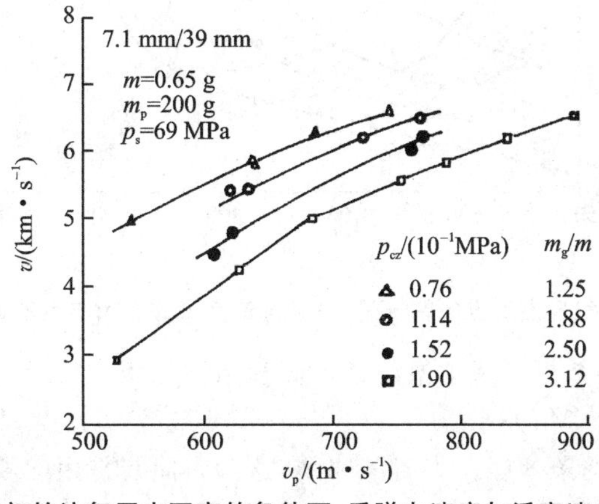

图 2.13　在初始注气压力不变的条件下，重弹丸速度与活塞速度的对应关系

从图2.14和图2.15所示的等速度曲线(虚线)可以看出,同时增加初始注气压力 p_{cz} 和活塞速度 v_p,可以使最大弹底压力下降而仍能获得同样的速度。同时,当 p_{cz} 增加时,即使气体温度稳定下降,只要同时增加 p_{cz} 和 v_p,仍然能保持弹丸速度。这可能是由真实气体效应造成的,即随温度降低使气体声速减小,但较高压力下又使气体密度增加,从而使气体声速增加,补偿了气体温度下降的影响。其次,随着活塞速度的增加,产生了较强的气体冲击波。虽然沿着等速度线不会出现弹底压力上升造成不良作用的冲击波,但是这些冲击波会使气体温度和压力升高。

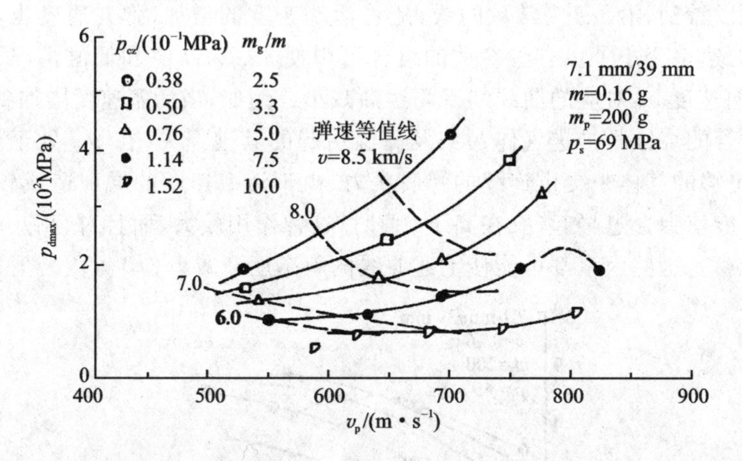

图2.14 初始注气压力不变的情况下,轻弹丸最大弹底压力与活塞速度的对应关系

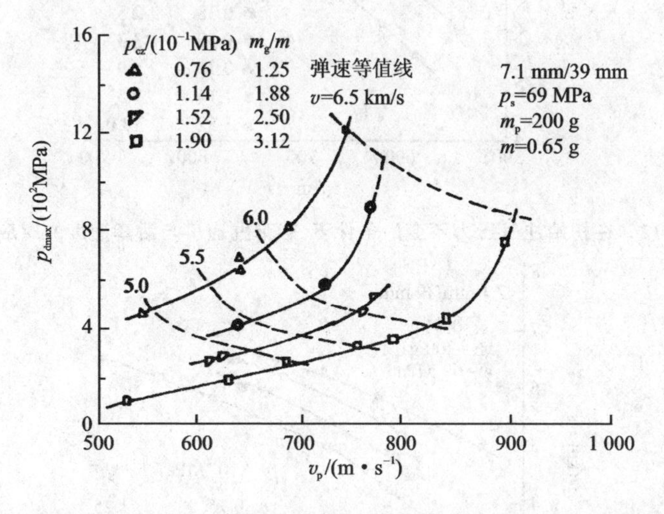

图2.15 初始注气压力不变的情况下,重弹丸最大弹底压力与活塞速度的对应关系

图2.16和图2.17更直观地给出了不同初始注气压力 p_{cz} 下的最大弹底压力与弹丸速度之间的对应变化关系。

图2.18给出了两条弹底压力时间曲线,这两条曲线是用微波速度计测量的。这两条曲线与理想气体用特征线方法理论计算值做比较,并画在图上。图2.18(a)是

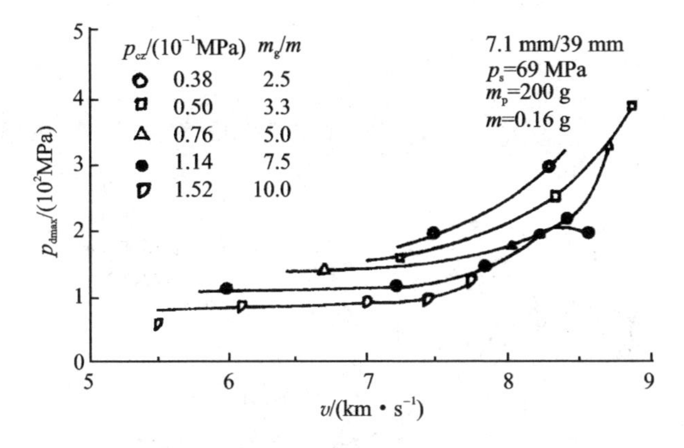

图 2.16　不同初始注气压力下，轻弹丸最大弹底压力与弹丸速度的对应关系

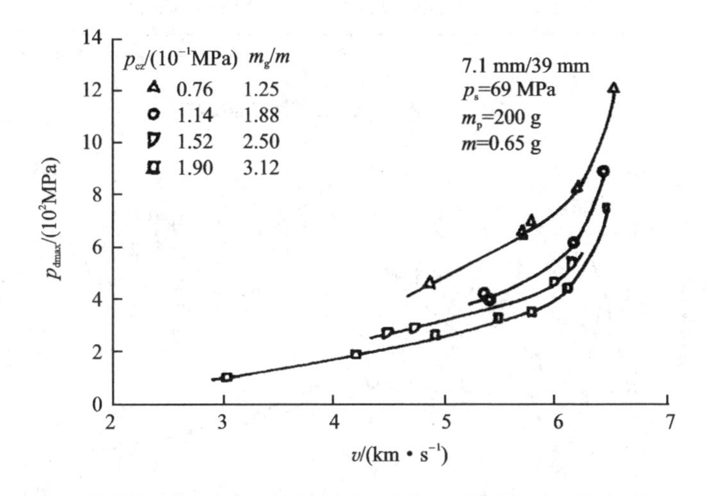

图 2.17　不同初始注气压力下，重弹丸最大弹底压力与弹丸速度的对应关系

在阿姆斯研究中心的 25.4 mm/102 mm 二级轻气炮上，用低的初始注气压力和活塞速度把 7.5 g 弹丸加速到 7.63 km/s 的弹底压力曲线。图 2.18(b)是为了取得接近 7.63 km/s 的弹丸速度(实际达到 7.32 km/s)，将初始注气压力和活塞速度都增加而得到的弹底压力曲线。显而易见，图 2.18(b)的弹底压力曲线比图 2.18(a)要低得多，而达到的弹丸速度仅比后者低 0.3 km/s。这反映了在二级轻气炮上合理匹配各参量，对提高炮的性能，减轻炮的载荷是至关重要的。

3. 弹丸起动压力

对弹丸底部压力过程进行控制的一种重要方法是改变压缩周期中弹丸起动点的位置，或者说改变弹丸的起动时间，可以通过调节弹丸后部膜片的破裂压力来实现。改变弹丸的起动压力不仅改变了弹丸最初承受的压力，而且也影响弹丸连续的压力过程。从式(2.33)和图 2.6 可以看出，起动压力的减小使弹丸开始运动时有较低的气室压缩速率。较重的弹丸在最初的发射阶段具有较高的弹底压力(见图 2.15)，这

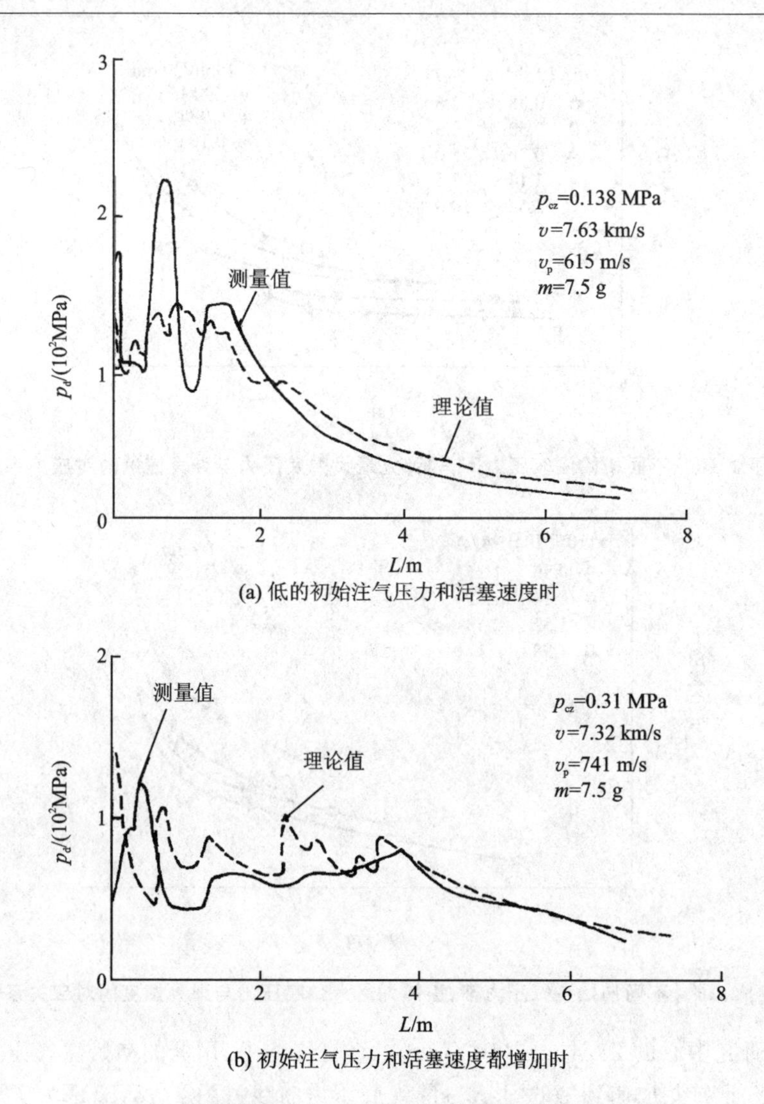

(a) 低的初始注气压力和活塞速度时

(b) 初始注气压力和活塞速度都增加时

图 2.18 不同初始注气压力和活塞速度下的弹底压力曲线

是由于气室的压缩速率比重弹丸初始运动的匹配要大得多,所以可以通过减小弹丸起动压力 p_s 来减小发射最初阶段的弹底压力。

活塞的加速和减速将在气体中产生压缩波和膨胀波,从而使气体产生压力和速度梯度,导致等熵压缩过程受到扰动。当活塞速度较高时会产生强冲击波,出现较大的压力梯度,甚至足以改变膜片的破裂时间。在压缩过程中气室压力随时间变化的典型情况如图 2.19 所示。如果预想在 t_2 达到预定的破膜压力,而冲击波在 t_1 到达膜片,因此会使膜片过早破裂,弹丸提前起动。所以,若气室的压缩速率比要求值低时,到达膜片的冲击波将使膜片提前破裂,这将影响弹底压力过程和弹丸速度。

图 2.20 所示为起动压力对弹丸底部压力过程的影响。其他负载条件保持不变,

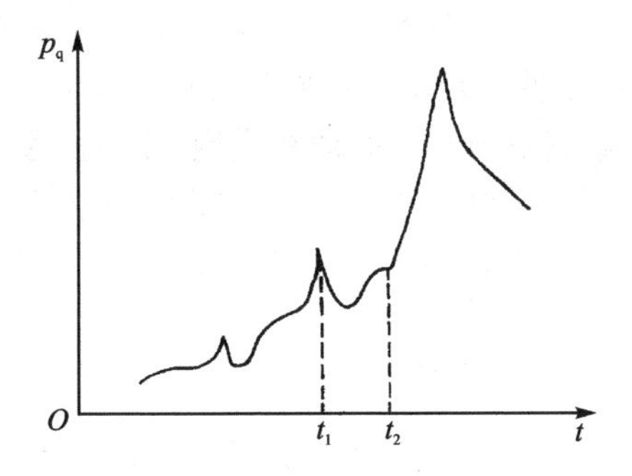

图 2.19　压缩过程中气室压力的变化曲线

仅将起动压力从 138 MPa 变为 69 MPa。可以看出，即使所获得的速度接近相同，用较低的起动压力可得到更为有利的弹底压力过程。在两种情况下，弹丸起动以后弹底压力非常迅速地上升，达到比起动压力更高一些的弹底压力，这说明气室的压缩速度大于初期匹配弹丸运动所需要的速率。

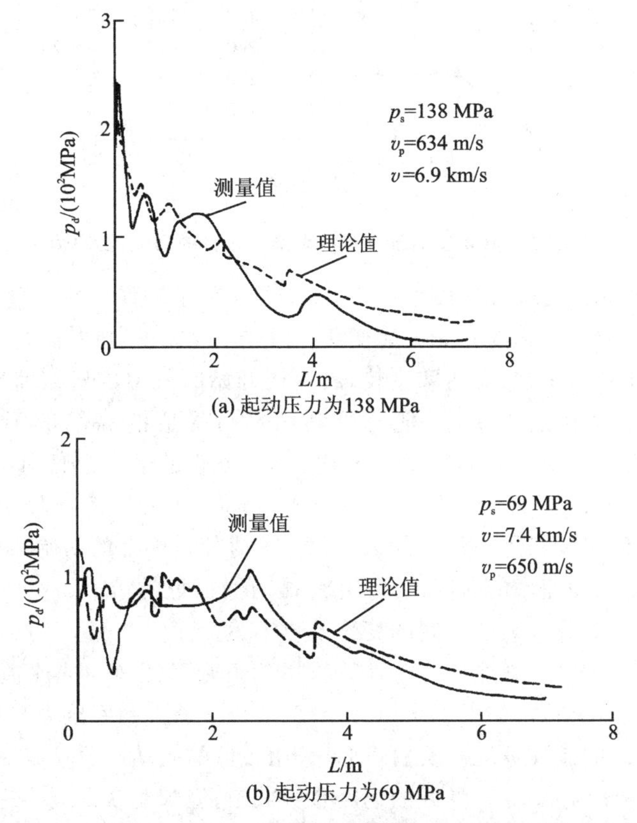

图 2.20　弹丸起动压力对弹底压力的影响(在阿姆斯研究中心的 25.4 mm/102 mm 二级轻气炮上获得)

图 2.21 所示为在 7.1 mm/39 mm 二级轻气炮上的实验结果。该实验用来确定

条件变化较大时,起动压力对最大弹底压力的影响。其中包括不使用膜片使起动压力处于最低值的发射。具体做法是采用比发射管口径大 0.2~0.3 mm 的弹丸,使其具有 5~10 MPa 的初始摩擦阻力。实验曲线表明,膜片破裂压力减小通常使最大弹底压力减小。对于破裂压力为 35 MPa、质量为 0.32 g 弹丸最大弹底压力异常升高的现象,可能仅是在特定点发射时出现的个例,不能看作是普遍规律。

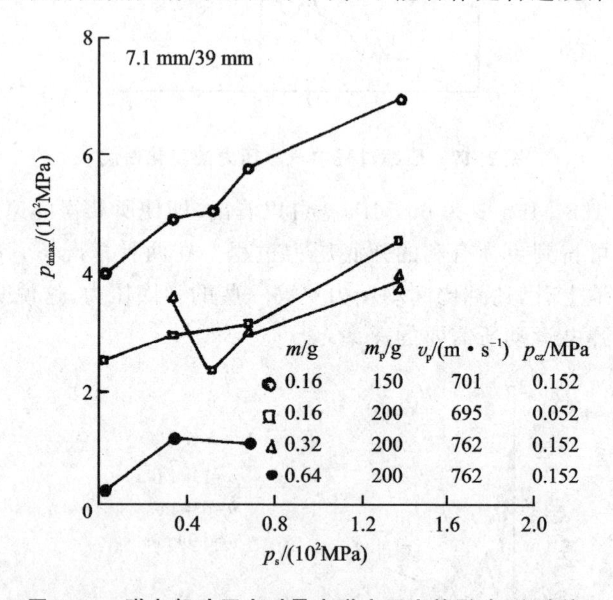

图 2.21 弹丸起动压力对最大弹底压力的影响(实验值)

上述实验所获得的弹丸速度如图 2.22 所示。除了轻弹丸的一组实验外,所有不同起动压力对应的弹丸速度并无太大变化。对于 0.16 g 轻弹丸而言,0.152 MPa 的初始注气压力相对高了些,而活塞又较轻,造成开始时气室的压缩速率相对低了些。发射初期弹丸运动速度太快,不能充分利用最后形成的高气室压力的能量。从图 2.21 可以看出,此时形成的峰值压力比较低,较轻的活塞也使其更快地减速,当 p_{cz} 降为 0.052 MPa,同时活塞质量增加到 200 g 时,弹丸速度随起动压力的变化已经很小,重弹丸的实验实际上没有什么变化。这时较重弹丸的初始加速度很小,致使在达到较高气室压缩速率的时间内,弹丸只移动了很短的距离。然后在适当的范围内,弹丸速度变化对膜片破裂时间的变化不再敏感。

图 2.23 所示为最大弹底压力与计算采用的恒定弹底压力的比值随弹丸起动压力的变化关系。对于特定的发射来说,这个比值表示最大弹底压力与理想状态(即恒定弹底压力条件)的差异情况。实验表明,采用较低的起动压力具有明显的优点。当起动压力降到最小时,虽然轻弹丸的速度有所减小,但却能获得最接近理想状态下的弹底压力条件。实际发射试验表明,降低起动压力可以使最大弹底压力明显减小,而且最大弹底压力减小的比例要大于弹丸速度减小的比例。

由于弹丸运动初期气室的压缩速率很高,使它与初期起动要求不相匹配,出现了

很高的弹底压力。降低起动压力是一种减小高弹底压力的有效方法。但是应该指出，对于允许有高的初始气室压缩速率的非常轻的弹丸以及对那些能够承受较高的最大弹底压力的弹丸来说，用较高的起动压力可以获得更高的弹丸速度。

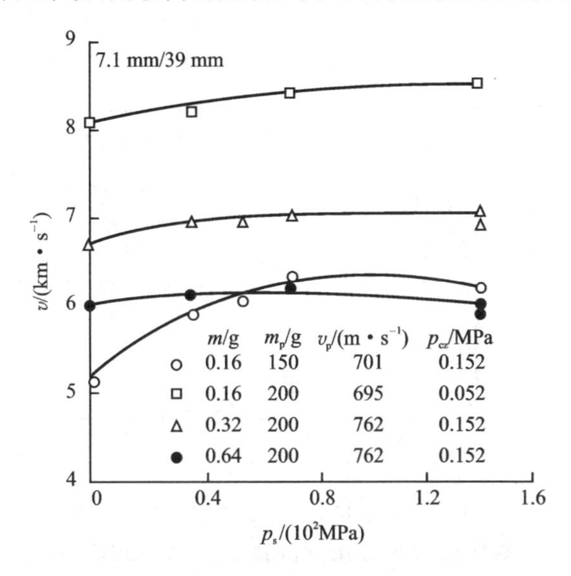

图2.22　在负载条件变化的情况下，弹丸起动压力对弹丸速度的影响(实验值)

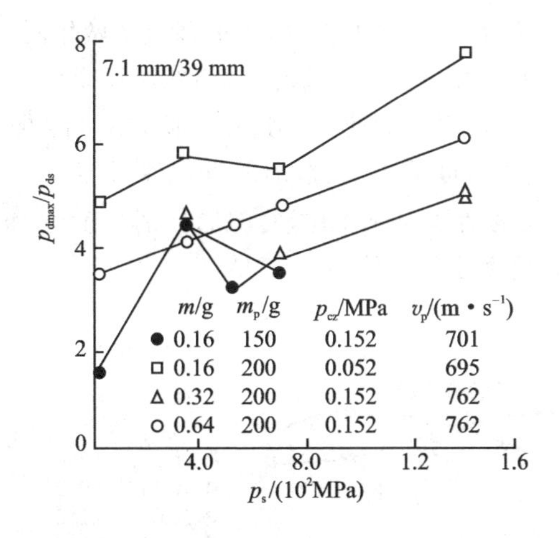

图2.23　弹丸起动压力对最大弹底压力与计算采用的恒定弹底压力的比值的影响(实验值)

4. 活塞质量

等熵压缩式的二级轻气炮，在通常的负载条件下，弹丸起动之前，活塞就已达到最大速度。用来加速活塞的第一级驱动气体在这个时间内膨胀到低压，从而不能给活塞施加更多的额外能量。因此，压缩推进气体所需能量的主要部分是活塞的动能。但是活塞速度是根据给定弹底压力所要求的气室压缩速率确定的。因而，活塞质量是提供能量传递的一个很重要的变量。在弹丸运动初期，活塞速度必须与气室合理

匹配,以便限制过大的初期压力。在压缩的后一阶段,活塞质量成为一个重要因素,它决定了活塞的负加速度。重的活塞在整个压缩过程中都将保持较高的气室压缩速率,使得弹丸在运动的全过程始终能保持较高的弹底压力。从图 2.24 可以看到,用两种不同活塞质量进行的两次发射中所记录的弹底压力过程。

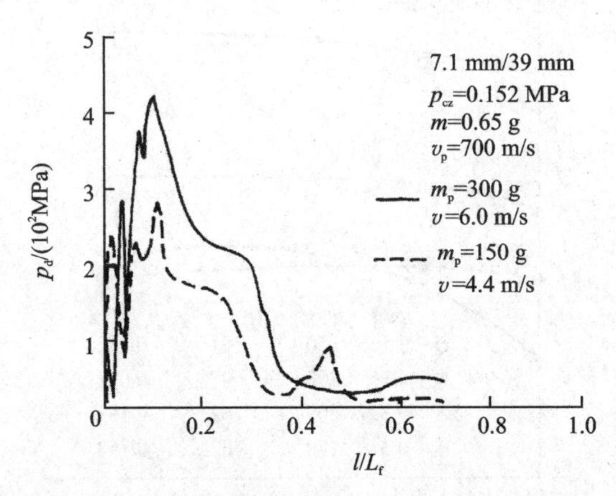

图 2.24　活塞质量对弹底压力的影响(实验值)

图 2.25 所示为活塞质量对弹丸速度的影响。当活塞质量从 150 g 增加到 300 g 时,对于 0.16 g 的弹丸,当初始注气压力为 0.05 MPa 和活塞速度为 600 m/s 时,弹丸速度增加量为 12%;对于 0.65 g 的弹丸,当活塞质量做相同变化时,初始注气压力为 0.152 MPa 和活塞速度为 700 m/s 情况下,活塞质量变化使弹丸速度的增加量达 40%。但进一步增加活塞质量反而使弹丸速度下降,不再能获得好处。对于活塞而言,当其质量增加时,活塞速度减小,但是动能近似保持不变。通过活塞速度的测量发现,对 250 g 和 350 g 的活塞来说,动能的增加分别为 14%和 19%。虽然如此,当活塞质量增加时,弹丸速度还是在减小。

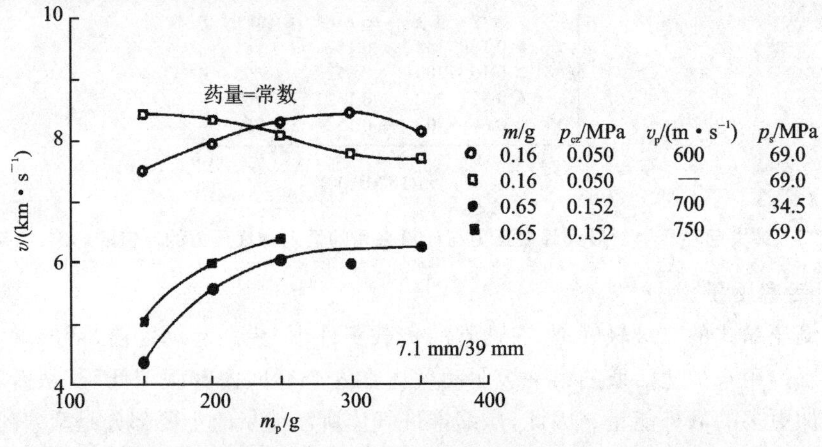

图 2.25　负载条件变化时,活塞质量对弹丸速度的影响(实验值)

图 2.26 表明，较高的最大弹底压力可以获得较高的弹丸速度。从图 2.27 中可以看到，装药质量不变的情况下，250～300 g 活塞质量给出的最大弹底压力与平均弹底压力的比值最小。对于活塞速度近似不变的轻弹丸来说，活塞质量变化到 150 g 以上时，这个比值基本上不会有太大的变化。

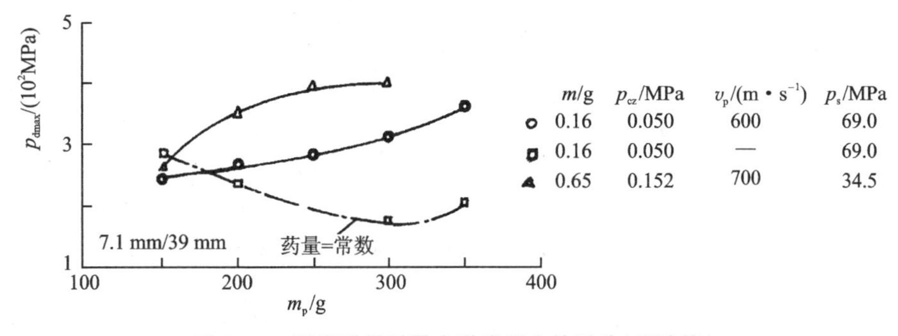

图 2.26　活塞质量对最大弹底压力的影响(实验值)

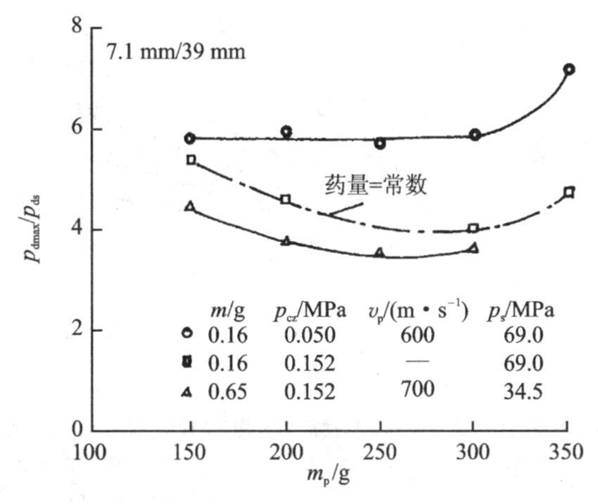

图 2.27　活塞质量对最大弹底压力与计算采用的恒定弹底压力的比值的影响(实验值)

一般情况下，重活塞在提高弹丸速度方面通常更为有效，这是由于轻活塞离弹丸所需的最佳条件与重活塞相比相差较远。用较大的气体质量发射重弹丸需要增加的能量要求相应增加活塞质量。虽然尚不能用足够的数据来确定某些条件下所需活塞质量的最佳值，但是实验结果已经表明，活塞质量的合理选择是获得较高弹丸速度的一个重要因素。

5. 弹丸质量

从前面的讨论中可以看出，弹丸质量的变化对弹丸的发射性能有较大的影响。例如，在初始注气压力条件下，不同质量弹丸的速度和弹底压力的变化情况，见图 2.8 和图 2.10；在 p_{cz} 为常数时，对几种弹丸质量，改变活塞速度所造成的影响，见图 2.28～图 2.30。因此，在特定的负载条件组合下，增加弹丸质量将使气室和弹底压力升高，而弹丸速度下降。

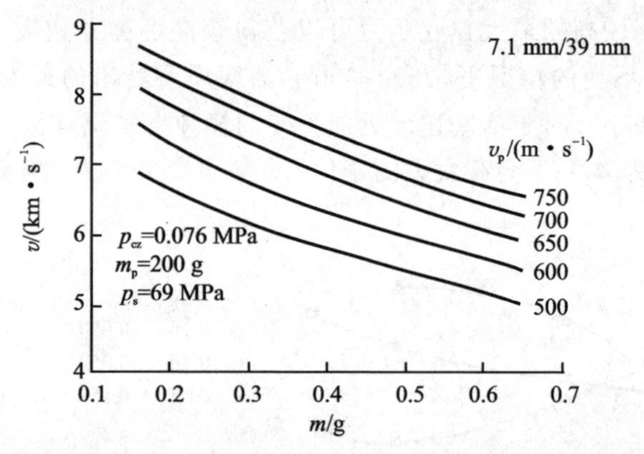

图 2.28　在活塞速度不变的情况下,弹丸质量对弹丸速度的影响(实验值)

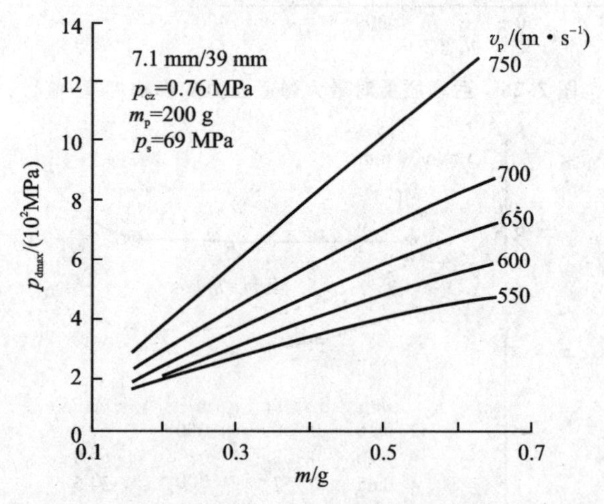

图 2.29　在活塞速度不变的情况下,弹丸质量对最大弹底压力的影响(实验值)

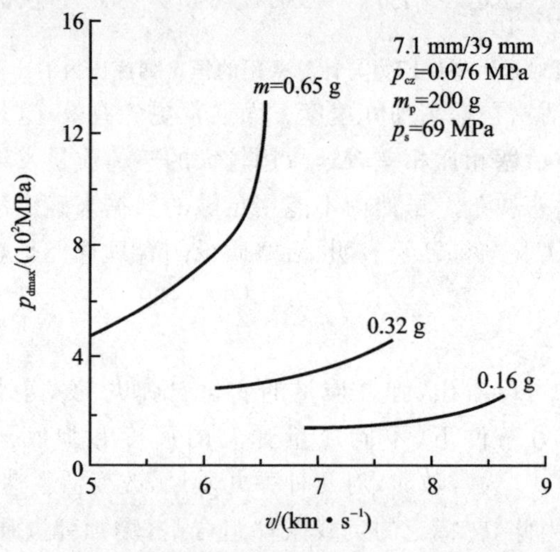

图 2.30　几种弹丸质量的最大弹底压力与弹丸速度的对应变化曲线

如果要使不同质量的弹丸具有相同的加速过程，以便获得相同的弹丸速度，则要求弹丸底部压力的增加与弹丸质量的增加成正比。如果能够按比例增加起动压力、气室压力、气体质量和活塞质量（保持活塞速度过程不变），那么就可以实现上述要求。但是能够实现这些条件的弹丸速度和弹丸质量的变化范围是十分有限的，这是因为受到了弹丸质量和气室压力允许极限的限制。或者说，当要增加所需的弹丸速度时，能够保持弹底压力近似不变的弹丸质量的可选范围是非常小的。

在低速重弹丸的发射中，与上述情况有较大的偏差，因此对每种质量的弹丸和弹丸速度可以采用最优化的负载条件进行发射。开始时，负载条件造成的气室压缩速率比弹丸开始运动时匹配流进发射管的质量流所需的速率高得多。此时，减小弹丸起动压力成为减小初始气室压缩速率的一个非常有效的方法，这样做可以在整个发射过程中将弹底压力控制在弹丸强度范围内。实验表明，若假定负载条件已经最优化，那么弹丸质量增加时，能获得的最佳发射状态是弹丸速度的减小值与弹丸质量增加值的平方根成正比。

第 3 章　液体发射药火炮内弹道理论

3.1　概　述

液体发射药火炮(LPG)是一种利用液体燃料为能源的新概念化学发射系统。它类似于固体发射药火炮,采用发射药(液体)燃烧时所产生的高温高压燃气对弹丸膨胀作功,推动弹丸运动并获得一定的炮口速度。但其发射原理有别于固体发射药火炮,是现代武器发展中的一项新概念发射技术。液体发射药火炮的发射原理及其装药结构通常有两种方式,即整装式(BLPG)和再生式(RLPG)液体发射药火炮,如图 3.1 和图 3.2 所示。

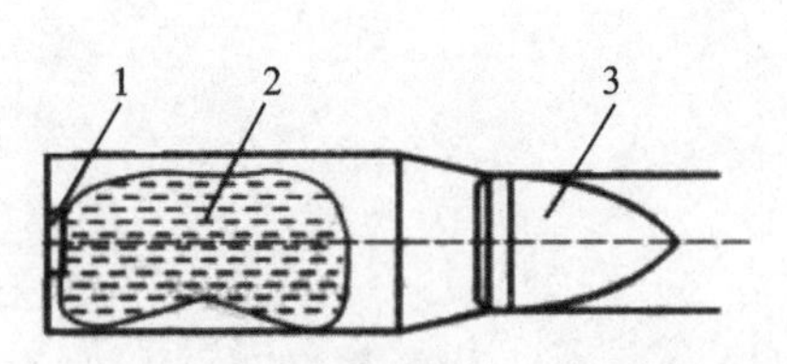

1—底火;2—液体燃料;3—弹丸

图 3.1　整装式液体发射药火炮

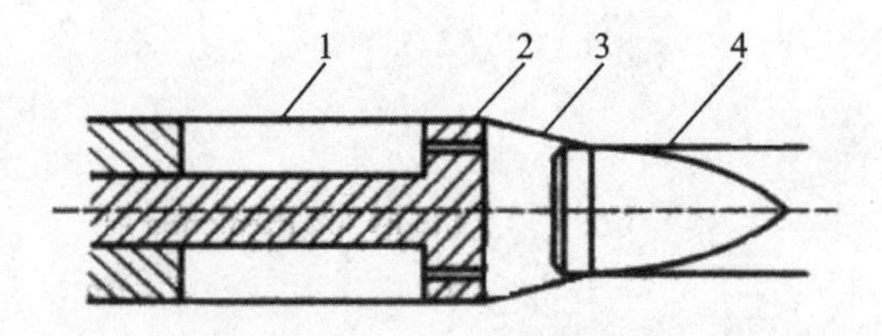

1—贮液室;2—活塞;3—燃烧室;4—弹丸

图 3.2　再生式液体发射药火炮

整装式液体发射药火炮的内弹道过程是,在膛底点燃装填在药室中的液体燃料,局部被点燃后生成的燃气形成了气穴,燃烧即在气穴内的气液界面上进行。气穴内燃气在气液交界面上存在相对运动,导致 Kelvin-Helmholtz 不稳定性,这种扰动造成界面上气液两相混合而使液体发生破碎。液体燃料的破碎提供了更多的燃烧表面,使燃烧加快进行,气穴最终将穿透液柱而追上弹丸。很显然,整装式液体发射药火炮的内弹道过程是一种利用流体不稳定性造成气液混合使之充分燃烧的过程。整装式的装药结构简单,类似于固体发射药的装填方式。但遇到最大的困难是内弹道过程难以控制,以至内弹道性能不稳定而发生膛炸现象。

再生式液体发射药火炮通过机械方式将液体燃料按一定规律注入燃烧室。典型的结构如图 3.2 所示。燃料最初装在一个贮液室中,贮液室与燃烧室之间由一个活塞隔开。在内弹道过程中,由点火的作用推动活塞压缩贮液室中的燃料,通过活塞上的喷射孔将燃料喷射到燃烧室,并使之雾化和充分燃烧,生成的燃气推动弹丸运动。因此可通过控制液体燃料的喷射规律得到 $p-t$ 曲线的平台效果,增大炮膛工作容积利用系数,从而在给定最大压力条件下能获得更高的初速。从其内弹道过程来看,再

生式与整装式存在着本质区别，整装式主要是流体力学问题，而再生式主要是喷射规律的控制问题。

液体燃料(LP)在火炮中的应用研究从第二次世界大战就已经开始了。由于液体发射药火炮有很多潜在的优点，而固体发射药火炮没有取得重大突破性的进展，从而使它更引起了人们的广泛关注。直至今日虽经几盛几衰，然而对液体发射药火炮研究的兴趣一直不减。最初是出于提高初速的目的，但随着对它研究的深入，发现它与固体发射药火炮相比具有优良的综合性能。首先是液体发射药火炮的燃料配制工艺简单，不仅危险性下降而且价格便宜。液体燃料的装填可由专门供给管道灌装，容易实现装填自动化。在坦克炮的设计中可以充分利用空间，增加弹药基数，增强战斗力。同固体发射药火炮相比，液体发射药火炮可实现高装填密度和高相对装药量。通过喷射流量的控制，增加炮膛工作容积利用系数，提高弹丸速度，增大射程。液体燃料爆温低，可延长火炮身管的寿命。最后，由于液体燃料的体积可变性，带来了与贮存、运输和弹药加工有关的后勤上的便利。

1946 年，美国开创性地进行了液体发射药火炮技术的研究，之后世界各主要军事大国也相继不同程度地开展了研究工作。美国军方十分重视液体发射药火炮技术的发展，投入了大量的人力物力，在技术上始终处于领先地位。纵观液体发射药火炮的研究历史，可以将其技术发展归纳为五个阶段：

(1) 液体发射药火炮原理探索阶段

1946—1950 年，美国首先在 12.7 mm 口径的武器上对三种方案，即整装式液体发射药火炮、外喷式液体发射药火炮及再生式液体发射药火炮进行了实验。这时期除用双元液体发射药之外，还出现了单元发射药(胺、硝酸铵及水的混合物)。

(2) 液体发射药探索研究阶段

1950—1969 年，以整装式液体发射药火炮的技术研究为主，其间曾在 90 mm 坦克炮上使用肼基单元液体药，使弹丸初速达到 1 524 m/s。朝鲜战争结束后，美国的兴趣转向火箭、导弹方面，液体发射药火炮的研究几乎停止。20 世纪 60 年代初中期，液体发射药火炮研究处于低潮，仅对整装式液体发射药火炮做了一些试验。20 世纪 60 年代后期，美国从越南战争觉悟到火箭、导弹取代不了火炮。此时，海军率先开展的液体发射药研究取得进展，发展了 HAN 基液体发射药，液体发射药火炮又重新引起美国的重视。

(3) 整装式液体发射药火炮技术研究阶段

1970—1976 年，研究的重点仍在整装式液体发射药火炮上，特别是美国 DARPA 为轻型装甲车研制了 75 mm 整装式液体发射药火炮并进行了试验。由于整装式液体发射药火炮在燃烧过程中的 Kelvin-Helmholtz 不稳定性，使液体发射药的破碎机制具有很大的随机性，内弹道稳定性难以控制，在 1976 年的试验中连续发生两次灾难性事故，导致政府资助的液体发射药火炮发展计划全部暂停。

(4) 再生式液体发射药火炮技术研究阶段

1978年,新的HAN基液体发射药(LP1845、LP1846)和快速30 mm再生式液体发射药火炮的出现,使美国军方对液体发射药火炮又产生了极大的兴趣,并把液体发射药火炮技术研究重点从整装式液体发射药火炮转向了再生式液体发射药火炮方面。1978—1987年,美国通用电气公司(GE)利用OTTO Ⅱ、LP1845、LP1846和N/M等单元液体发射药在25 mm、30 mm、105 mm等火炮上成功地对各种类型的再生喷射结构进行了大量的射击试验研究,在液体发射药、再生喷射结构及喷射过程控制的稳定性、防回火技术、内弹道预测、液体发射药喷射雾化机理及工程应用的一些相关技术等方面都取得了显著的成果,初速标准差也达到了0.35%,实现了良好的内弹道稳定性和再现性。这时期发展的LP1846型HAN基液体发射药已接近工程应用,研究的VIC型再生喷射结构也具有良好的工程应用前景,为液体发射药火炮工程化应用打下了基础。但是,对液体发射药火炮技术工程应用中的一些关键性问题,如压力振荡问题、点火稳定性及弹道控制的可靠性问题、液体发射药与喷射结构材料的相容性问题等都没有得到根本解决。

(5) 液体发射药火炮技术工程应用阶段

在液体发射药火炮技术研究取得令人振奋成果的20世纪80年代末期,正赶上美国陆军为21世纪选择先进火炮系统而提出发展155 mm先进野战火炮系统(AFAS)的计划。AFAS计划要求火炮在战术技术性能上有一个突破性的进展。当时有三种设计方案参加竞争性评价,即液体发射药火炮、电热化学炮、模块装药火炮(MACS)。要求在52倍口径火炮上M549弹丸的射程达到40 km,新弹达到50 km以上,突击射击4发/12秒,持续射速4～6发/分,最大射程精度高。要求射程远,火力强且要发射药体积小,补充弹药工作量小。三种方案都进行了论证研究。为此,GE公司在1988年开始进行155 mm再生式液体发射药火炮1号炮和2号炮的试验研究。由于GE公司液体发射药火炮方案达到的性能全面超过军方要求,于是1991年10月,陆军决定AFAS选用液体发射药火炮方案。从此,美国正式开始了液体发射药火炮技术的工程化应用研究。1992年完成了液体发射药试验研究,定名为型号装药XM46,紧接着对AFAS的液体发射药火炮样炮进行装炮试验。结果射程达44 km,比要求高出10%;射速达5～7发/分,能在8～36 km射程范围内实现多发同时弹着,若采用17 L药室预计射程可达到60 km;可减少1名炮手,炮塔尺寸大大减小,主要性能超过军方要求的指标。另一方面,在AFAS的液体发射药火炮样炮射击试验过程中也发生过几次事故,特别是1994年5月,在Malta基地试验中出现膛炸事故之后,引发了国会与军方的争论,经过两年的调查分析和论证,终于在1996年3月11日,陆军科学委员会提出报告,认为液体发射药火炮技术尚不成熟,决定放弃液体发射药火炮作为“十字军战士”的主方案,而改用MACS技术。分析液体发射药火炮技术尚不成熟的主要问题是压力振荡没有得到有效控制,燃烧不稳定,液体发射药对炮膛腐蚀严重等,认为将它继续作为“十字军战士”的主方案在技术、费用和进度

方面都会有很大风险。争论的各方都一致承认液体发射药火炮技术给 AFAS 带来了极高的性能，虽然决定把液体发射药火炮从 AFAS 的主方案撤下来，但还是决定每年拨款 2 千万美元做进一步的研究，以便决定之后液体发射药火炮的发展前景。在这一时期，美国陆军也开展了液体发射药火炮技术用于坦克炮的论证工作，并以 M1A1 坦克为对象进行了论证，认为应用前景良好。

英国和德国也在 20 世纪 50 年代开始研究液体发射药火炮技术，但由于政府投资研究经费较少，主要进行小规模的基础预研工作。俄罗斯的液体发射药火炮研究进展缓慢，由于经费不足而停止，据称他们发展的硝酰胺系列的中性液体发射药腐蚀性较低。德国则把研究的重点放在再生式液体发射药火炮的压力振荡问题上，他们在 28 mm、30 mm、40 mm 小口径火炮上对不同的发射药、不同的点火能量、不同的喷孔面积、不同的喷孔结构及不同的流体通道条件等进行了大量的对比实验。同时，还进行了液体发射药的微量添加剂对压力振荡影响的研究工作。

经过多年的不懈努力，液体发射药火炮技术取得长足进步。发射药的研究在工程应用方面取得突破性进展，如美国基本定型的 XM46 型液体发射药，在发射性能方面是良好的，不足之处是与其他材料的相容性还不能满足工程应用的要求。液体发射药火炮在发射技术方面的成果是非常明显的，各国在多种口径火炮上采用不同的液体发射药（如 OTTOⅡ、LP1845、LP1846、N/M 及双元液体发射药）对整装式液体发射药火炮、再生式液体发射药火炮和外喷式液体发射药火炮进行了全面的实验研究，已经实现最大初速 2 000 m/s 以上，标准差约 0.3%。再生喷射循环控制技术作为再生式液体发射药火炮技术中的关键技术，其研究取得显著成果，在各种结构参数及动力学参数对喷射循环影响的规律方面已积累了大量数据，为再生喷射结构设计提供了较成熟的技术。弹道预测模拟技术方面，通过由浅入深的理论建模和实验修正，取得实用性成果，初速预测误差小于 2%，膛压预测误差小于 5%。液体发射药的大批量生产工艺、密封技术、加注技术、变装药技术、点火技术及点火具、多发同时弹着技术等都取得了许多有意义的成果。

然而，在液体发射药火炮的研究过程中，还存在一些亟待解决的问题。如前面提到的内弹道性能稳定性较差，表现出初速分散大，膛压曲线出现多峰或出现类似于液体火箭发动机中所产生的压力振荡现象。若对内弹道循环控制不当，则易产生回火而引发膛炸这种灾难性事故，如美国的 155 mm 液体发射药榴弹炮在试验中曾发生膛炸事故。这主要是由于不同火炮结构的液体燃料的破碎、雾化和燃烧过程目前还不能有效地控制，它的机制也尚未了解清楚，实验研究还不够深入，所获得的数据也不是很多；又如喷射机构的可靠性及其寿命也是发展液体发射药火炮中的一个技术关键；还有多数液体燃料都具有毒性和腐蚀性，等等。尽管如此，液体发射药火炮实际应用的前景已展示在我们面前，它将带来火炮系统的一次变革，有效地提高火炮的综合性能。

3.2 液体发射药火炮的内弹道循环

液体发射药火炮就其发射原理来说与固体发射药火炮没有本质上的差别,它们同属于化学推进武器,都是利用发射装药在燃烧过程中将其化学能转变为热能以及产生高温高压的燃气,推动弹丸做功,并将其以一定的速度抛射出膛外。然而,液体发射药火炮的装药结构及其内弹道循环却与固体发射药火炮有本质的不同,例如,燃料的气体生成速率是影响内弹道循环的一个重要因素。固体发射药是通过火药的组分及药粒几何形状的设计,达到预定燃速和燃烧面变化规律,从而控制气体生成速率;而液体发射药火炮则不同,对于整装式液体发射药火炮是通过流体不稳定性原理使液体燃料破碎而形成一定的液滴燃烧表面积;对于再生式液体发射药火炮,它所要求的燃烧表面积是按射击过程的需要,由喷射雾化的方式得以实现。另外,液体发射药火炮的点火和燃烧机制也不同于固体发射药火炮,点火方式随所选取的液体燃料不同而不同,喷射过程中射流破碎长度、形成液滴大小与分布、液滴的扩散与混合以及液滴的燃烧将对内弹道循环产生显著的影响。从这个意义上说,与固体发射药火炮相比,液体发射药火炮无论在概念、结构和技术方面都是一种全新的火炮。下面分别讨论整装式和再生式液体发射药火炮的内弹道循环。

3.2.1 整装式液体发射药火炮的内弹道循环

整装式液体发射药火炮的装药结构类似于固体发射药火炮的整装式装药结构。将液体燃料直接装填在弹后空间的药室中,可获得大的装填密度,通常情况下装填密度可以是1~1.45 g/cm^3。整装式液体发射药火炮的机械结构很简单,但内弹道过程却很复杂,特别是内弹道过程难以控制。实验证明,点火方式及其点火能量将影响压力曲线的形状,在大多数情况下都有双峰现象,如图3.3所示。第一峰值的大小与点火能量释放有关,而第二峰值取决于整装式液体发射药火炮内弹道过程中所固有的液体燃料破碎机制。整装式装药结构一般采用底部点火方式,这样容易产生流动的不稳定性,导致液体燃料的破碎,增大燃烧表面积,提高燃烧效率,因而也使弹道效率增加。药室中存在空隙也使内弹道过程变得复杂。若空隙处于某一个局部位置,则系统成为非对称、非均匀状态,使得数学描述困难。另外,空隙在绝热压缩条件下,有可能使膛内出现二次点火,使过程更为复杂。康麦尔(Comer)等人根据一些实验结果提出整装式液体发射药火炮的内弹道模型,整个内弹道过程如图3.4所示。假设气隙均匀分布在某一个断面上,底部点火类似于在膛底发生的一个轻微的水下爆炸,使膛底局部空间形成气泡或空腔。腔内由于点火产生的炽热气体引起初始的冲击波,经多方位反射使压力波系变得异常复杂。压力波引起气液接触表面的相互作用,使接触表面出现分裂,更加促使液体燃料与燃烧产物的混合。根据实验数据的分析,膛压曲线的第一个峰值发生在弹丸起动之前,这时液体燃料只烧去一小部分(约

5%)。当弹丸起动后,膛底的高压空腔将弹丸和夹在弹丸与空腔之间的液体柱一起推向前进。正如泰勒(Taylor)分析那样,这种液面加速过程是不稳定的。气液相互作用面的非稳定发展,将导致"Taylor 空腔"的形成。这个空腔最终将穿过整个液柱直至弹底。

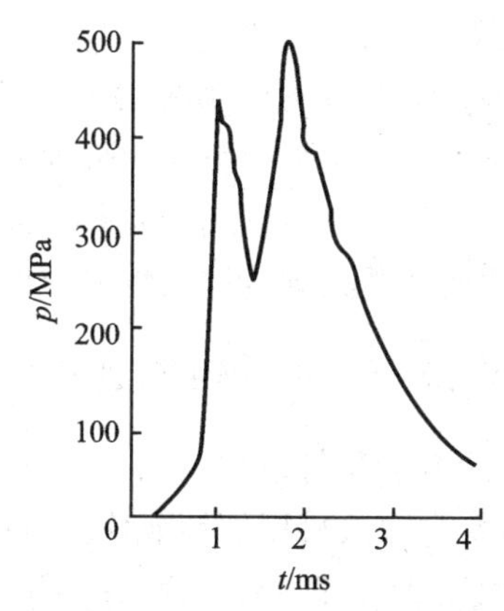

图 3.3　典型的整装式液体发射药火炮的压力曲线

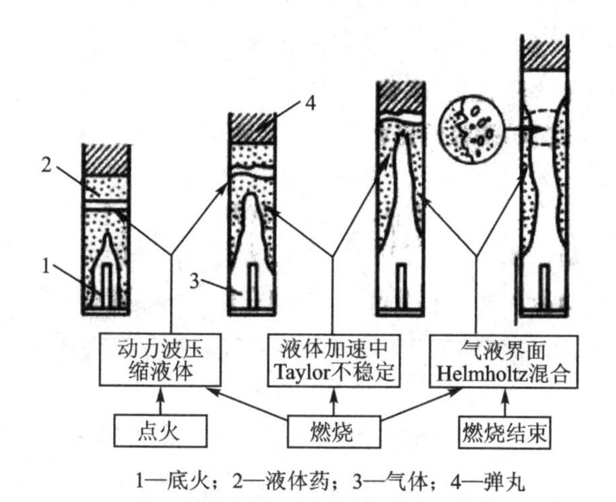

图 3.4　整装式液体发射药火炮内弹道过程

李威斯(Lewis)指出:空腔头部穿越液体的速度与液体表面加速度增量和空腔半径乘积的平方根成正比。康麦尔对此做了改进,他的关系式建立在泰勒不稳定性分析结果的基础上,即

$$v_c = c_1 \left[r_c a \left(\frac{\rho_L - \rho_g}{\rho_L + \rho_g} \right) \right]^{\frac{1}{2}} \tag{3.1}$$

式中:v_c 为空腔头部运动速度;r_c 为空腔半径;a 为加速度;ρ_L、ρ_g 分别为流体和气体密度;c_1 为决定于液体性质、液体质量及几何特征的系数,并由实验确定。

当空腔到达弹底后,液体将形成环绕药室壁面的环形体而保持下去。高速气流

通过环形体内孔,气液之间相对运动使环状液体更加不稳定而产生湍流混合。这就是所谓Kelvin-Helmholtz不稳定效应。流动的不稳定性进一步促使液体表面被侵蚀和卷吸而形成液滴,其侵蚀速度与作用在液面上的速度差成正比,即

$$\dot{r}_c = c_2(u_g - u_L) \tag{3.2}$$

式中:$\dot{r}_c$为液面侵蚀速度;系数c_2由实验确定。

Helmholtz的不稳定效应,使燃料不断地被破碎和充分混合,燃烧面进一步扩大,使燃烧更加充分。这正是整装式液体发射药火炮内弹道循环的主要过程,也是能否达到预期内弹道性能的关键所在。然而,由流动不稳定而产生的破碎机理带有很大的随机性,这是整装式液体发射药火炮内弹道性能难以控制的一个重要原因。

3.2.2 再生式液体发射药火炮的内弹道循环

再生式液体发射药火炮的再生喷射结构有两种形式,即外环式和内环式再生喷射结构。它的内弹道循环主要是通过机械控制液体燃料喷射规律来完成的。当喷射流率、燃气生成速率和弹丸运动之间达到某种合理匹配时,膛内压力曲线形成一种平台效应,在最大压力以后的一段时间内保持压力基本不变。这种平台效应增大了炮膛工作容积利用系数,使在相同膛压下能有效地增加弹丸初速。一种典型的再生式膛压曲线如图3.5所示。

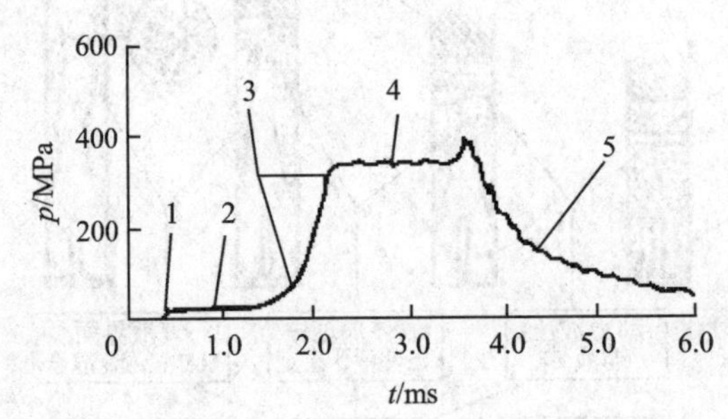

1—点火作用;2—喷射积累;3—积累与燃烧;4—准平衡阶段;5—膨胀

图3.5 典型的再生式液体发射药火炮膛压曲线

图3.5中整个$p-t$曲线可大致分为五个阶段:

(1) 内弹道初始阶段

点火装置点火后,产生的燃气使燃烧室压力升高。当压力达到一定数值时,开始推动活塞后退而压缩贮液室中的燃料,受压缩的燃料通过活塞上的小孔或间隙喷射到燃烧室,形成了喷射过程。

(2) 点火延迟阶段

在这一阶段中,活塞继续后退,喷射出来的燃料在燃烧室内积累起来,点火药气体通过对流传热将热量传给喷射雾化后的燃料。这种燃料积累现象对内弹道性能有很大的影响,若点火延迟时间过长,燃烧室中燃料的积累就很多,一旦被点燃可能产

生超压而发生膛炸现象。

(3) 压力上升阶段

当冷态的燃料被点燃后，预先积累在燃烧室中的燃料迅速燃烧，压力上升，活塞被加速，速度升至最大值，与此同时弹丸也开始加速运动。

(4) 平台效应阶段

膛内压力到达最大值以后压力基本保持不变。这种平台效应的形成，主要是喷射出来的液体燃料燃烧后气体的生成量与流入身管和补偿活塞运动气体量之间达到某种平衡状态。平台效应也正是再生式液体发射药火炮所期望的，只有造成这种平台效应才有可能使液体发射药火炮的内弹道性能优于固体发射药火炮。

(5) 燃气膨胀阶段

活塞运动到位后，喷射过程也相继结束，但膛内的液体燃料仍继续燃烧。这时膛压开始下降，当燃料全部燃完后，燃气继续膨胀做功，直至将弹丸射出膛口。整个膛内过程到此结束。

再生式液体发射药火炮的内弹道循环中经常伴随产生一种压力振荡现象。它属于一种噪声级的压力振荡。典型的振荡压力曲线如图 3.6 所示。哈森滨(Hasenbein)在 40 mm 简单直边活塞再生式火炮试验中，测得在整个内弹道过程中压力振荡频率在 10～12 kHz 之间变化，他认为这种振荡与液体火箭发动机中的压力振荡相类似。美国通用电气公司在 105 mm 再生式液体发射药火炮的试验中也发现存在压力振荡现象。在燃烧室中测得压力曲线振荡频率在 17～20 kHz 之间变化。产生这种压力振荡的原因大致有：①喷射流体的脱壁与重附作用；②再生式活塞的冲击及机械振荡；③前两种因素的综合作用；④燃烧室及贮液室的声学振荡；⑤燃烧室被活塞所激励而产生的应力波；⑥电子噪声等。

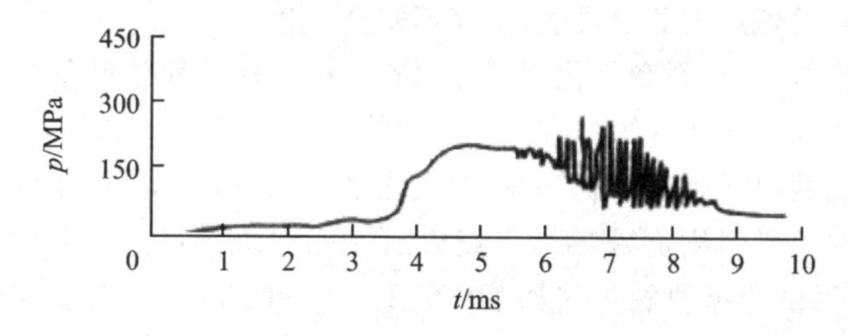

图 3.6　40 mm 再生式液体发射药火炮压力曲线

喷射过程是影响再生式液体发射药火炮内弹道循环的重要因素。图 3.7 所示为总喷射面积对压力曲线的影响效果。当喷射面积从 2.03 cm^2 增至 3.17 cm^2 时(增加 56%)，最大压力从 186.0 MPa 增至 338.0 MPa(增加 32.5%)，初速从 1 043 m/s 增至 1 139 m/s(增加 9.2%)。在高相对装药量的类似试验中，对应于总喷射面积为 2.84 cm^2、3.85 cm^2、4.40 cm^2 和 5.14 cm^2，炮口速度分别为 1 258 m/s、1 346 m/s、1 417 m/s 和 1 468 m/s，所得的曲线类似于图 3.7 的压力曲线。当保持总喷射面积

不变时,喷孔直径减小,会导致燃料初始积累减慢,使膛压曲线上升也变得缓慢,若喷孔长度增加1倍,则最大压力和初速都明显下降。因此,最大压力和初速直接与喷射装置的设计有关。

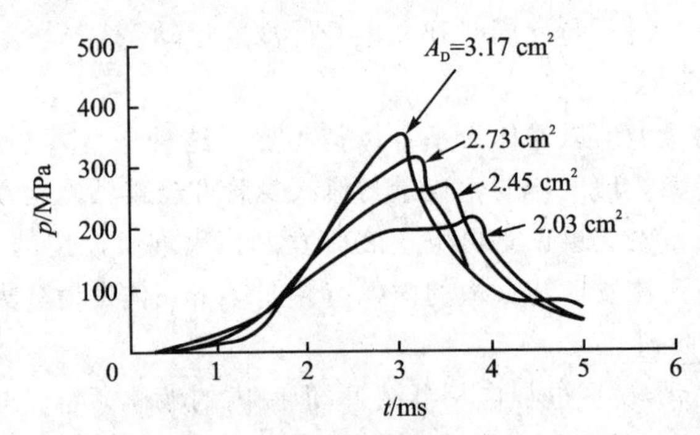

图3.7 喷射面积对压力曲线的影响

3.3 液体燃料的物理化学性能

3.3.1 液体燃料的分类及其理化性能

按其化学组成,液体燃料可分为单元液体燃料和双元液体燃料两大类。

单元液体燃料:一种含有燃料和氧化剂的稳定而均质的液体。它可以是由一种原料组成,如异丙基硝酸酯;也可以由两种以上可溶混原料组成,如由肼、硝酸肼和水混合而成。单元液体燃料的主要优点是点火容易,喷射机构简单,使用方便。它的缺点是对冲击波和强烈点火源很灵敏,储存不安全。

双元液体燃料:由燃料和氧化剂两种原料组成。这两种原料在火炮外是分开的,射击时分别将两种原料注入燃烧室。双元液体燃料按其点火方式又可分为自燃和非自燃两种。自燃的双元燃料,当其燃料与氧化剂接触时,不需外界能量激励就能自动燃烧。非自燃双元燃料则需外界给它点火后才能燃烧。目前主要的氧化剂为硝酸(HNO_3),其他可供选择的氧化剂如 N_2O_4、H_2O_2 和 $N_2H_4O_4$ 等。自燃双元的燃料组分有一甲基肼(MMH、CH_6N_2)、非对称二甲基肼(UDMH、$C_2H_8N_2$)和二乙基胺(TEA、$C_6H_{15}N$)等。非自燃双元的燃料有十氢化萘、煤油(JP_4)、异辛烷和异丙醇(IPA、C_3H_8O)等。双元液体燃料的主要优点是氧化剂与燃料的配比可以在很宽的范围内进行调节,以获得良好的点火性能和弹道性能。由于氧化剂和燃料分开存放,储存和运输时也比较安全。它的主要缺点是这些材料的毒性和腐蚀性会影响到操作人员的安全和火炮身管、喷射系统的寿命。

1. 单元液体燃料

考虑到液体发射药火炮的实际应用,单元燃料显示出更多的优点,一些国家都集

中对单元燃料进行研究。除早期研究的OTTOⅡ之外，美国海军研究过一种由硝酸羟胺(HAN)为基的单元燃料。在此基础上美国弹道研究实验室又研制了一种新的以硝酸羟胺为基的LP系列单元燃料。LP系列中的燃料组分主要为三甲基胺(TMAN、$C_3H_{10}N_2O_3$)、乙醇硝酸铵(FOAM、$C_2H_8N_2O_4$)、三乙基硝酸铵(EN、$C_6H_{16}N_2O_3$)。

硝酸羟胺为基的单元燃料是一种可溶于水的混合物，其主要特点是毒性小。研究表明：HAN溶液和以HAN为基的LP系列单元燃料，其初始分解温度仅依赖于硝酸的浓度，在硝酸浓度从约200 ℃的2.8 mol/L到120 ℃的13 mol/L范围内，它们之间几乎是线性关系。

实验证明：以HAN为基的液体燃料的压缩点火与所剩空间大小、气泡大小、增压速率、最大压力及液体初始压力有关。压缩点火是液体燃料一项重要的敏感性指标。液体燃料的相变温度及温度与粘性的关系也影响到燃料点火和燃烧性能。早期研究的以HAN为基的液体燃料，其相变温度在−30 ℃左右，这从军用角度来看是不能接受的，通常要求在−55 ℃以下才能满足要求。目前普遍采用的单元液体发射药是一种综合性能较优良的HAN基系列单元推进剂，是由硝酸羟胺(HAN)和三乙醇硝酸盐(TEAN)按一定质量比例溶于水制成的，常用的两个配方为LP1845(63.2%HAN＋20%TEAN＋16.8%H_2O)和LP1846(60.8%HAN＋19.2%TEAN＋20%H_2O)，它们可在−60 ℃下仍然保持液态。然而随温度的降低，粘性明显增大，将影响到在低温条件下再生式液体发射药火炮控制燃料的流动特性和喷射雾化过程。

2. 双元液体燃料

为了降低双元燃料点火、输运控制系统的机构复杂性，在双元燃料中人们对自燃双元燃料比较感兴趣。正在研究中的双元燃料的氧化剂主要是硝酸。燃料有一甲基肼(MMH)、二乙基胺(TEA)、糠醇(FFA)、异辛烷和异丙醇(IPA)等。由于硝酸腐蚀性大，易产生泄漏，在输运系统中需要具有复杂加压计量供应系统的耐腐蚀设备，因而给使用带来困难。

3.3.2　液体燃料性能的基本要求

为了使液体燃料能应用于液体发射药火炮，从内弹道性能、火炮系统、储存运输、安全使用及经济性等方面对液体燃料性能提出基本要求。

1. 燃料性能及能量指标

燃料性能及能量指标如下：

① 要求液体燃料具有低闪点或燃点、高蒸气压、易挥发的特性，且可燃浓度极限要宽。所谓闪点是指液体燃料蒸气与空气的混合物，当其与明火或火花接触时，能够开始闪火的最低温度。当液相也参与燃烧时的最低温度称为燃点。很显然，当闪点或燃点较低时，有利于点火迅速可靠，但在储存和运输时却容易发生火灾和爆炸事故。因此，在实际使用中要选择合适的参数和采取安全可靠的措施。

② 要求着火或点火延迟时间短而稳定。着火延迟时间是指自燃双元燃料中氧化剂和燃料从开始接触到着火的时间;点火延迟时间是非自燃液体燃料与明火接触到被点燃的时间。它们的长短与燃料的性质有关,若着火或点火时间过长,控制喷射速度不协调,形成燃烧室内液体燃料聚集过多,则导致燃烧不稳定,甚至会发生爆炸。大部分液体燃料的点火延迟时间为4～30 ms。

③ 要求燃烧充分、安全,并具有高热值和低爆温的性能。希望燃气的比体积要大而绝热指数要小。

2. 物理性能

液体燃料的物理性能对再生式液体发射药火炮的喷射控制、液体雾化并使之充分燃烧是极其重要的,也是直接影响到内弹道性能的重要因素。只有燃料的喷射规律与其膛内压力变化规律之间满足合理的匹配关系时,才能达到提高弹丸初速和内弹道性能稳定的目的。对物理性能的要求有以下几个方面:

① 黏性要小且有低的温度敏感性。若黏性较大,不仅增加流动阻力,而且使燃料在燃烧室中雾化困难,雾化直径增大,不利于混合、蒸发和燃烧。黏性小则对雾化、蒸发、燃烧均有利。同时要求黏性随温度的变化要小,以免造成流阻的变化引起流量的波动,从而影响到膛压曲线的变化规律,造成内弹道性能不稳定,也给火炮在高、低温条件下的内弹道设计增加困难。

气体的黏性随温度增加而增大,液体的黏性随温度增加而减小。液体的黏度与温度的关系式如下:

$$\mu(T)=a\mathrm{e}^{\frac{b}{T-T_0}} \tag{3.3}$$

式中:系数 a、b 由实验确定,典型的数据为 $a=3\times10^{-5}$ Pa·s,$b=859$ K。

② 表面张力要小。液体的表面张力越小,它越容易碎裂成液滴和雾化,提高燃烧效率。同时易形成液膜,湿润膛壁表面,减小身管的烧蚀。表面张力与温度的关系式如下:

$$\sigma=\sigma^*\left(1-\frac{T}{T_{\mathrm{cr}}}\right)^n \tag{3.4}$$

式中系数的典型值为

$$T_{\mathrm{cr}}=588\ \mathrm{K},\quad n=\frac{11}{9},\quad \sigma^*=7\times10^{-2}\ \mathrm{Pa}$$

从式(3.4)可以看出,当温度 T 等于极限温度 T_{cr} 时,表面张力为零。

③ 密度要大,且温度对其影响要小。密度大,意味着可充分利用药室容积。增大装填密度,同时也可以减小贮液室容积,减小消极质量。若密度随温度变化较大,则会影响到喷射流量,从而影响到内弹道的稳定。

④ 冰点和沸点范围要宽。为了适应火炮在高、低温条件下的使用,一般要求液体燃料的冰点低于－50 ℃,沸点高于100 ℃。在此温度范围内不应发生相变或变为胶状,否则会影响喷射过程中燃料的输送。

3. 安全性

对于一种发射能源来说,其安全性是十分重要的。无论是在作战还是在储存、运输过程中,即使是在不正常的外界条件干扰下,也要保证不发生爆炸和着火燃烧,以及对人员和环境的污染。所以,安全性主要是指着火、爆炸危险性及毒性。

(1) 热敏感性

热敏感性是指液体燃料受热作用时发生着火爆炸的敏感程度。低的热分解温度或自燃温度都有利于燃料的点火和燃烧,同时对热敏感性程度也增大,不利于储存和运输的安全。因此,选择燃料时,通常在保证安全的前提下,再考虑满足其他性能的要求。

(2) 火花敏感性

火花敏感性是指液体燃料在诸如电火花、静电火花、机械火花、雷击及明火作用下产生爆炸的敏感程度。衡量火花敏感程度主要有闪点、燃点、爆炸浓度极限和最小引爆能量等因素。高闪点、燃点的液体燃料对火花敏感性弱,使用比较安全。爆炸浓度极限范围越宽,爆炸可能性也越大。最小引爆能量越小,其引爆的危险性也越大。

(3) 机械敏感性

机械敏感性是指液体燃料在机械作用下发生着火或爆炸的敏感程度。这种机械冲击表现在运输系统中阀门突然打开或关闭时所受到的摩擦作用或者压缩等,都会使燃料局部温度上升,因而发生分解或着火现象。机械敏感度包括撞击敏感、振动敏感、摩擦敏感、枪击敏感和压缩敏感等。

(4) 冲击波敏感

在火炮射击及战争环境下常发生冲击波现象,如自身的炮口冲击波或其他的高温高压爆炸冲击波。冲击波敏感是指液体燃料受到气体冲击波作用时能否引起爆炸的特性。描述冲击波敏感的主要参数有爆轰敏感性、临界直径及冲击波强度等。

4. 稳定性

液体燃料的稳定性直接影响到安全储存和使用寿命问题。所谓液体燃料稳定性是指物理稳定性和化学稳定性。物理稳定性包括蒸发、吸湿、分层及沉淀等物理作用,这些作用将影响到燃烧性能。如蒸发现象,不但使燃料损失,浓度变小,质量下降,而且会污染环境甚至造成人员死亡。对单元燃料要避免分层或胶化现象发生,否则会影响其组分的均匀性,从而使内弹道性能变差。化学稳定性主要指液体燃料储存后其质量的变化以及与材料的相互作用,如在储存过程中发生氧化和分解,都会影响到燃料性能的变化。

5. 经济性

要求原料成本低,来源广泛,立足于国内;生产工艺过程简单,周期短;燃料使用寿命长。

从以上对液体燃料基本要求的讨论中可以看出,有些要求是相互矛盾的,往往是使某些性能有所改善,但却可能使另一些性能恶化。因此,在液体燃料研制或选择当中,不能片面地追求某些性能指标,而应该从整个武器系统性能的综合指标出发,对液体燃料提出合理的要求。

3.4 再生式液体发射药火炮的再生喷射结构

再生式液体发射药火炮的特点是利用液体发射药燃烧时产生的燃气压力实现自反馈式的再生喷射循环过程。当液体发射药确定之后,决定再生式液体发射药火炮性能的关键技术,就是通过结构设计,实现对液体发射药的喷射、破碎、雾化、燃烧及弹丸和再生喷射活塞的运动等整个再生喷射循环过程的控制。研究再生喷射循环过程的控制技术,对提高再生式液体发射药火炮的性能和实用性具有重要意义。

再生式液体发射药火炮的再生喷射过程是利用高速运动的喷射活塞(最大速度为60~70 m/s,最大加速度高达10 000g以上),在极短时间内(整个喷射过程不到10 ms),将液体发射药以超声速(射流速度达500 m/s以上)、大流率(质量流率高达20 kg/s),向高温(约3 000 K)、高压(300 MPa以上)环境中喷射并燃烧的过程,压力上升时间短,压力上升速率极大。对这种复杂的物理化学过程进行实时控制,具有很高的难度。

再生式液体发射药火炮利用自身结构内的液体发射药燃烧能量推动再生喷射活塞(差动活塞),实现液体发射药的连续喷射和补充。实现这种功能的再生喷射结构形式是多种多样的。早期研究时大多采用自燃双元液体发射药,再生喷射结构为多活塞式再生喷射结构,如图3.8所示。该结构的复杂性及所用发射药的性能缺陷严格限制了试验的进行,目前这种结构已基本淘汰。

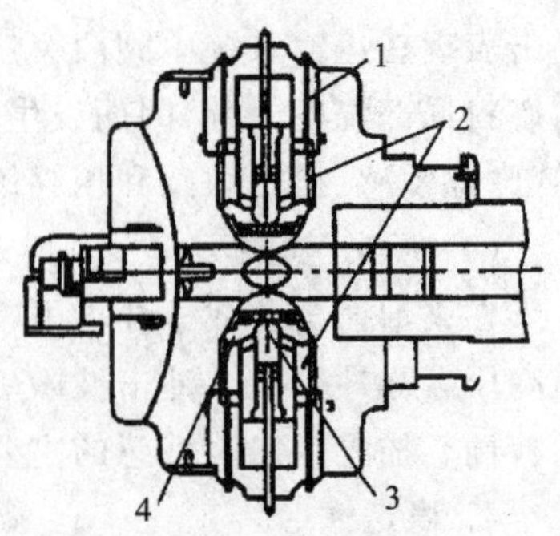

1—填充阀;2—液体燃料;
3—再生喷射阀;4—再生喷射活塞

图3.8 多活塞式再生喷射结构

随着单元液体发射药的研制成功,出现了直筒式再生喷射活塞结构,如图3.9所示。该结构非常简单,但喷射孔面积不变,弹道不易控制。为了克服直筒式活塞喷射孔面积不变的缺点,设计了空心再生喷射活塞,如图3.10所示,它采用双重控制,由差动活塞来控制喷射压力,由燃烧室压力和起气垫作用的浮动阀来控制喷孔面积的变化,但该结构强度和刚度较差,浮动阀的振动可能会成为燃烧不稳定的激励源,可靠性较差。

研究表明,相对较好的结构为具有环形喷孔的喷射结构,该喷射结构又有两种形式:一种是外环式结构,如图3.11所示;另一种是内环式结构,如图3.12所示,其特点是可通过优化活塞行程和环形喷孔面积来控制喷射规律和内弹道过程,该结构设计灵活,加工性好,具有一定的实用价值。

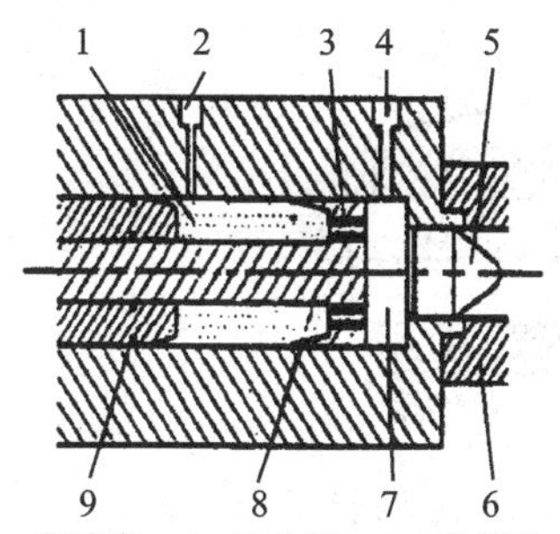

1—贮液室；2—注入孔；3—喷射孔；
4—点火孔；5—弹丸；6—身管；
7—燃烧室；8—再生喷射活塞；9—密封环

图 3.9　直筒式再生喷射结构

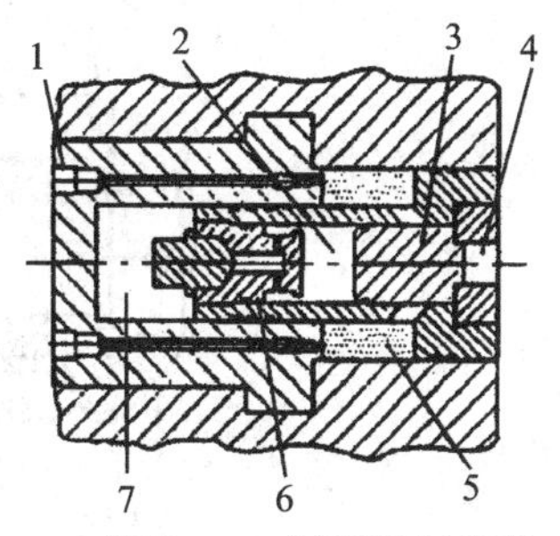

1—加注孔；2—节流阀缓冲容积；
3—节流阀；4—燃烧室；5—液体发射药；
6—再生喷射活塞；7—喷射阀缓冲容积

图 3.10　空心活塞式再生喷射结构

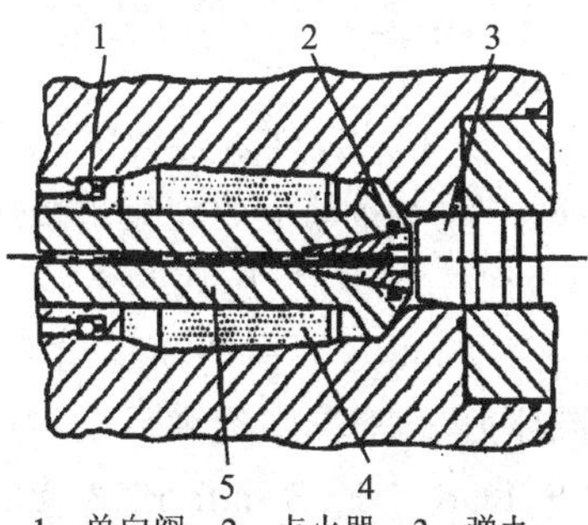

1—单向阀；2—点火器；3—弹丸；
4—液体发射药；5—再生喷射活塞

图 3.11　外环式再生喷射结构

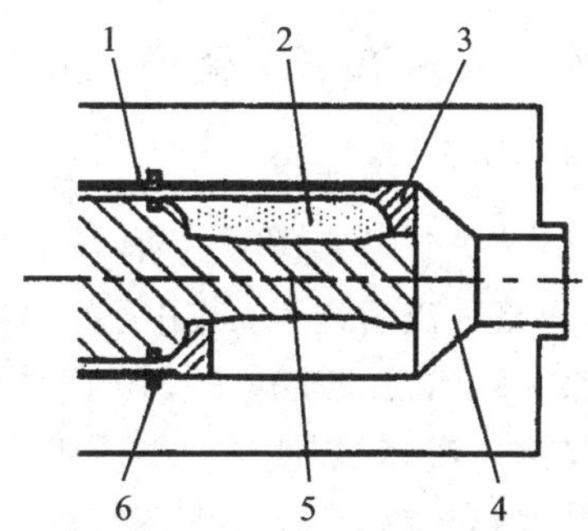

1—内密封圈；2—贮液室；3—喷射活塞；
4—燃烧室；5—非均匀芯杆；6—外密封圈

图 3.12　内环式再生喷射结构

图 3.13 和图 3.14 所示结构为内环式结构的改进型，它们不依赖于非均匀芯杆来调节喷射面积，而是通过喷射活塞与可动控制杆运动之间的合理匹配，可更为灵敏地控制喷射规律，但是，控制环节过多，对扰动非常敏感，极易诱发压力振荡。此外，还有反向式再生喷射装置，如图 3.15 所示。在该结构中，活塞环绕火炮身管安装，与弹丸运动方向相同，发射药从贮液室喷进副燃烧室，随后燃气和部分未燃发射药经通孔进入弹后主燃烧室。

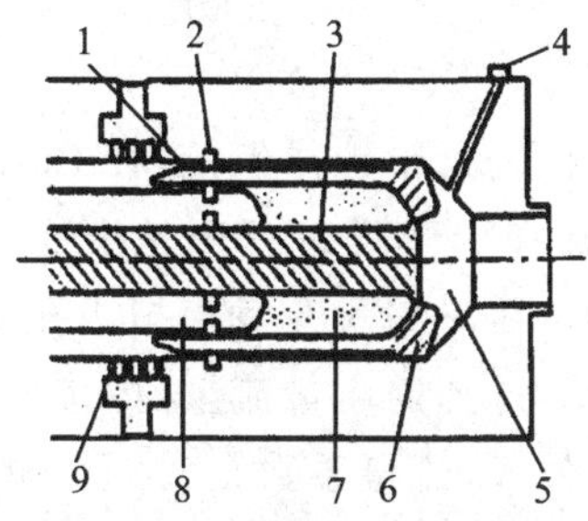

1—内密封圈；2—外密封圈；3—控制杆（固定）；
4—点火器；5—燃烧室；6—喷射活塞；
7—发射药；8—后控制块（可动）；9—阻尼器

图 3.13　内环式 VIA 型再生喷射结构

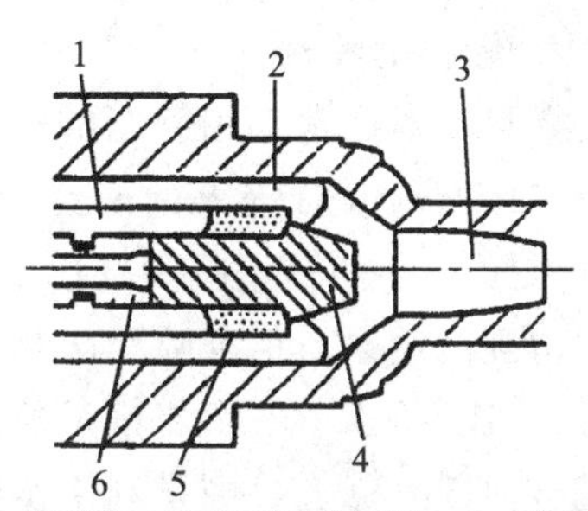

1—转换块；2—再生喷射活塞；3—弹丸；
4—控制活塞（可动）；5—贮液室；6—阻尼器

图 3.14　内环式 VIC 型再生喷射结构

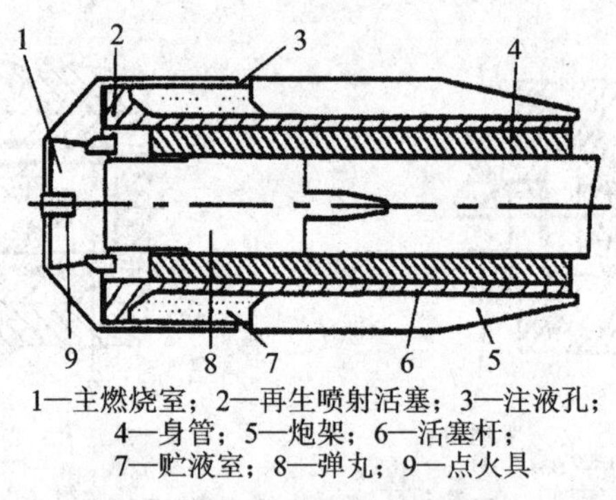

1—主燃烧室；2—再生喷射活塞；3—注液孔；
4—身管；5—炮架；6—活塞杆；
7—贮液室；8—弹丸；9—点火具

图3.15 反向式再生喷射结构

3.5 再生式液体发射药火炮内弹道零维模型

到目前为止，描述再生式液体发射药火炮内弹道模型是多种多样的。大致可分为两大类：一类是经典模型，这种模型是以弹后空间平均参量的变化规律来描述内弹道循环，忽略其流动过程，并用简单的拉格朗日假设建立起弹底、膛底和平均压力之间的关系，如 Morrison W F、Coffee T C、Pagan G 及 Cook G C 等人所提出的模型；另一类是多相流模型，这种模型应用近代的多相流体力学理论，研究弹后空间弹道参量分布的变化规律，在这方面研究的有 Gough P S、Kuo K K、Schaffers P 及 Heiser R W 等人。在 Gough P S 的模型中，仅在燃烧室内采用多相流模型，而在身管中则用集总参数模型。然而，在所有的模型中都回避了液体燃料喷射雾化的复杂性，采用一些经验方法，没有在理论上做深入的研究。

3.5.1 内弹道模型应考虑的因素

1. 活塞运动

活塞运动规律直接影响液体燃料的喷射规律。目前对再生式活塞的运动方程，仅考虑压力和摩擦力。然而，喷射孔流出的液体动量、贮液室中的液体惯性同样对活塞加速运动，即对燃料的喷射有明显的影响。

2. 燃料的喷射

燃料喷射通常采用静态的伯努利(Bernoulli)方程进行模拟。但是，在 Coffee T C 和 Edelman R B 等人的研究报告中认为流量系数在内弹道过程中是个变量，在0.2～1.0之间的较宽范围变化。Edelman R B 利用两维轴对称流动模拟小孔流量，计算得到的结果与根据喷孔两侧压力差的平方根计算得到的质量流量(即按伯努利方程)之比，给出了一个流量系数随时间变化的估算公式，流量系数是时间的单调递增函数。Coffee T C 则是利用实验得到的火炮膛内压力及其活塞与弹丸位移的实验结果，再根据伯努利方程描述液体喷射，液滴颗粒直径采用索特尔(Sauter)平均直径。在此基础上，流进燃烧室中的质量流量、小孔流量系数、燃烧室中气体生成速率

以及燃料在燃烧室中的积累均可计算出来。计算出的小孔流量系数开始迅速上升而接近于理论值,然后下降到 0.25,后来又重新接近理论值。流量系数的突然变化与喷射面积的突然变化是一致的。

3. 液体燃料的燃烧

喷入燃烧室中的液体燃料所形成的射流破碎、积累、点火及燃烧是现有大多数内弹道模型所力求解决的问题。但是,目前尚未深入了解其具体过程。对于这些过程的处理,通常采用球形液滴的假设,它由韦伯(Weber)数确定或人为给定,液滴的蒸发(分解)与压力的关系式采用线性速率公式,点火后的燃速则用类似于固体火药颗粒燃烧的关系式。这些假定显然是很粗糙的,但与实验结果相比,还能获得较好的一致性。

4. 本构方程

为了使控制方程组成为封闭形式,需要补充与物性和物态有关的本构方程。例如,在贮液室中需要有一个描述液体燃料的状态方程。在燃烧室中也需要有一个液体和燃烧产物混合物的状态方程。对于单元 HAN 基燃料,采用改进后的 Tait 方程,即压力为密度的强函数,它非常适用于其压力与密度的测定结果,或者将压力和密度的关系用体积模量来表示。燃烧产物的状态方程一般采用 Noble - Abel 方程。

5. 入口流和管内流

对身管起始部分的入口流处理方法通常是采用修正后的伯努利方程,该方程考虑到流体从燃烧室进入身管的入口损失,同时假定流动是等熵的。Gough P S 和 Coffee T C 均采用了这个模型。试验证明,从药室进入身管的压力降与上述模拟结果是一致的。

身管内的流动模型是多种多样的,从简单的拉格朗日近似假设方法到一维两相流处理方法。Morrison 等人推荐采用拉格朗日方程。对再生式液体发射药火炮,考虑到身管入口处速度为零,改进后的拉格朗日方程为

$$p(x)=p_b+\frac{M_L}{2m}(p_b-p_f)\left[1-\left(\frac{x}{L}\right)^2\right]+\frac{M_L}{2A}\left[\dot{v}_b+v_b\left(\frac{v-v_b}{L}\right)\right]\left[1-\left(\frac{x}{L}\right)^2\right]$$

式中:p_b 为弹底压力;p_f 为弹丸阻力;M_L 和 m 分别为燃料和弹丸质量;$\dot{v}_b$ 和 v_b 分别为身管入口处流动加速度和速度;A 为身管截面积;L 为弹底坐标。Coffee T C 曾采用该式在一维管流计算结果与实验数据的对比中取得较好的一致性。

3.5.2　物理模型及基本假设

再生式液体发射药火炮的内弹道循环是一个极其复杂的物理化学过程。它不仅存在类似于常规的固体发射药火炮内弹道现象的复杂性,而且由于液体燃料的喷射雾化等过程的加入,使得所研究的问题更加复杂化,其中主要是对喷射雾化过程目前尚了解不多。在一般情况下,喷射雾化成液滴的尺寸是不均匀的,存在某种分布,即使采取某种平均直径,但由于进入燃烧室先后的时间差,正在燃烧的液滴群尺寸也是不一致的。另外,稠密的液滴群的相互作用,在雾化过程中还存在二次破碎或聚并现

象。这对建立内弹道数学模型及其数值解带来很大的困难。液滴的燃烧也不同于固体药粒的燃烧,特别是在燃烧过程中液滴的蒸发对燃烧有着明显的影响。为了满足工程上的应用,提出以下假设:

① 液体燃料喷射过程中被雾化为球形颗粒,颗粒直径满足下述关系式,即

$$d_L = C_1 u_L^n \tag{3.5}$$

式中:u_L 为液体喷射速度;系数 C_1 和 n 由实验确定。在单一喷孔直径为 1～2 mm、液体喷射速度为 30～300 m/s 时有如下的经验关系式:

$$d_L = 1.2 u_L^{-1.8} \tag{3.6}$$

② 不考虑雾化后的液滴二次破碎或聚并现象,即雾化后的液滴数保持不变。

③ 燃气和贮液室中液体燃料的状态方程分别满足以下形式:

$$p\left(\frac{1}{\rho} - \alpha\right) = RT \tag{3.7}$$

$$\rho_L \frac{\mathrm{d}p_L}{\mathrm{d}\rho_L} = C p_L + B \tag{3.8}$$

式中:p、ρ 和 α 分别为燃气的压力、密度和余容;p_L 和 ρ_L 分别为贮液室中液体燃料的压力和密度;B 和 C 分别为体积模量和体积模量系数,且由实验确定。

④ 液滴燃烧规律类似于固体发射药的燃烧规律。对于球形液滴,其燃速和相对已燃百分数 ψ 分别为

$$\frac{\mathrm{d}z}{\mathrm{d}t} = \frac{u_1}{r_{L0}} p^n \tag{3.9}$$

$$\psi = 3z\left(1 - z + \frac{1}{3}z^2\right) \tag{3.10}$$

式中:r_{L0} 为液滴的初始半径;$z = \dfrac{e}{r_{L0}}$为相对燃烧厚度,e 为已燃厚度。

⑤ 喷射孔中的流动满足非稳态的伯努利方程,即

$$\rho_L L_D \frac{\mathrm{d}u_L}{\mathrm{d}t} = p_L - p - \frac{\rho_L}{2}\left(\frac{u_L}{C_D}\right)^2 \tag{3.11}$$

式中:L_D 为喷射孔长度;C_D 为喷射系数。

⑥ 弹后空间的压力分布满足拉格朗日近似假设,即$\dfrac{\partial \rho}{\partial x} = 0$。

⑦ 忽略弹丸挤进过程,当膛内压力达到弹丸起动压力 p_0 时弹丸开始运动。对于活塞,则当膛内压力达到活塞起动压力 p_{p0} 时活塞开始运动,并假设 $p_{p0} \leqslant p_0$,也就是假设活塞先于弹丸开始运动。

3.5.3 基本方程

1. 液体药喷射方程

设液体药的总质量为 M_L,喷射质量流量为 $\dot{m}_L = C_D S_D \rho_L u_L$,则在整个喷射时间

内的总流量 Y 和相对流量 η 分别为

$$Y=\int_0^t \dot{m}_{\mathrm{L}}\mathrm{d}t=C_{\mathrm{D}}S_{\mathrm{D}}\int_0^t \rho_{\mathrm{L}}u_{\mathrm{L}}\mathrm{d}t \tag{3.12}$$

$$\eta=\frac{Y}{M_{\mathrm{L}}}=\frac{C_{\mathrm{D}}S_{\mathrm{D}}}{M_{\mathrm{L}}}\int_0^t \rho_{\mathrm{L}}u_{\mathrm{L}}\mathrm{d}t \tag{3.13}$$

式中：S_{D} 为喷射孔截面积。因此，液体药喷射方程可写为

$$\frac{\mathrm{d}\eta}{\mathrm{d}t}=\frac{C_{\mathrm{D}}S_{\mathrm{D}}}{M_{\mathrm{L}}}\rho_{\mathrm{L}}u_{\mathrm{L}} \tag{3.14}$$

2. 液体药燃烧方程

考虑到喷入燃烧室的雾化液滴的先后顺序，在喷射的整个时间内将雾化液滴分成 N 个颗粒群。设第 i 群液滴的相对已燃百分数为 ψ_i，则液体药总的相对已燃百分数为

$$\psi=\sum_{i=1}^{N}\alpha_i\psi_i \tag{3.15}$$

式中：α_i 是第 i 群液滴的百分数。若任一时间间隔 Δt_i 内喷入燃烧室的质量流量为 $\dot{m}_{\mathrm{L}i}$，则有

$$\alpha_i=\frac{\dot{m}_{\mathrm{L}i}\Delta t_i}{M_{\mathrm{L}}}=\eta_i \tag{3.16}$$

即第 i 群液滴的百分数等于在该时间间隔内的相对流量。

根据液滴球形假设，液滴群的相对已燃百分数为 $\psi_i=3z_i\left(1-z_i+\frac{1}{3}z_i^2\right)$，且

$$z_i=\frac{e}{r_{\mathrm{L}0i}} \tag{3.17}$$

式中：$r_{\mathrm{L}0i}$ 为第 i 群液滴的初始半径，可根据液体药喷射速度 u_{L} 由式(3.5)确定。液体药喷射速度 u_{L} 则由非稳态伯努利方程式(3.11)确定。

3. 贮液室质量守恒方程

设贮液室初始容积为 $V_{\mathrm{L}0}$、截面积为 S_{R}，活塞在某一时刻的运动距离为 l_{p}，则此时贮液室中液体药的质量等于总质量减去喷入燃烧室中的质量，即

$$\rho_{\mathrm{L}}(V_{\mathrm{L}0}-S_{\mathrm{R}}l_{\mathrm{p}})=(1-\eta)M_{\mathrm{L}} \tag{3.18}$$

4. 状态方程

(1) 燃气状态方程

设燃烧室初始容积为 V_0，弹丸和活塞行程分别为 l 和 l_{p}，则燃气的密度可表示为

$$\rho=\frac{\eta M_{\mathrm{L}}\psi}{V_0+Sl+S_{\mathrm{C}}l_{\mathrm{p}}-\dfrac{\eta M_{\mathrm{L}}(1-\psi)}{\rho_{\mathrm{L}}}}$$

将上式代入 Noble-Abel 方程,得

$$p\left[V_0+Sl+S_C l_p-\frac{\eta M_L}{\rho_L}(1-\psi)-\alpha\eta M_L\psi\right]=\eta M_L\psi RT \tag{3.19}$$

式中:S 为身管截面积;S_C 为燃烧室截面积。与固体发射药火炮内弹道经典模型一样,引入装填密度、药室容积缩径长等参量,式(3.19)可写成

$$Sp\left(l+\frac{S_C}{S}l_p+l_\psi\right)=\eta M_L\psi RT \tag{3.20}$$

其中,

$$l_\psi=l_0\left[1-\frac{\eta\Delta}{\rho_L}-\eta\Delta\left(\alpha-\frac{1}{\rho_L}\right)\psi\right],\ l_0=\frac{V_0}{S},\ \Delta=\frac{M_L}{V_0}$$

(2) 贮液室中液体药状态方程

由式(3.8),有

$$\frac{d\rho_L}{\rho_L}=\frac{dp_L}{Cp_L+B}=\frac{1}{C}\frac{d(Cp_L+B)}{Cp_L+B}$$

积分上式

$$\int_{\rho_{L0}}^{\rho_L}\frac{d\rho_L}{\rho_L}=\frac{1}{C}\int_{p_{L0}}^{p_L}\frac{d(Cp_L+B)}{Cp_L+B}$$

则有

$$\rho_L=\rho_{L0}\left(\frac{Cp_L+B}{Cp_{L0}+B}\right)^{\frac{1}{C}} \tag{3.21}$$

式中:ρ_{L0} 和 p_{L0} 为贮液室中液体药的初始密度和初始压力。

5. 能量方程

将内弹道循环作绝热过程处理,采用间接修正的方法来考虑热损失,如增大绝热指数 γ 或减小火药力 f。弹丸和活塞运动中的阻力及燃气运动等能量损失,则通过次要功系数修正。由热力学第一定律,能量方程可表示为

$$\eta M_L\psi RT=f\eta M_L\psi-\frac{\theta}{2}\varphi mv^2-\frac{\theta}{2}\varphi_p m_p v_p^2$$

式中:m 和 m_p 分别为弹丸和活塞的质量;v 和 v_p 分别为弹丸和活塞的运动速度;φ 和 φ_p 分别为弹丸和活塞的次要功系数,$\theta=\gamma-1$。将式(3.20)代入上式,可得

$$Sp\left(l+\frac{S_C}{S}l_p+l_\psi\right)=f\eta M_L\psi-\frac{\theta}{2}\varphi mv^2-\frac{\theta}{2}\varphi_p m_p v_p^2 \tag{3.22}$$

6. 弹丸和活塞运动方程

弹丸和活塞的运动方程为

$$\varphi m \frac{dv}{dt} = Sp \tag{3.23}$$

$$\varphi_p m_p \frac{dv_p}{dt} = (S_C - S_D)p - (S_R - S_D)p_L \tag{3.24}$$

3.5.4　再生式液体发射药火炮内弹道封闭方程组

根据上述推导结果，内弹道封闭方程组为

$$\left.\begin{aligned}
&\frac{d\eta}{dt} = \frac{C_D S_D}{M_L}\rho_L u_L \\
&\frac{du_L}{dt} = \frac{1}{\rho_L L_D}\left[p_L - p - \frac{\rho_L}{2}\left(\frac{u_L}{C_D}\right)^2\right] \\
&\frac{dz_i}{dt} = \frac{u_1}{r_{L0i}}p^n, i = 1,2,\cdots,N \\
&\frac{dl}{dt} = v \\
&\frac{dl_p}{dt} = v_p \\
&\frac{dv}{dt} = \frac{Sp}{\varphi m} \\
&\frac{dv_p}{dt} = \frac{1}{\varphi_p m_p}[(S_C - S_D)p - (S_R - S_D)p_L] \\
&\psi_i = 3z_i\left(1 - z_i + \frac{1}{3}z_i^2\right), i = 1,2,\cdots,N \\
&Sp\left(l + \frac{S_C}{S}l_p + l_\psi\right) = f\eta M_L\psi - \frac{\theta}{2}\varphi m v^2 - \frac{\theta}{2}\varphi_p m_p v_p^2 \\
&(1-\eta)M_L = \rho_L(V_{L0} - S_R l_p) \\
&\rho_L = \rho_{L0}\left(\frac{Cp_L + B}{Cp_{L0} + B}\right)^{\frac{1}{C}}
\end{aligned}\right\} \tag{3.25}$$

式中：

$$l_\psi = l_0\left[1 - \frac{\eta\Delta}{\rho_L} - \eta\Delta\left(\alpha - \frac{1}{\rho_L}\right)\psi\right],\ l_0 = \frac{V_0}{S},\ \Delta = \frac{M_L}{V_0},\ \psi = \sum_{i=1}^{N}\eta_i\psi_i$$

3.5.5　初始条件

方程组(3.25)属于常微分方程的初值问题，因此只需给出初始条件即可进行求解。设 p_0 和 p_{p0} 分别为弹丸和活塞的起动压力，且 $p_{p0} \leqslant p_0$。

① 当 $p \leqslant p_{p0}$ 时，活塞尚未运动。膛内由于点火具的作用使压力逐渐升高。当压力达到 p_{p0} 时，活塞开始运动。这一过程不存在喷射和燃烧现象。

② 当 $p_{p0}<p<p_0$ 时,只有活塞运动,弹丸仍然处于静止状态。由于活塞的运动,贮液室中的液体药通过活塞上的小孔喷入燃烧室,经点火加热后开始燃烧。这个阶段的初始条件是

$$p=p_{p0},\eta=0,u_L=0,z_i=0,l_p=0,v_p=0,\psi_i=0$$

弹道参量的变化规律可由下述方程组求解

$$\left.\begin{aligned}
&\frac{d\eta}{dt}=\frac{C_D S_D}{M_L}\rho_L u_L\\
&\frac{du_L}{dt}=\frac{1}{\rho_L L_D}\left[p_L-p-\frac{\rho_L}{2}\left(\frac{u_L}{C_D}\right)^2\right]\\
&\frac{dz_i}{dt}=\frac{u_1}{r_{L0i}}p^n,i=1,2,\cdots,N\\
&\frac{dl_p}{dt}=v_p\\
&\frac{dv_p}{dt}=\frac{1}{\varphi_p m_p}[(S_C-S_D)p-(S_R-S_D)p_L]\\
&\psi_i=3z_i\left(1-z_i+\frac{1}{3}z_i^2\right),i=1,2,\cdots,N\\
&Sp\left(\frac{S_C}{S}l_p+l_\psi\right)=f\eta M_L\psi-\frac{\theta}{2}\varphi_p m_p v_p^2\\
&(1-\eta)M_L=\rho_L(V_{L0}-S_R l_p)\\
&\rho_L=\rho_{L0}\left(\frac{Cp_L+B}{Cp_{L0}+B}\right)^{\frac{1}{C}}
\end{aligned}\right\}\tag{3.26}$$

式中:

$$l_\psi=l_0\left[1-\frac{\eta\Delta}{\rho_L}-\eta\Delta\left(\alpha-\frac{1}{\rho_L}\right)\psi\right],\quad l_0=\frac{V_0}{S},\quad \Delta=\frac{M_L}{V_0},\quad \psi=\sum_{i=1}^{N}\eta_i\psi_i$$

③ 当 $p=p_0$ 时,弹丸开始运动,计算方程组转到式(3.25)。以 $p=p_0$ 时刻所计算得到的弹道参量作为该阶段的初始条件。

3.6 再生式液体发射药火炮内弹道拉格朗日问题

由于再生式液体发射药火炮的内弹道循环不同于固体发射药火炮,它不仅存在弹丸的运动,而且在膛底还存在活塞的运动,使拉格朗日问题变得较为复杂。现根据拉格朗日假设,详细地讨论再生式液体发射药火炮膛内压力分布公式,并给出膛底压力、平均压力和弹底压力之间的换算关系式。

3.6.1 气动力数学模型和速度分布

内弹道学中的拉格朗日问题是求气动力数学模型近似解的一种理论。若忽略气

相和液相之间的相对速度，即认为气相和液相的速度相等，$u_L = u$（其中 u_L 为液相速度，u 为气相速度），则有如下的内弹道气动力数学模型：

$$\left.\begin{aligned}
&\frac{\partial \rho A}{\partial t} + \frac{\partial \rho A u}{\partial x} = 0 \\
&\frac{\partial \rho A u}{\partial t} + \frac{\partial \rho A u^2}{\partial x} = -A\,\frac{\partial p}{\partial x} \\
&\frac{\partial \rho A \psi e}{\partial t} + \frac{\partial \rho A u \psi e}{\partial x} = -p\,\frac{\partial A u}{\partial x} + \frac{\rho A f}{\gamma - 1}\left(\frac{\partial \psi}{\partial t} + u\,\frac{\partial \psi}{\partial x}\right) \\
&p\left(\frac{1}{\rho} - \alpha\psi - \frac{1-\psi}{\rho_L}\right) = (\gamma - 1)\psi\, e \\
&\frac{\mathrm{d}z}{\mathrm{d}t} = \frac{u_1}{r_{L0}} p^n \\
&\psi = 3z\left(1 - z + \frac{1}{3}z^2\right)
\end{aligned}\right\} \tag{3.27}$$

若不考虑液滴的燃烧过程，且忽略弹后空间膛内截面积的变化，则方程(3.27)中的连续性方程和动量方程可简化为

$$\frac{\partial \rho}{\partial t} + \frac{\partial \rho u}{\partial x} = 0 \tag{3.28}$$

$$\frac{\partial u}{\partial t} + u\,\frac{\partial u}{\partial x} = -\frac{1}{\rho}\,\frac{\partial p}{\partial x} \tag{3.29}$$

由拉格朗日假设，有

$$\frac{\partial \rho}{\partial x} = 0 \tag{3.30}$$

再生式液体发射药火炮的膛内边界条件为

弹底边界
$$A p_b = \varphi_1 m\,\frac{\mathrm{d}v}{\mathrm{d}t} \tag{3.31}$$

膛底边界
$$(A - A_D)p_p - (A_R - A_D)p_L = \varphi_{p1} m_p\,\frac{\mathrm{d}v_p}{\mathrm{d}t} \tag{3.32}$$

将式(3.28)展开，并将式(3.30)代入，则有

$$\frac{1}{\rho}\,\frac{\partial \rho}{\partial t} = -\frac{\partial u}{\partial x}$$

上式等号左边与 x 无关，因此积分后为

$$u = k_1 x + k_2 \tag{3.33}$$

式中：k_1 和 k_2 是时间 t 的函数，由边界条件确定。从式(3.33)可以看出，膛内燃气的流动速度为线性分布，如图 3.16 所示。

设活塞未运动时前端面位置为坐标原点，某瞬间弹丸运动距离为 L、活塞运动距离为 l，则当 $x = -l$ 时，$u = -v_p$；当 $x = L$ 时，$u = v$。将此边界条件代入式(3.33)，得

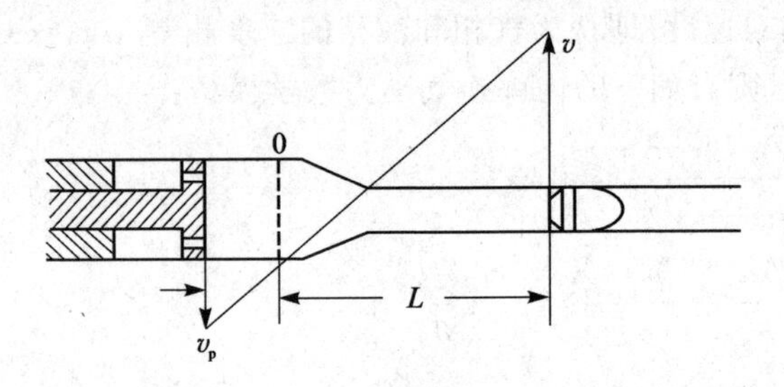

图 3.16 弹后空间速度分布

$$\begin{cases}-v_{\mathrm{p}}=-k_1 l+k_2\\ v=k_1 L+k_2\end{cases}$$

联立求解可得

$$k_1=\frac{v+v_{\mathrm{p}}}{L+l}$$

$$k_2=v-(v+v_{\mathrm{p}})\frac{L}{L+l}\text{或}k_2=-v_{\mathrm{p}}+(v+v_{\mathrm{p}})\frac{l}{L+l}$$

将 k_1 和 k_2 代入式(3.33),得

$$u=v+(v+v_{\mathrm{p}})\left(\frac{x}{L+l}-\frac{L}{L+l}\right)$$

令

$$Z_x=\frac{x}{L+l},\ Z_{\mathrm{b}}=\frac{L}{L+l}$$

则燃气速度分布公式为

$$u=v(1+Z_x-Z_{\mathrm{b}})+v_{\mathrm{p}}(Z_x-Z_{\mathrm{b}}) \tag{3.34}$$

3.6.2 弹后空间压力分布

对 Z_x-Z_{b} 求导,有

$$\frac{\mathrm{d}}{\mathrm{d}t}(Z_x-Z_{\mathrm{b}})=\frac{\mathrm{d}}{\mathrm{d}t}\left(\frac{x-L}{L+l}\right)=\frac{u-v}{L+l}-\frac{x-L}{(L+l)^2}(v+v_{\mathrm{p}})=$$
$$\frac{1}{L+l}\left[u-v-(v+v_{\mathrm{p}})\left(\frac{x}{L+l}-\frac{L}{L+l}\right)\right]$$

即

$$\frac{\mathrm{d}}{\mathrm{d}t}(Z_x-Z_{\mathrm{b}})=0$$

因此对式(3.34)求导,可得如下形式的加速度公式:

$$\frac{\mathrm{d}u}{\mathrm{d}t}=\frac{\mathrm{d}v}{\mathrm{d}t}(1+Z_x-Z_{\mathrm{b}})+\frac{\mathrm{d}v_{\mathrm{p}}}{\mathrm{d}t}(Z_x-Z_{\mathrm{b}}) \tag{3.35}$$

将式(3.31)、式(3.32)和式(3.35)代入式(3.29),则有

$$\frac{\partial p}{\partial x}=-\rho\frac{\mathrm{d}u}{\mathrm{d}t}=-\rho\frac{Ap_{\mathrm{b}}}{\varphi_1 m}(1+Z_x-Z_{\mathrm{b}})-$$
$$\rho\frac{1}{\varphi_{\mathrm{p}1}m_{\mathrm{p}}}[(A-A_{\mathrm{D}})p_{\mathrm{p}}-(A_{\mathrm{R}}-A_{\mathrm{D}})p_{\mathrm{L}}](Z_x-Z_{\mathrm{b}})$$

把坐标 x 改为相对坐标 Z_x，上式可写为

$$\frac{\partial p}{\partial Z_x}=-\frac{\rho A(L+l)}{\varphi_1 m}(1+Z_x-Z_{\mathrm{b}})p_{\mathrm{b}}-$$
$$\frac{\rho A(L+l)}{\varphi_{\mathrm{p}1}m_{\mathrm{p}}}\left(\frac{A-A_{\mathrm{D}}}{A}p_{\mathrm{p}}-\frac{A_{\mathrm{R}}-A_{\mathrm{D}}}{A}p_{\mathrm{L}}\right)(Z_x-Z_{\mathrm{b}})$$

式中：$\rho A(L+l)=\eta M_{\mathrm{L}}$，$\eta$ 为相对流量，M_{L} 为液体药质量。令

$$\bar{A}_1=\frac{A-A_{\mathrm{D}}}{A},\ \bar{A}_2=\frac{A_{\mathrm{R}}-A_{\mathrm{D}}}{A}$$

于是有

$$\frac{\partial p}{\partial Z_x}=-\frac{\eta M_{\mathrm{L}}}{\varphi_1 m}(1+Z_x-Z_{\mathrm{b}})p_{\mathrm{b}}-\frac{\eta M_{\mathrm{L}}}{\varphi_{\mathrm{p}1}m_{\mathrm{p}}}(\bar{A}_1 p_{\mathrm{p}}-\bar{A}_2 p_{\mathrm{L}})(Z_x-Z_{\mathrm{b}})$$

积分上式，得

$$p=-\frac{\eta M_{\mathrm{L}}}{\varphi_1 m}\left(Z_x+\frac{1}{2}Z_x^2-Z_{\mathrm{b}}Z_x\right)p_{\mathrm{b}}-\frac{\eta M_{\mathrm{L}}}{\varphi_{\mathrm{p}1}m_{\mathrm{p}}}(\bar{A}_1 p_{\mathrm{p}}-\bar{A}_2 p_{\mathrm{L}})\left(\frac{1}{2}Z_x^2-Z_{\mathrm{b}}Z_x\right)+\varphi(t) \tag{3.36}$$

式中：$\varphi(t)$ 为积分常数。由 $x=L$ 时，$Z_x=Z_{\mathrm{b}}$，$p=p_{\mathrm{b}}$，得

$$\varphi(t)=\left[1+\frac{\eta M_{\mathrm{L}}}{\varphi_1 m}\left(Z_{\mathrm{b}}-\frac{1}{2}Z_{\mathrm{b}}^2\right)\right]p_{\mathrm{b}}-\frac{1}{2}\frac{\eta M_{\mathrm{L}}}{\varphi_{\mathrm{p}1}m_{\mathrm{p}}}(\bar{A}_1 p_{\mathrm{p}}-\bar{A}_2 p_{\mathrm{L}})Z_{\mathrm{b}}^2$$

代入式(3.36)，则压力分布公式为

$$p=\left\{1+\frac{\eta M_{\mathrm{L}}}{\varphi_1 m}\left[(Z_{\mathrm{b}}-Z_x)-\frac{1}{2}(Z_{\mathrm{b}}-Z_x)^2\right]\right\}p_{\mathrm{b}}-\frac{1}{2}\frac{\eta M_{\mathrm{L}}}{\varphi_{\mathrm{p}1}m_{\mathrm{p}}}(Z_{\mathrm{b}}-Z_x)^2(\bar{A}_1 p_{\mathrm{p}}-\bar{A}_2 p_{\mathrm{L}}) \tag{3.37}$$

当 $x=-l$ 时，$Z_x=-\dfrac{l}{L+l}$，$p=p_{\mathrm{p}}$，因此

$$p_{\mathrm{p}}=\left(1+\frac{1}{2}\frac{\eta M_{\mathrm{L}}}{\varphi_1 m}\right)p_{\mathrm{b}}-\frac{1}{2}\frac{\eta M_L}{\varphi_{\mathrm{p}1}m_{\mathrm{p}}}(\bar{A}_1 p_{\mathrm{p}}-\bar{A}_2 p_{\mathrm{L}}) \tag{3.38}$$

或

$$p_{\mathrm{p}}=\Phi_1 p_{\mathrm{b}}+\Phi_2 p_{\mathrm{L}} \tag{3.39}$$

式中：

$$\Phi_1=\frac{1+\dfrac{1}{2}\dfrac{\eta M_{\mathrm{L}}}{\varphi_1 m}}{1+\dfrac{1}{2}\dfrac{\eta M_{\mathrm{L}}\bar{A}_1}{\varphi_{\mathrm{p}1}m_{\mathrm{p}}}},\qquad \Phi_2=\frac{\dfrac{1}{2}\dfrac{\eta M_{\mathrm{L}}\bar{A}_2}{\varphi_{\mathrm{p}1}m_{\mathrm{p}}}}{1+\dfrac{1}{2}\dfrac{\eta M_{\mathrm{L}}\bar{A}_1}{\varphi_{\mathrm{p}1}m_{\mathrm{p}}}}$$

式(3.38)表示膛底压力 p_{p} 与弹底压力 p_{b} 之间的关系式,等号右边第二项是对活塞运动的修正。若不存在活塞运动,式(3.38)即为一般火炮的膛底压力和弹底压力的关系式。

3.6.3 弹后空间的平均压力

根据平均压力的定义,平均压力可由下述积分表示:

$$\bar{p}=\frac{1}{L+l}\int_{-l}^{L}p\,\mathrm{d}x=\int_{Z_{\mathrm{b}}-1}^{Z_{\mathrm{b}}}p\,\mathrm{d}Z_{x}$$

令 $Y=Z_{\mathrm{b}}-Z_{x}$,将式(3.37)代入上式,有

$$\bar{p}=\int_{0}^{1}\left\{\left[1+\frac{\eta M_{\mathrm{L}}}{\varphi_{1}m}\left(Y-\frac{1}{2}Y^{2}\right)\right]p_{\mathrm{b}}-\frac{1}{2}\frac{\eta M_{\mathrm{L}}}{\varphi_{\mathrm{p1}}m_{\mathrm{p}}}Y^{2}(\bar{A}_{1}p_{\mathrm{p}}-\bar{A}_{2}p_{\mathrm{L}})\right\}\mathrm{d}Y$$

积分后可得

$$\bar{p}=\left(1+\frac{1}{3}\frac{\eta M_{\mathrm{L}}}{\varphi_{1}m}\right)p_{\mathrm{b}}-\frac{1}{6}\frac{\eta M_{\mathrm{L}}}{\varphi_{\mathrm{p1}}m_{\mathrm{p}}}(\bar{A}_{1}p_{\mathrm{p}}-\bar{A}_{2}p_{\mathrm{L}}) \tag{3.40}$$

从式(3.40)可以看出,活塞运动使平均压力减小。若不存在活塞运动,式(3.40)即为一般火炮的平均压力公式。由此可见,再生式液体发射药火炮的内弹道拉格朗日问题更具有一般性,固体发射药火炮的拉格朗日问题仅是它的一个特例。

由式(3.38)和式(3.40),可得

$$3\bar{p}-p_{\mathrm{p}}=\left(2+\frac{1}{2}\frac{\eta M_{\mathrm{L}}}{\varphi_{1}m}\right)p_{\mathrm{b}} \tag{3.41}$$

将式(3.39)代入,消去 p_{p},则有

$$p_{\mathrm{b}}=\frac{1}{\Phi_{3}}(3\bar{p}-\Phi_{2}p_{\mathrm{L}}) \tag{3.42}$$

式中:

$$\Phi_{3}=2+\frac{1}{2}\frac{\eta M_{\mathrm{L}}}{\varphi_{1}m}+\frac{1+\dfrac{1}{2}\dfrac{\eta M_{\mathrm{L}}}{\varphi_{1}m}}{1+\dfrac{1}{2}\dfrac{\eta M_{\mathrm{L}}\bar{A}_{1}}{\varphi_{\mathrm{p1}}m_{\mathrm{p}}}}$$

根据已知的平均压力 $\bar{p}$ 和贮液室压力 p_{L},由式(3.42)可计算出弹底压力 p_{b},再由式(3.39)计算膛底压力 p_{p}。

3.7 再生式液体发射药火炮气液两相流内弹道模型

3.7.1 物理现象和基本假设

1. 物理现象

再生式液体发射药火炮在内弹道循环中,贮液室中的液体燃料在活塞的压缩下,

通过喷射孔以一定速度喷入燃烧室,喷射形成的射流被破碎和雾化成液滴群。在点火器的作用下液滴被点燃生成大量燃气,新喷入的液滴和正在燃烧的液滴与燃气混合在一起形成了气液两相流动。在两相之间存在着质量、动量和能量的传递和交换等相互作用。除了这种相间作用外,稠密的液滴群还会发生液滴间的相互作用,形成液滴的二次破碎或聚并现象。由此可见,再生式液体发射药火炮的内弹道循环是一个极其复杂的三维非稳态的气液两相化学反应流问题。目前,对液滴的雾化及其燃烧机理尚未完全研究清楚。在固体发射药火炮中,把燃速作为燃烧室压力和药粒几何形状的函数。实践证明,这种处理方法基本上能反映固体火药燃烧的实际情况。然而,液体发射药火炮中很难定义燃烧表面,被雾化后的液滴群也不容易确定其几何形状及尺寸分布。这些复杂的过程给气液两相流动现象的数学描述带来了困难。为了能够建立起数学模型,因此在对其两相流动物理现象分析的基础上,将某些过程进行适当的简化处理,由此产生的误差可通过实验的修正逐步逼近于真实过程。

2. 基本假设

对膛内流动现象的简化处理是用一个理想的流动过程代替一个复杂的实际流动过程,以便通过数学的方法将其过程描述出来。为此,提出以下的基本假设:

① 雾化后的液滴尺寸取决于韦伯数 We,即

$$We = d_{\mathrm{L}} \frac{\rho v^2}{2\sigma} \tag{3.43}$$

式中:ρ 为燃气密度;$v=u-u_{\mathrm{L}}$;σ 为液滴表面张力;d_{L} 为液滴直径。对于低黏度液体,$We=6$;高黏度液体,$We=10$。

② 将液滴看作不可压缩的刚质球形颗粒,即液滴的密度 ρ_{S} 为常数。

③ 不考虑液滴二次破碎和聚并现象,雾化后的液滴数保持不变。

④ 类似于固体火药,液滴燃烧规律满足几何燃烧定律。

⑤ 认为液滴群连续地分布在气相之中,将液滴群作为一种具有连续介质特性的拟流体来处理。

⑥ 不考虑液滴表面蒸发和凝结所产生的相间质量、动量和能量传递。

⑦ 液滴燃烧产物的组分保持不变,燃气的热力参数如火药力 f、余容 α 和绝热指数 γ 均保持不变。

⑧ 燃气状态方程满足 Noble - Abel 方程。

⑨ 考虑贮液室中液体燃料的可压缩性,其状态方程满足 Tait 方程。

⑩ 假设贮液室中的液体流动参数变化仅依赖时间。

3.7.2　数学模型

数学模型包括气液两相守恒方程和辅助方程。守恒方程根据质量、动量、能量守恒关系导出,辅助方程根据两相间的力和热的边界及两相的物性参数来确定。一般情况下,辅助方程通常由经验关系式给出。

1. 气液两相守恒方程

采用微元控制体方法,可建立如下的两相守恒型方程:

① 气相连续性方程

$$\frac{\partial \phi \rho A}{\partial t}+\frac{\partial \phi \rho A u}{\partial x}=\frac{1-\phi}{1-\psi} \rho_{\mathrm{s}} A \frac{\mathrm{d} \psi}{\mathrm{d} t} \tag{3.44}$$

式中:ϕ 为空隙率。在多相流中,至少有两种互不相溶或具有相界面的介质存在。通常把气固或气液两相流中气体所占空间与总容积之比,称为空隙率或含气率。

② 液相连续性方程

$$\frac{\partial(1-\phi) A}{\partial t}+\frac{\partial(1-\phi) A u_{\mathrm{L}}}{\partial x}=-\frac{1-\phi}{1-\psi} A \frac{\mathrm{d} \psi}{\mathrm{d} t} \tag{3.45}$$

③ 气相动量方程

$$\frac{\partial \phi \rho A u}{\partial t}+\frac{\partial \phi \rho A u^{2}}{\partial x}+\phi A \frac{\partial p}{\partial x}=\frac{1-\phi}{1-\psi} \rho_{\mathrm{s}} A u_{\mathrm{L}} \frac{\mathrm{d} \psi}{\mathrm{d} t}-A D \tag{3.46}$$

式中:D 为单位面积上气液两相之间的相间阻力。

④ 液相动量方程

$$\frac{\partial(1-\phi) A u_{\mathrm{L}}}{\partial t}+\frac{\partial(1-\phi) A u_{\mathrm{L}}^{2}}{\partial x}+\frac{(1-\phi) A}{\rho_{\mathrm{s}}} \frac{\partial p}{\partial x}=-\frac{1-\phi}{1-\psi} A u_{\mathrm{L}} \frac{\mathrm{d} \psi}{\mathrm{d} t}+\frac{A D}{\rho_{\mathrm{s}}} \tag{3.47}$$

⑤ 气相能量方程

$$\begin{aligned} & \frac{\partial \phi \rho A\left(e+\frac{1}{2} u^{2}\right)}{\partial t}+\frac{\partial \phi \rho A u\left(e+\frac{1}{2} u^{2}\right)}{\partial x}+\frac{\partial \phi p A u}{\partial x}+p A \frac{\partial \phi}{\partial t}= \\ & \quad \frac{1-\phi}{1-\psi} \rho_{\mathrm{s}} A\left(\frac{f}{\gamma-1}+\frac{1}{2} u_{\mathrm{L}}^{2}\right) \frac{\mathrm{d} \psi}{\mathrm{d} t}-A D u_{\mathrm{L}}-A Q \end{aligned} \tag{3.48}$$

⑥ 液滴表面温度方程

对于液滴,我们也可以建立起类似气相那样的液相能量方程,求得液滴的平均温度。然而,无论是固体火药颗粒还是液体燃料,它们的导热系数都比较小,属于导热性能比较差的物质,从表及里的温度梯度非常大。也许表面温度已经达到着火温度而被点燃了,其中心的温度仍处于初始温度。所以即使由液相能量方程求得液滴的平均温度,对于我们判别这颗液滴是否达到着火状态也没有直接的帮助。因此,对于液相,没有必要建立能量方程,只需建立其非稳态的热传导方程即可。根据热传导方程求出液滴的表面温度 T_{Ls},当表面温度达到着火温度 T^{*} 时就认为这颗液滴已被点燃。

假设液滴的初始温度为 T_{L0},换热系数 h 和导温系数 a_{L} 均为常数。由于液滴的温度梯度非常大,因此高温燃气对液滴的加热作用而引起的液滴沿径向的温度分布规律,可用下面的半无穷大平板的热传导方程及初始条件和边界条件确定:

$$
\begin{cases}
\dfrac{\partial T_{\mathrm{L}}}{\partial t}=a_{\mathrm{L}}\dfrac{\partial^2 T_{\mathrm{L}}}{\partial x^2} \\
T_{\mathrm{L}}\big|_{t=0}=T_{\mathrm{L0}} \\
-\lambda_{\mathrm{L}}\dfrac{\partial T_{\mathrm{L}}}{\partial x}\bigg|_{x=0}=h(T-T_{\mathrm{L}}\big|_{x=0}) \\
\dfrac{\partial T_{\mathrm{L}}}{\partial x}\bigg|_{x=\infty}=0
\end{cases}
$$

一般情况下，由于气相温度 T 是变化的，此传热问题只能用数值积分的方法来求解，这就需要把它和两相守恒方程进行联立求解。然而，我们知道，液滴从受热到着火所经历的时间是相当短暂的，因此可以近似将气液之间的热交换 $q=h(T-T_{\mathrm{L}}|_{x=0})$ 当做常量来处理。这样，此定解问题就成为第二类边界条件下的导热问题，存在如下的解析解：

$$
T_{\mathrm{L}}=T_{\mathrm{L0}}+\frac{2q}{\lambda_{\mathrm{L}}}\sqrt{\frac{a_{\mathrm{L}}t}{\pi}}\,\mathrm{e}^{-\frac{x^2}{4a_{\mathrm{L}}t}}-\frac{q}{\lambda_{\mathrm{L}}}x\left[1-\mathrm{erf}\left(\frac{x}{2\sqrt{a_{\mathrm{L}}t}}\right)\right]
$$

式中：$\mathrm{erf}\left(\dfrac{x}{2\sqrt{a_{\mathrm{L}}t}}\right)$ 为误差函数。

令 $x=0$，可得液滴的表面温度为

$$
T_{\mathrm{Ls}}=T_{\mathrm{L0}}+\frac{2q}{\lambda_{\mathrm{L}}}\sqrt{\frac{a_{\mathrm{L}}t}{\pi}}
$$

在 Δt 时间间隔内 q 变化很小，上式也可写成如下形式：

$$
T_{\mathrm{Ls}}(t+\Delta t)-T_{\mathrm{Ls}}(t)=\frac{2q}{\lambda_{\mathrm{L}}}\sqrt{\frac{a_{\mathrm{L}}}{\pi}}\left(\sqrt{t+\Delta t}-\sqrt{t}\right)
$$

或

$$
\frac{\partial T_{\mathrm{Ls}}}{\partial t}+u_{\mathrm{L}}\frac{\partial T_{\mathrm{Ls}}}{\partial x}=\frac{q}{\lambda_{\mathrm{L}}}\sqrt{\frac{a_{\mathrm{L}}}{\pi t}} \tag{3.49}
$$

2. 辅助方程

(1) 相间阻力

由于假设液滴为不可压缩的刚质球形颗粒，可以利用固体颗粒群阻力的一些实验研究结果。这里介绍一个在实际中使用比较广泛的阻力公式

$$
D=c_{\mathrm{f}}\frac{1-\phi}{\phi d_{\mathrm{L}}}\rho(u-u_{\mathrm{L}})|u-u_{\mathrm{L}}| \tag{3.50}
$$

式中：c_{f} 为阻力系数，即

$$
c_{\mathrm{f}}=\begin{cases}
c_{\mathrm{fz}} & \phi\leqslant\phi_0 \\
c_{\mathrm{fz}}\left(\dfrac{1-\phi}{1-\phi_0}\dfrac{\phi_0}{\phi}\right)^{0.21} & \phi_0<\phi\leqslant 0.97 \\
0.45 & 0.97<\phi\leqslant 1
\end{cases}
$$

式中:ϕ_0 为临界流化空隙率,一般可取 $\phi_0=0.5\sim0.6$。系数 c_{fz} 可由下式确定:

$$c_{fz}=\begin{cases}0.31\lg^2 Re_L-2.55\lg Re_L+6.33 & Re_L<2\times10^4\\ 1.10 & Re_L\geqslant 2\times10^4\end{cases}$$

上式中:Re_L 为基于液滴直径的雷诺数,即

$$Re_L=\frac{\rho\, d_L\,|u-u_L|}{\mu}$$

(2)相间热交换

在液滴未着火燃烧之前,周围的高温燃气要向液滴传递热量。根据牛顿传热公式,单位时间内通过单位等温面传递的热量可表示为

$$q=h(T-T_{Ls})$$

其中:换热系数 $h=0.4Re_L^{\frac{2}{3}}Pr^{\frac{1}{3}}\dfrac{\lambda}{d_L}$,$\lambda$ 为燃气的导热系数。因此,气液之间的热交换为

$$Q=n_L S_{1L} q$$

式中:n_L 为单位体积内的液滴数目;S_{1L} 为单颗液滴的表面积。由于 $n_L=\dfrac{1-\phi}{V_{1L}}$,于是有

$$Q=n_L S_{1L} q=\frac{1-\phi}{V_{1L}}S_{1L}q=6(1-\phi)\frac{q}{d_L} \tag{3.51}$$

(3) 气相内能

$$e=\frac{RT}{\gamma-1} \tag{3.52}$$

(4) 气体状态方程

$$p\left(\frac{1}{\rho}-\alpha\right)=RT \tag{3.53}$$

(5) 液滴燃烧方程

$$\frac{\mathrm{d}z}{\mathrm{d}t}=\frac{u_1}{r_{L0}}p^n \tag{3.54}$$

$$\psi=3z\left(1-z+\frac{1}{3}z^2\right) \tag{3.55}$$

3. 贮液室液体控制方程

根据假设,贮液室中的液体参数在空间均匀分布,仅为时间的函数,可用零维模型来表示液体控制方程。根据 3.5.3 小节,液体控制方程包括贮液室质量守恒方程、流量方程、伯努利方程、状态方程、活塞运动方程及速度方程,即

$$(1-\eta)M_{L}=\rho_{L}(V_{L0}-A_{R}l_{p})$$

$$\frac{d\eta}{dt}=\frac{C_{D}A_{D}}{M_{L}}\rho_{L}u_{L}$$

$$\frac{du_{L}}{dt}=\frac{1}{\rho_{L}L_{D}}\left[p_{L}-p_{p}-\frac{\rho_{L}}{2}\left(\frac{u_{L}}{C_{D}}\right)^{2}\right]$$

$$\rho_{L}=\rho_{L0}\left(\frac{Cp_{L}+B}{Cp_{L0}+B}\right)^{\frac{1}{C}}$$

$$\frac{dv_{p}}{dt}=\frac{1}{\varphi_{p}m_{p}}[(A_{C}-A_{D})p_{p}-(A_{R}-A_{D})p_{L}]$$

$$\frac{dl_{p}}{dt}=v_{p}$$

式中：p_{p} 为活塞前端面处的压力。

第4章　电磁发射原理

目前用于火炮武器的发射能源大致可分为三类:机械能、化学能和电能。能源的发展变化,推动着火炮技术发生质的飞跃。原始利用机械能抛射物体的速度,充其量为每秒几十米;当火药发明后,射弹速度大大提高。特别是近几十年来,由于不断改进和完善,利用化学能可将几千克的弹丸加速到1 600～1 800 m/s的炮口速度,这已接近野战条件下常规火炮化学推进的极限速度。然而,随着科学技术的不断发展,尤其是高新技术在战场上的广泛应用,使得现有利用化学能推进的弹丸初速,远远不能满足目前反装甲、防空和反导的需要。因此,利用电能进行超高速发射已为人们所关注。世界各主要发达国家对此投巨资进行研究,目前已取得许多令人振奋的突破性进展。虽然在工程化方面仍存在不少困难,但作为超高速发射武器,电磁发射仍然是一种比较理想的技术途径。

4.1　电磁发射概念、意义及应用前景

电磁发射技术,是把电能通过某种方式转换为电磁能,以电磁力将弹丸从“炮膛”内加速发射出去,使弹丸获得超高速的技术。因此,从理论上来说,电磁能推进不像化学能推进那样,弹丸速度受火药气体声速的限制,它完全可以加速到每秒几千米甚至更高的速度。

4.1.1　电磁炮的发展概况

电磁炮研究的历史悠久,最早可追溯到19世纪。1845年,Chars Wheastone建造了一台直线磁阻电动机,并用它把金属棒抛射到20 m远的地方。此后,Mayor、Kobe也提出过类似想法。但第一个提出电磁炮概念并进行试验的是挪威奥斯陆大学教授Birkeland。在1901年,他使用直流激励管状直线电动机的系列线圈,把质量为500 g的弹丸加速到50 m/s,并获得“电火炮”专利。1903年又发展了口径为65 mm、长为10 m的线圈炮,可将质量为10 g的弹丸加速到100 m/s。两次世界大战期间,德国、法国、日本都曾研制过电磁炮。尤其是德国的Hansler,在1944年曾将质量为10 g的弹丸加速到1.2 km/s。

第二次世界大战后,美国海军和空军也做了一些研究工作。空军的科学研究所经过反复论证,于1957年得出“电磁炮根本行不通”的结论,使电磁炮研究一度被打入“冷宫”。在此影响下,电磁炮的研究走入低谷。但一些科学家却持不同看法,仍在孜孜不倦地进行研究。澳大利亚堪培拉国立大学的Marshall等人,于1978年利用能产生500 MJ电能、输出1.5 MA电流的单极发电机作电源,采用等离子体电枢,在

5 m 长轨道上将 3.3 g 聚碳酸酯弹丸加速到 5.9 km/s，成为当时电磁发射技术领域的里程碑。这一重大成就不仅从实践上证实了电磁发射技术应用的可行性，而且等离子电枢的利用，为实现导轨炮超高速发射找到了解决电枢问题的新途径。从此，电磁炮的研究工作开始迈入新阶段。

20 世纪 80 年代以来，世界很多国家纷纷投入大量人力、物力开展电磁炮的研究。目前，美国、俄罗斯、澳大利亚、德国、英国、法国、日本、中国、以色列、荷兰和丹麦等国都建立了电磁炮实验室，从事电磁发射技术的基础与应用研究。从已公开报道的资料来看，美国在这方面投入的资金较多，进展较快，技术处于世界领先水平。

目前已做过成功实验的电磁发射原理样机，能把质量为几克的弹丸加速到 10～11 km/s；发射质量很小的高密度等离子体速度可达 30～40 km/s；并能把相当于小口径脱壳穿甲弹质量为 300～500 g 的弹丸，以 4 km/s 的速度发射出去，炮口动能为传统火炮的 4 倍以上。在重复发射和连发技术上也取得了长足进步。

4.1.2　电磁炮的优点及应用前景

由电磁发射技术的基本概念和原理可知，近十多年来，该项技术之所以得到迅速发展，并引起世界各主要发达国家的普遍重视，是因为它具有传统火炮无法比拟的优越性。

① 电磁发射的突出优点是具有广泛的适应性，既可发射小至毫克级的弹丸，又可发射大到几百吨的有效载荷发射体，并且利用电磁力把它们加速到极高的速度，这是传统火炮望尘莫及的。

② 射击精度和毁伤威力显著提高。由于被发射弹丸的速度高，缩短了弹丸飞行时间，提高了对各种运动目标的命中精度。同时由于弹丸的动能大幅度增加，毁伤威力显著提高。

③ 能量释放易于控制。在理论和实践上，电能比化学能更容易控制，因此可自由变换射程，而不用改变射角。另外，由于在电磁发射系统内，注入能量分布于整个炮身长度上，弹丸的加速过程比化学发射系统更均匀一致，故可发射更复杂、威力更大的弹丸。

④ 电磁发射的能量转换效率，理论上比化学发射系统转换效率更高。如采用分段供电的轨道炮，能量转换效率可达 35%，同轴线圈炮可达 50%。若未来采用超导体，能量利用率会进一步提高。

⑤ 电磁炮的后膛可以开启，也可以关闭，加上弹丸尺寸小、质量小，可使自动装填机更为简化，而且具有连续发射的能力，从而增加了武器系统的快速反应能力。

综上所述，电磁炮具有一系列独特优点，因而应用前景广阔。美国最初把它列入《战略防御倡议》(SDI)计划中，作为战略反导武器使用。他们曾设想了两种方案：一种是发射许多质量为 1～10 g、速度为 20 km/s 的小弹丸，在敌方攻击导弹的前面形成弹幕。由于这些弹丸的动能高达 2 MJ，足以击破战略导弹的坚硬壳体，使之被击

落。另一种是发射质量为1～2 kg的轻型制导炮弹,速度为10～20 km/s,直接击毁敌方入侵导弹。

电磁炮在战术上同样具有广阔的发展前途,特别是在反装甲、防空和反舰战术导弹方面。

1. 车载电磁坦克炮与反坦克炮的应用

由于目前坦克和装甲车辆的防护能力大大增强,完全依赖化学能推进的射弹常常难以奏效,因此发展超高速射弹成为各国军事专家关注的热点。有迹象表明:车载电磁炮将成为今后相当长时期内电磁发射技术应用于实战武器系统的重点。一旦研制成功,可以击毁目前所有现代化坦克的装甲防护。美国陆军在1997年公布了坦克车载电磁炮方案,电磁炮口径为105 mm,可发射次口径弹丸,弹重5.5 kg,初速为2.5 km/s,弹药总数80发,采用电容器/电池系统供电方式,系统全重为49.6 t。

2. 机载电磁炮的应用

美国空军正在研制的400 kW燃气轮机和单极发电机作电源的电磁炮,炮长为7.5 m,射速为500发/分。

3. 舰载电磁炮的应用

随着新一代超声速反舰导弹的诞生,现有的小口径速射火炮防空系统难以适应实战需要,而改用发射超高速弹丸的电磁炮来防御战术导弹和区域防空将更为有效。据报道,美国海军拟研制初速为5 km/s、弹重为240 g的电磁炮,以取代“密集方阵”近程防空系统,期望在5～10 km范围内,击毁反舰导弹和空中目标。另外,可把电磁炮装在航空母舰上作为飞机的弹射器,它能在3 s内启动一架36 t的战斗机,以63 m/s的速度弹射出去。该发射装置的质量比现有的蒸气弹射器轻得多。

在航天领域,不管军用或民用,电磁炮都有诱人的前景。一是空间轨道转移,把电源和炮体适当固定,利用电磁炮发射时的反作用力,把各种空间站、平台、卫星和其他航天器等,从地球某一轨道转移到另一设计轨道。二是陆基定向发射,即用大型多级电磁炮直接发射洲际弹道导弹、卫星和航天飞机等,并可按要求把它们加速到第一、第二或第三宇宙速度,用此装置代替火箭或部分代替火箭,效费比会显著提高。另外,电磁发射技术还可用于研究高速碰撞,启动核聚变反应,研制磁悬浮列车等。

总之,电磁发射技术的应用领域很广,前景广阔,但要把各种设想真正变为现实,还有一段很长的路要走,一些发达国家正在向工程化和实用化方向推进。

4.1.3 电磁炮的关键技术

目前,阻碍电磁炮实际应用的难点是一些关键技术还有待攻克。

第一是脉冲功率源技术。它包括频率能量储存、脉冲形成网络和对负载的耦合。初级功率源将功率传递给储能分系统,后者再将能量转换到脉冲形成网络中,以适合负载的要求。目前,电磁炮原理试验样机使用的电源主要有7种:电容器组、电感储能系统、磁通压缩发生器、蓄电池组、脉冲磁流体发电装置、单极脉冲发电机和补偿型

脉冲交流发电机。这些电源需要进一步提高储能密度,减轻质量,减小体积,方可实用。

第二是电磁发射器系统设计。它涉及面很广,包括炮身、供输弹系统、能量储存转换方式及其相关的关键零部件(开关、电枢等)结构和相互接口关系设计。除电源技术具有相对独立性外,电磁炮的其他技术均以此为核心展开。

第三是材料技术。由于电磁炮的工作条件极为恶劣,对导轨材料、绝缘材料、电枢材料和弹体材料要求极高。比如,对导轨材料首先应具有良好的抗烧蚀性能,同时还应具有良好的导电性能,要有很高的屈服强度,在高温下仍有很高的硬度,滑动摩擦系数要小。

第四是大电流开关技术。它是控制能量释放与隔离的核心部件。

以上这些关键技术是基于目前发展现状而提出的,随着科学技术的发展和电磁发射技术的日趋成熟,关键技术的研究领域也可能发生转移。当目前的关键技术获得突破或解决时,又可能出现新的关键技术,需要去研究解决。只有攻克电磁发射领域的这些关键技术,电磁炮才可能成为一种实战的兵器出现在战场上。

4.2　电磁炮的分类

电磁炮从结构形式上可大致分为三类,即导轨炮、线圈炮和重接炮。目前发展比较迅速,理论和实践上比较成熟,接近武器化的主要是电磁导轨炮和同轴线圈炮。

4.2.1　导轨炮

导轨炮是电磁发射武器中原理与结构最简单的一种。它包括简单导轨炮、分散馈电(分散储能、分散电流)型导轨炮、串联增强(层叠式、平面式和保护板式)型导轨炮、外场增强(常规导体、超导体)型导轨炮、炮口分流型导轨炮、多轨(圆口径和方口径)型导轨炮、超导悬浮电枢型导轨炮及多相型导轨炮,等等。

现以简单导轨炮为例说明其工作原理。它的结构如图 4.1 所示,由原动机、单极电机、开关、电枢、导轨及弹丸等组成。

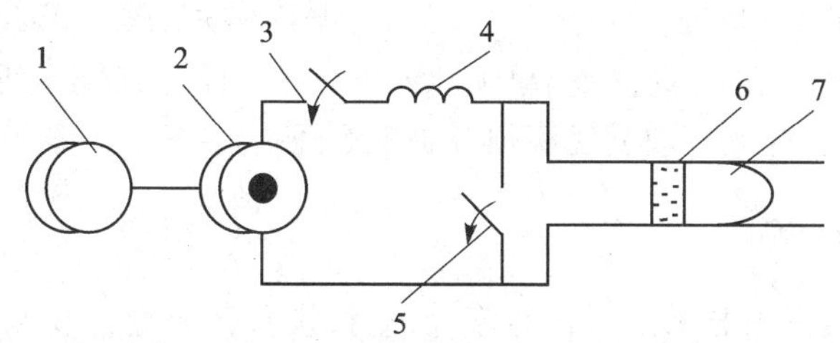

1—原动机；2—单极电机；3—闭合开关；4—电感器；5—断路开关；6—电枢；7—弹丸

图 4.1　电磁导轨炮原理结构示意图

当电源开关接通时,电流由一条导轨流经电枢,再由另一条导轨反向流回,从而构成闭合回路。强大的电流(兆安级)流经两平行导轨时,在导轨之间产生了强大的磁场。这个磁场与流经电枢的电流相互作用,产生洛伦兹(Lorenz)力。该力推动电枢和置于电枢前面的弹丸沿导轨加速运动,从而使弹丸获得超高速。

由上述工作过程可知,电磁轨道发射技术中,电枢是关键部件之一,它承受着发射时强脉冲电流和全部的加速力。目前所用电枢有三类:固体金属电枢、等离子体电枢和金属与等离子体混合型电枢。金属电枢在低速(4 km/s以下)时性能优良,这是因为电枢要与导轨摩擦生热,速度不宜太高。而等离子体电枢则相反,速度高时,效率也高,但它对炮尾附近轨道烧蚀相当严重。因此,根据需要有时把两者结合起来使用。

4.2.2 线圈炮

线圈炮又称同轴加速器,它的基本结构原理如图4.2所示。它由原动机、特殊交流电机、驱动线圈和弹载线圈组成。发射时,依次给驱动线圈充电,在线圈周围形成强大的磁场与弹载线圈的磁场相耦合,产生电磁力推动弹丸运动。显然,两个磁场相互作用既可以产生斥力,也可以产生引力,要使弹丸一直处于加速状态,必须保证驱动线圈产生的磁场与弹载线圈的运动位置精确同步,这需要结构设计来保证。

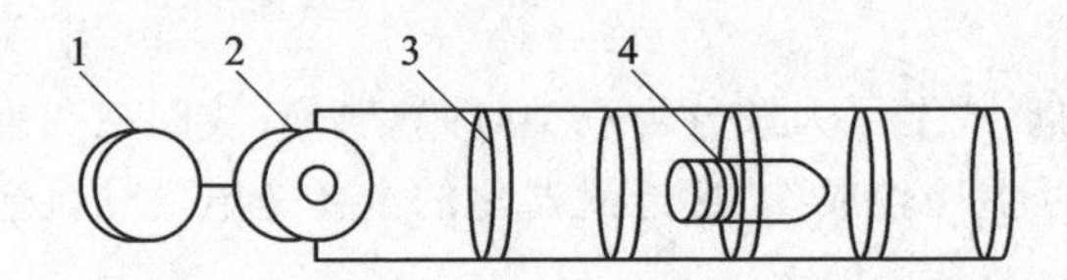

1—原动机;2—特殊交流电机;3—驱动线圈;4—弹载线圈

图4.2 电磁线圈炮原理结构示意图

多数线圈炮的弹载线圈不与驱动线圈接触,通过在驱动线圈内侧放置良导体的导向板条,携带电流的弹载线圈运动时在导向板条内感生涡流,涡流磁场对弹丸产生斥力,使之悬浮。弹载线圈分布于整个弹体,加速力分布均匀,能量利用率也较高,可达50%。另外,由于可采用多级线圈驱动,驱动电流可减小,不需要像导轨炮那样的兆安级脉冲电流,开关装置也可大大简化。

根据线圈炮的结构特点,可分为以下几类:电刷换向的螺旋线圈炮、无刷螺旋线圈炮、直流电枢分立驱动型线圈炮、单级脉冲感应型线圈炮、同步感应型线圈炮、异步感应型线圈炮、磁化弹丸行波型线圈炮及磁阻线圈炮,等等。

4.2.3 重接炮

重接炮是电磁发射技术的一种新形式,包括板状弹丸型重接炮和柱状弹丸型重接炮两种。现以板状弹丸型重接炮为例说明其工作原理。多级板状弹丸型重接炮由一系列同轴矩形线圈和一个板状弹丸组成,线圈轴线与弹丸运动方向垂直。两线圈间隙较小,板状弹丸在其内运动,弹丸一般采用非导磁的良导体实心板,其长、宽比线

圈截面口径的长宽略大，各驱动线圈可有自己的独立电源或共用一个电源，上、下线圈的缠绕和连接应保证磁通方向一致。

板状弹丸型重接炮的工作过程如图 4.3 所示。

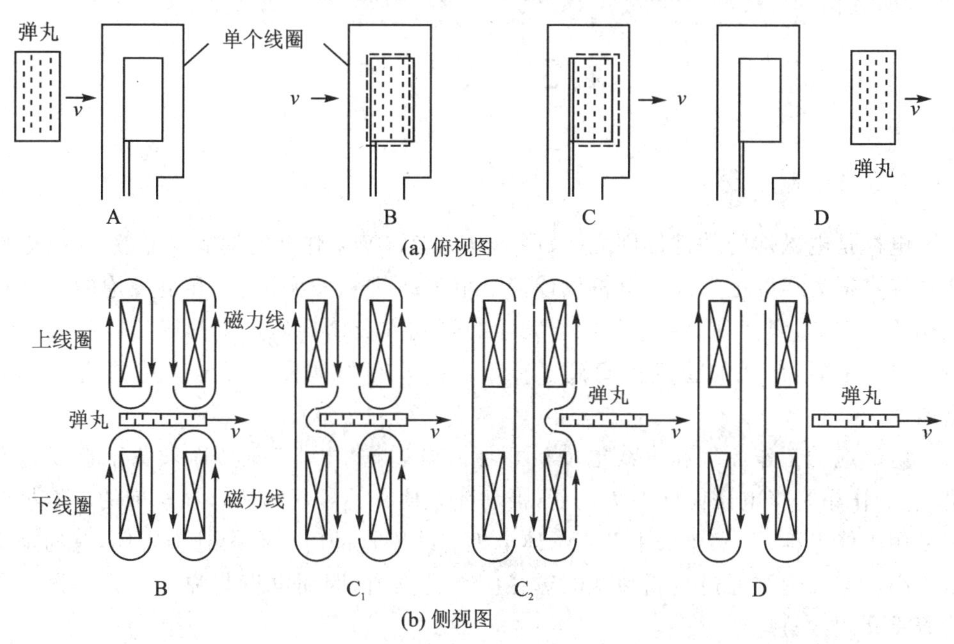

图 4.3　板状弹丸重接炮工作原理示意图

当弹丸尚未进入线圈间隙时，如图 4.3(a)中的 A 状态，线圈不接电源，此时线圈无磁场。当弹丸以某一速度进入上下两线圈间隙，并达到弹丸面积刚好全部遮住线圈口径时，即图 4.3(a)中的 B 状态。此时通电激励上下线圈，电流上升，由于弹丸截面积大于线圈口径面积，电流能在最大耦合期达到峰值，然后切断电源。此时两线圈产生的同向磁力线被板状弹丸"截断"，因磁通在极短的时间内穿过不良导体，结果上下线圈的磁力线自成回路，不能"重接"，如图 4.3(b)中的 B 状态，此时供给线圈的电能以磁能方式储存在上下线圈的磁场中。

当弹丸运动到其尾部与线圈口径左侧拉开一缝隙时，如图 4.3(a)中的 C 状态，即上下两线圈中的磁隔离被部分取消，此时原被板状弹丸"截断"的磁通(磁力线)在拉开的缝隙中重接，如图 4.3(b)中的 C_1、C_2 状态所示。重接使原来弯曲的磁力线有被"拉紧"变直的趋势，推动弹丸后部使其前进，原储存在上下线圈中的磁能转变为弹丸的动能，这是因为弹丸后部受到重接的磁通强有力的加速作用所致。因此，弹丸只会被加速而不受减速作用。

当弹丸被线圈加速离开后，如图 4.3(a)、(b)中的 D 状态所示，至此一级加速完毕，弹丸进入下一级并重复以上过程。从形式上看，重接炮是以磁通重接来工作的。但从本质上看，是变化磁场对弹丸感生涡流，涡流与重接磁场相互作用产生电磁力来加速弹丸。

重接炮综合了线圈炮发射大质量载荷的特点及导轨炮发射超高速弹丸的优势,赋予弹丸更高的加速力峰值,且使平均加速力与峰值加速力相差不大,这样弹丸加速均匀。因此,重接炮被认为是未来先进的天基超高速电磁发射器的雏形。

4.3 电　枢

4.3.1 概　述

电枢是电磁炮的关键部件之一,可将电磁能转换为弹丸的动能。显然,电磁炮性能的优劣很大程度上取决于电枢设计。电枢的改进和发展,历来和电磁炮的发展息息相关。例如,澳大利亚堪培拉国立大学的研究人员将导轨炮上的固体电枢改为等离子体电枢后,弹丸的速度提高到了 5.9 km/s,有力地推动了电磁炮研究工作的进展。

电磁炮的工作原理和直线电动机相似。电磁炮"电枢"的名称来源于直线电动机,它的作用是将电磁能转换为动能,推动弹丸使其达到超高速。导轨炮的电枢早期都采用固体电枢,后来才采用等离子体电枢。线圈炮的电枢有的是金属环,有的是绕组线圈。重接炮则通过金属弹丸电磁感应承受推力,因而电枢与弹丸合为一体。本节着重介绍导轨炮电枢。

超高速导轨炮电枢的工作条件是极其严格的:必须能传导 10^6 A 量级的电流;能承受几百兆帕的压力;能耐几万摄氏度的高温。电枢的设计应该考虑以下几方面:①能否达到预期速度;②能否有较高的效率;③能否做到对炮膛烧蚀最小;④能否和发射系统、弹丸协调一致。

导轨炮常用电枢类型如图 4.4 所示,图中没有画出的过渡电枢,是从低速时的固体电枢过渡到高速时的等离子体电枢的过渡态。

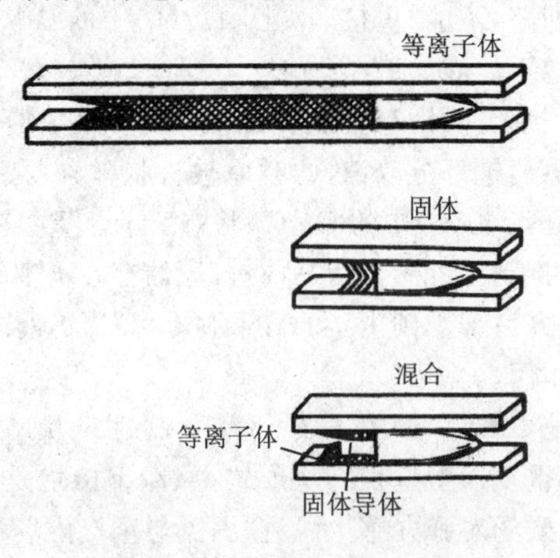

图 4.4　导轨炮常用电枢类型

对导轨炮的实验和研究，首先集中在固体电枢方面。早期的固体电枢设计方案为金属片叠成或金属丝束捆成，其断面常呈 V 形或 U 形，以便产生一个与导轨表面垂直的洛伦兹力分量，迫使电枢边缘和导轨有良好的电接触。后来的设计方案，在结构上、材料上均有改进。

等离子体电枢，实际上是载有强电流的高温、高压电弧装置（典型的电弧长度为几厘米）。电枢可以在导轨炮中直接产生，例如，将铜或铝箔置于弹丸之后，通过工作电流由电爆炸产生等离子体的电枢；也可以用等离子体枪从外界注入等离子体形成电枢。

混合电枢和过渡电枢是上述两种方案的改进型。混合电枢由固态导体以及跨接在该导体和导轨之间的等离子体电刷组成。因此，它既克服了固体电枢与导轨接触滑行的速度限制，又很大程度上保持了固体电枢的优点。各种电枢的性能比较如表 4.1 所列。

表 4.1　电枢性能比较

电枢类型	优　点	缺　点
固体电枢	电阻小，电枢压降低； 设计简单； 无烧蚀阻力	固体和固体的接触，限制速度至 3 km/s； 附加质量引起电枢效率降低； 结构可能限制加速度
等离子体电枢	附加质量很小； 在高速时也有良好的电接触； 不需要考虑电枢结构的牢靠性	高电阻，电枢压降大； 易产生烧蚀阻力； 等离子体不稳定性可能影响其性能； 一般要求前置注入速度； 易产生二次电弧和泄漏
混合电枢	可扩大固体电枢工作范围到 10 km/s	等离子体界面特性及它对性能的影响不清楚； 附加质量较大； 结构也可能限制加速度
过渡电枢	尽量减小了对接近炮尾的后膛等离子体危害； 不要求前置注入速度； 可能提供比等离子体电枢高的效率	附加质量比等离子体电枢大； 实验数据尚少； 转变过程的机理不是很清楚

弹丸在接近炮尾的后膛刚开始加速时，速度低、运动时间长，此时若采用等离子体电枢，则会对炮膛产生严重烧蚀。如果采用过渡电枢，在低速时呈固体电枢态，焦耳热损失小；到高速时，由于持续的焦耳热作用，固体电枢变为等离子体电枢。因此可以说，过渡电枢不仅具有固体电枢、等离子体电枢两者的优点，还避免了它们的缺点。

4.3.2 固体电枢

固体电枢多用金属材料制成,其目的是在导轨和电枢间保持最小接触压力的条件下获得最佳的电接触性能,防止产生电弧,典型结构如图 4.5 所示。

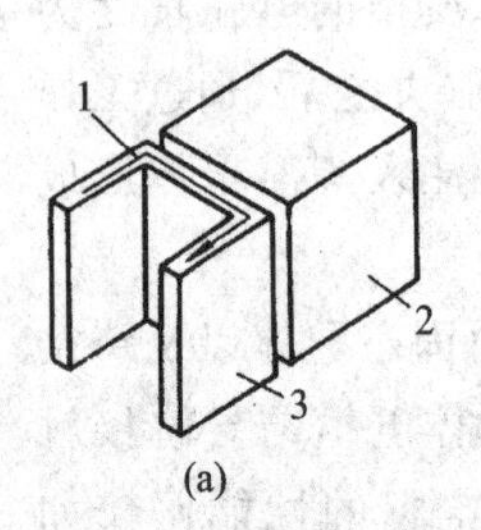

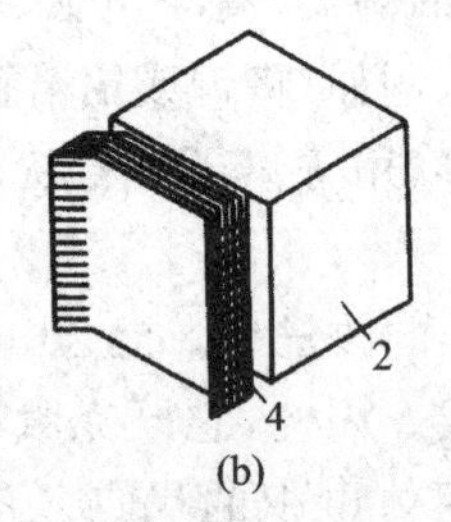

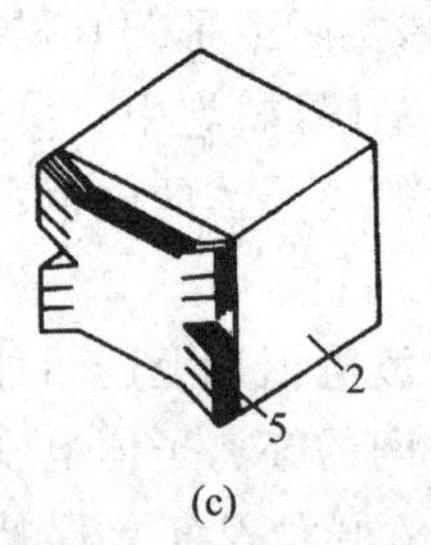

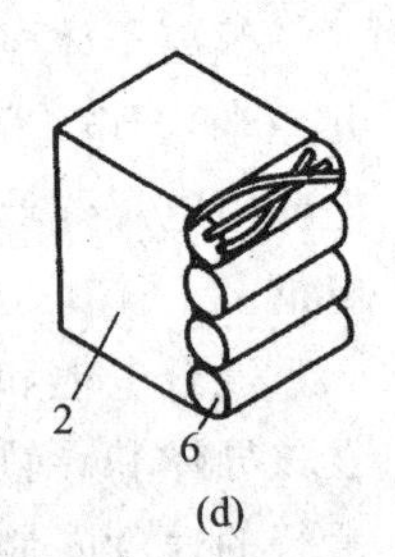

1—电枢电流;2—弹丸;3—金属电枢;4—层状 V 形电枢;5—横截面 V 形电枢;6—纤维束

图 4.5 固体电枢的典型结构

要保持导轨和固体电枢的良好接触,两者间必须有足够的接触压力,此压力来自机械力、电磁力、惯性力或它们的组合。图 4.5(a)所示是一种最简单的结构,其质心位于弹丸的加速度方向上,接触压力由电磁力和机械预压力产生。电磁力可通过计算,使其达到预定值。在这种结构中,调节电枢与炮膛的尺寸、改变接触磨损都较易实现。图 4.5(b)所示为澳大利亚堪培拉国立大学早期采用的一种结构,许多实验室现在仍在使用。接触压力由电磁力、机械压力产生,惯性力在一定程度上抵消了电磁力,使接触压力有所降低。图 4.5(c)所示的电枢结构在与导轨垂直的截面上呈 V 形,惯性力对其接触压力影响甚微,电磁力也很小,接触压力主要靠机械力产生。由于这种结构的电枢机械柔性小,电磁力难以计算,接触压力也难以调整,所以这种结构应用不多。图 4.5(d)所示结构的电枢在机械上与(c)类似,惯性力、电磁力对接触压力影响小,但难以估算。这种结构的电枢有一些成功的应用,但其接触压力及结构设计往往需要通过实验进行确定。

图 4.6 所示的结构可以看作是对图 4.5 中 4 种电枢基本结构的改进。图 4.6 中的 V 形结构有改善电流分布、减小电枢尾端电流密度的作用,V 形尾部不能太尖,应有合适的曲率半径,不然在尾端容易出现电弧。图 4.6(a)所示结构的电枢表面呈锯齿状,有一定的机械柔性,可使电枢和导轨(特别是在发射开始时)有适当的接触压力;图 4.6(b)所示结构的电枢则有多个接触面,接触电阻小,同时还能减少摩擦阻力。在炮膛口径 15 mm、铜导轨、电枢最大电流 400 kA、膛内运动时间 1.5 ms 的条件下,采用上述结构(铝合金)的电枢进行试验,速度达到 2.5 km/s 时膛

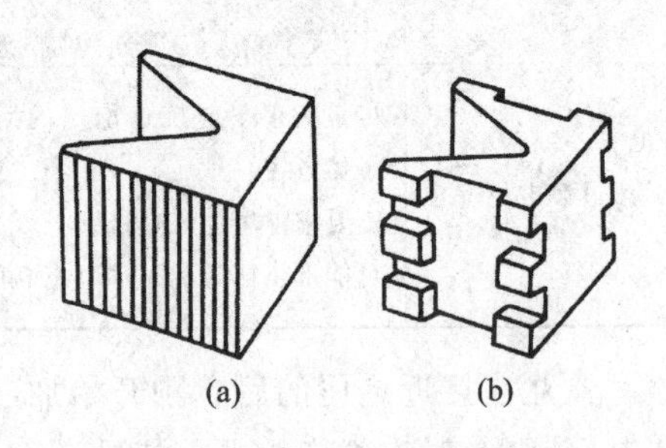

图 4.6 固体电枢基本结构的改进

内无电弧出现,导轨烧蚀甚微。

从电机角度而言,固体电枢和导轨的接触类似电机的电刷。电刷是一种滑动接触,因此在进行固体电枢的结构设计时应充分考虑电枢接触特性,以便用最小的接触压力获得最佳的电接触性能。滑动接触的接触面实际上是由一些离散的点组成的,这些点只占接触面的很小一部分,接触面即使经过精抛光工艺处理,对电接触而言也是粗糙的。接触面上高出的点或粗糙点以随机方式接触,电流通过这些点形成接触电阻。当接触压力加大,超过屈服极限时产生塑性变形,使接触面增大而压力降低,直至达到平衡。重要的是,接触点温度超过某一临界值时,接触不再是热稳定的,即接触点将从低电压处转移至高电压处,以至出现明显的电弧。临界温度与触点材料、电流密度、接触压力和滑动速度等因素有关。澳大利亚堪培拉国立大学的科学家首先在电磁炮实验中观察到接触点转移的现象,该现象是热不稳定的,它产生电弧,导致严重烧蚀,所以应尽力避免。防止电弧产生应从材料、电流密度、接触压力和滑动速度等方面入手,提高临界温度。

4.3.3　等离子体电枢

等离子体电枢一直是导轨炮系统研究的重点。一般情况下,任意速度的等离子体电枢都能把电磁力作用到弹丸上,使弹丸加速到 20～50 km/s,制约弹丸达到这一速度的因素是弹丸和膛壁的相互作用。后来的研究表明,等离子体电枢和膛壁之间存在着强烈的相互作用,这是限制导轨炮速度的决定因素。与等离子体电枢相关的关键问题,如二次电弧、烧蚀、黏滞阻力及磁场扩散等,都涉及等离子体电枢和膛壁的相互作用。

1. 等离子体电枢的形成

等离子体实际上就是电离的气体。随着温度的升高,物质会经历固态、液态和气态的变化。根据量子力学原理可知,由于加热、光照射或碰撞等因素,可使气体中的电子获得足够能量,当超过最大激发能级时,电子就会脱离原子成为自由电子,这就是电离。气体中电离成分只要超过千分之一,它的性质就主要取决于离子和电子之间的库仑力,而且此时电磁场对它的影响非常显著。等离子体是不同于固态、液态和气态的第四态,宏观上呈现电中性。

常温下气体热运动的能量不大,不会自发电离。导轨炮中的等离子体电枢通常用电加热方法形成,此时至少需要满足两个条件:①金属气体或其他气体必须有足够电离;②电枢必须紧贴着弹丸。电枢材料一般可选用金属丝或金属箔。当两导轨间高电压击穿电枢与导轨间预留的间隙时,大电流流过金属丝或金属箔,焦耳热使其很快电离变成等离子体电枢。一般来说,等离子体电枢需要用前置级给弹丸一个注入速度。当注入速度较高时,喷入的金属蒸气或电热气体流,被大电流欧姆加热,从而能形成等离子体电枢。电热炮是利用放电方法产生电弧等离子体的。

实际应用中控制等离子体电枢形成时刻是很重要的。一个可供参考的实现方案

如图4.7所示，其工作原理如下：闭合开关1，电流源2的电流经控制导轨4、控制电枢(导体)5对电感3充电，这时弹丸导轨8是开路的，处于待发射状态；一旦达到所需要的大电流，控制电枢5被释放，随即被电磁力驱动，向右方运动；当控制电枢5尾部刚过A、B点时，在A、B与控制电枢尾部形成电弧。由于短路器9的作用，此电弧转向弹丸导轨8，这时电流继续流过，形成电弧等离子体电枢，推动绝缘弹底板6和弹丸7前进。当控制电枢继续向右运动至绝缘导轨10时，不再有电磁力驱动，于是控制电枢减速，撞击吸收装置11后，其剩余动能被吸收。

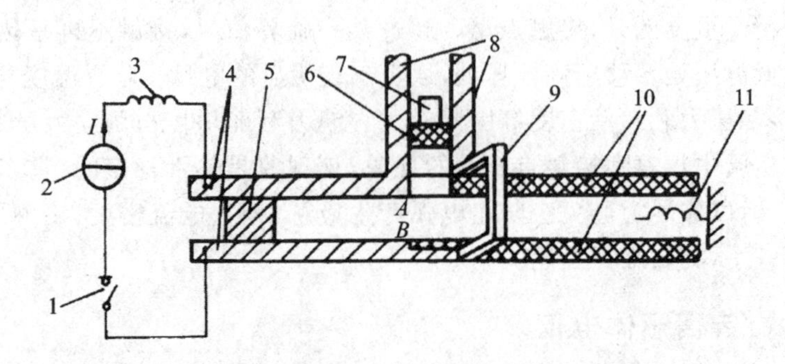

1—闭合开关；2—电流源；3—电感；4—控制导轨；5—控制电枢(导体)；
6—绝缘弹底板；7—弹丸；8—弹丸导轨；9—短路器；10—绝缘导轨；11—吸收装置

图4.7 带有自动等离子体电枢形成器的导轨炮

大电流流过金属丝或金属箔时，金属丝或金属箔很快气化，此时电阻增大，导致电枢电压升高，这样对电源的要求就提高了，这是不利的。采用形状合适的金属箔可以降低电枢的形成电压，要点是确保金属箔在电流流过时逐渐被气化，使金属在整个气化过程中电阻不至于突然增加。实验表明，形成等离子体电枢的金属丝可用直径几毫米的镁丝，金属箔可用几十微米至几百微米的铝箔、铜箔。材料及几何尺寸的选择主要由导轨炮的总体性能要求决定。

2. 等离子体电枢作用过程及状态变化

了解了等离子体电枢作用过程及状态变化，就可从等离子体动力学的角度，把握电枢的再点火、烧蚀、黏滞阻力等在时间上及空间上的内在联系。等离子体电枢的作用过程如图4.8所示。

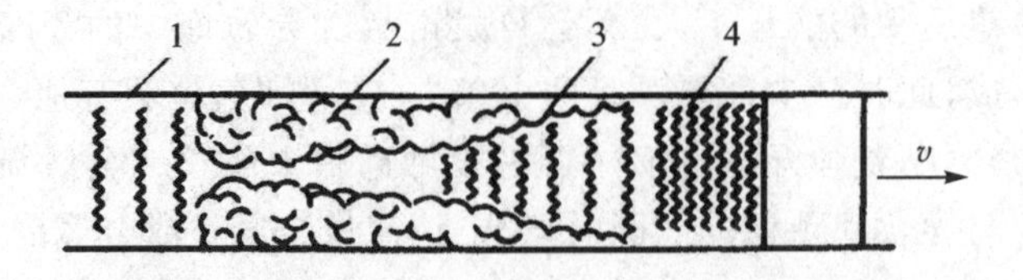

1—再点火等离子体；2—中性区；3—等离子体尾；4—主等离子体

图4.8 等离子体电枢作用过程

（1）主等离子体

通过对主等离子体区等离子体特性的研究可知，该区的等离子体被高度电离，温度为 $2\times10^4\sim5\times10^4$ K，损耗功率 1～10 MW/cm^2 量级，大部分等离子体被强烈磁化（Ha≫1）。由于磁流体动力学效应，边界层较薄，从而导致阻力系数很高（约为 0.003～0.005）。由于膛壁的强热和辐射流使导轨材料产生烧蚀和电离，并加入到等离子体电枢中，其烧蚀系数从 $(4\sim8)\times10^{-9}$ kg/J（对于塑料绝缘体）到 $(30\sim90)\times10^{-9}$ kg/J（对于金属导轨）。被烧蚀的材料也被电磁力加速，速度几乎和主等离子体相当。边界的黏滞阻力把大部分被烧蚀的材料往后拖，形成了等离子体尾区。

主等离子体区的特征是烧蚀和黏滞阻力起作用。

（2）等离子体尾

当被烧蚀的材料被黏滞阻力拖向尾部时，把能量辐射和传导到膛壁上，尾区功率流较低，被电离的膛壁材料也较少。来自膛壁的非电离中性气体也开始混入等离子体中，从而抑制了电导率的增大，且冷的边界层又促进这一趋势，使电导率更低。

等离子体尾区的特征是电离成分少，电导率低，形成烧蚀和气化的混合物。

计算等离子体尾区混合物的质量是比较困难的，这种混合物具有烧蚀（全电离，20 000 K）、气化（1%电离，5 000 K）和侵蚀（蒸气和液态混合）三种消蚀方式，一些典型导轨材料在三种消蚀方式下的质量值如表 4.2 所列。这些从轨道上消蚀的质量附加到了等离子体尾区，由于输入能量的大部分仍储存在等离子体尾区的较热气体中，附加质量要低于表中的最大值，但仍比主等离子体区明显要高。一个合理的估算方法是，等离子体尾区的附加质量大约是主等离子体区烧蚀附加质量的两倍。

表 4.2　各种材料在不同消蚀方式下的质量值

材　料	烧蚀/g・MJ^{-1}	气化/g・MJ^{-1}	侵蚀/g・MJ^{-1}
铜	28	118	143～1 630
钨	88	160	185～1 575
聚乙烯	3.4	25	500～6 800
聚碳酸酯	5.6	40	—
玻璃增强树脂	6.7	40	—

早期的计算假设电枢质量随烧蚀物质的累积而连续增加，而实验观察表明等离子体电枢长度近似为常数。这主要是因为，在平衡状态时电枢质量接近于常数，烧蚀物被不断地拖向后方后和来自膛壁的冷气体混合，成为一种低电导的成分，但烧蚀物并没有增加主等离子体的质量。电枢的平衡长度主要随膛壁的气化速率和膛壁材料与等离子体的扰动混合速率而变化，并非不断增加。后来的一些实验数据表明，等离子体电枢平衡长度随炮膛口径线性增长。

(3) 中性区

进入中性区的气体温度很高,其运动速度明显比等离子体低。这些气体处于湍流状态,而且很快与膛壁发生热量和动量交换,引起进一步气化。塑料绝缘体因中性区较高的气化压力和本身较低的热传导能力而特别易损坏;对于金属材料,如果其热传导能力可承载气体传递的热量,则金属导轨就可能不被破坏。

中性区域是气化混合物,烧蚀和电离甚微。

(4) 再点火等离子体

上述中性区其实并非真正中性,只有在高气体密度和微弱电离导致电导率很低的情况下气体才是中性的。当足够高的电场加到该区气体上时,小电流的流动也会导致失控的电离,此时将产生一个高温、低密度、高电离的等离子体,即再点火电弧。击穿电场的产生主要取决于中性气体密度及残留电离水平,也取决于气体温度、气体成分、电极表面状况等其他因素。

导轨炮中击穿电场是由运动的磁场产生的,随着等离子体电枢速度的增加,电场强度也增大,直至气体被击穿。因接近炮尾处气体速度最低,再点火发生在炮尾附近较为常见。再点火现象几乎可在电枢后面任何位置观察到,经验表明击穿电场强度约为400～500 V/cm,当导轨因烧蚀表面变粗糙时,此值可能更低。

4.3.4 混合电枢

固体电枢实验表明,由于温度升高引起的烧蚀和摩擦等共同作用,固体电枢会转变成一种混合体,即金属固体和包在它外面的等离子体所组成的混合体,称为混合电枢,是一类重要的改进型电枢。在铝混合电枢实验中,固体部分侵蚀很快,其质量烧蚀约为$1.7\times10^{-7}\sim3.3\times10^{-7}$ kg/J内,此值为铝材料气化质量损失的两倍。因此可以推断,在混合电枢中金属因温升而熔化是其质量损失的重要原因。

混合电枢的电枢电压在50～250 V之间,电枢电压随混合电枢的侵蚀而增加,较长的混合电枢有较低的电压降。B点探头(一种通过测量磁感应强度B的变化率测定电流的微型传感器)和光纤传感器的测量数据表明,电流被分成差不多相等的两部分,即混合电枢部分和数厘米长的等离子体尾部分,其中等离子体尾部要比纯等离子体电枢短5～10 cm,这一点有利于减少烧蚀和降低电枢电压。

典型混合电枢示意图如图4.9所示,图中两个向下的箭头分别表示混合电枢电流和等离子体电流的方向。金属盘状连接体紧附在弹丸底部,作为混合电枢的导体连接部分。等离子体种子位于金属盘状连接体和导轨之间,在几百伏电压下电流首先通过种子、导体金属和金属盘状连接体,由于热效应种子熔化、气化,最终变为金属盘状连接体和导轨之间的等离子体刷,完成向混合电枢的转变。经过一定时间后,部分熔化的金属盘状连接体附于其后,形成等离子体尾部,最后成为一个混合电枢和等离子体串接的电枢。

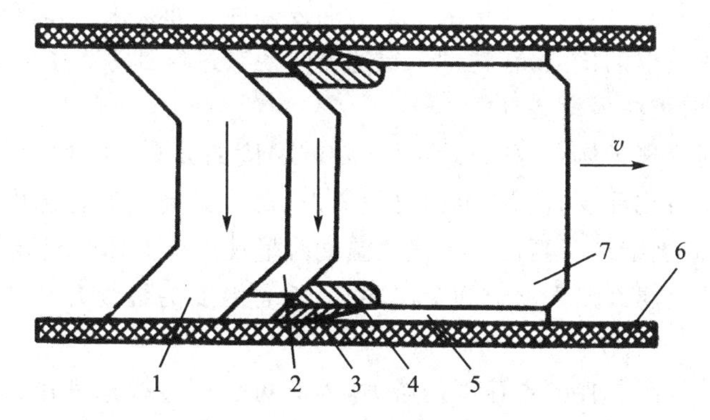

1—等离子体;2—金属盘状连接体;3—等离子体种子;4—导体材料;5—绝缘体;6—导轨;7—弹丸

图 4.9　混合电枢示意图

混合电枢的研究主要采用实验方法,最佳的混合电枢设计应考虑以下因素:金属电枢长度与炮膛尺寸之比;初始等离子体刷厚度;金属电枢形状,如盘形、柱形、锥形等;电枢材料,如铝、锂、镁、铜、钨等;等离子体种子设计等。为进行混合电枢实验研究设计的弹丸结构如图 4.10 所示,图中 l 为弹丸长度,弹丸用聚碳酸酯制成,有密封气体的作用;l_a 为金属电枢长度,金属电枢通过螺栓牢固地和弹丸连接成一体;D_a 为金属电枢直径,它小于弹丸直径;δ_h 为金属电枢和炮膛的间隙,其间可放置等离子体种子,以"点燃"等离子体刷。这种结构只要更换金属电枢部分,就可进行混合电枢的最佳参数实验,电枢长度可选择 l_a(10 mm)、$0.75l_a$、$0.50l_a$、$0.25l_a$,间隙 δ_h 可选择窄间隙(0.5～1 mm)、中等间隙、宽间隙等。

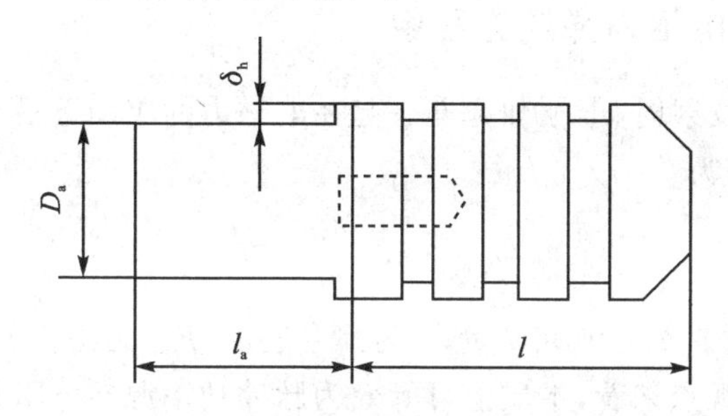

图 4.10　混合电枢实验用弹丸结构

实验证实,电枢长度较短时电流分布有减少膛壁烧蚀和改善电枢稳定性的潜力;混合电枢导轨炮相对等离子体电枢而言,降低了电枢电压;窄间隙混合电枢的电枢电压更低;电枢长度较短的混合电枢有良好的电枢效率。进一步研究指出,由混合电枢所提供的金属蒸气种子有利于电流分布的稳定,防止再点火,并能减少加速度损失。实验还表明,混合电枢是改进等离子体电枢性能的有效途径之一。

4.3.5　过渡电枢

为了避免等离子体电枢在低速区段发生再点火,减少烧蚀,可以采用前级炮提高弹丸注入速度的办法,但这样就增加了系统的复杂性。如果采用过渡电枢,在低速区段充分利用固体电枢的优点,在达到一定速度时使它过渡到等离子体电枢,就可发挥二者之长,省去前级注入设备。

固体电枢向等离子体电枢的过渡是伴随着温度的升高、速度的增大而逐渐完成的。当温度小于熔化温度时固体电枢仍呈固态,温度升高到熔化温度附近时成为一种软固态,随着温度继续升高但小于汽化温度时呈现固体液体两相混合态,温度达到汽化温度时液体金属开始气化成为金属蒸气,随着温度的继续升高就成为等离子体电枢。

由于温度的升高总伴随着速度的增大,因此可以用转换速度作为判据来判断固体电枢向等离子体电枢过渡。这里的转换速度定义为因温度升高固体电枢表面开始熔化所对应的速度。从转换速度的定义可知,采用高熔点的材料作导轨和电枢或者将导轨表面覆盖一层适当厚度的高熔点材料,可以提高转换速度。采用铝和铜分别作为电枢、导轨的材料时,可估算出其转换速度仅大约为 500 m/s,因此这种材料的过渡电枢不能使弹丸达到很高的速度。若电枢和导轨表面覆盖层的电热特性类似于钼、钨,则其转换速度可达约 2 km/s,这种过渡电枢导轨炮最大速度很容易达到 3 km/s,对于一个 2 kg 的弹丸,其动能将达到 9 MJ。

4.4 电磁导轨炮

4.4.1 固体电枢内弹道方程组

电磁导轨炮在发射时,电枢和弹丸一起在电磁力的驱动下沿导轨运动,若不计各种阻力,则运动方程为

$$(m_a + m)\frac{dv}{dt} = F_M \tag{4.1}$$

式中:m_a 为电枢质量;m 为弹丸质量;v 为弹丸速度;F_M 为洛伦兹力。

导轨炮从电路观点来看,本质上可等效为脉冲功率源与电阻、电感组成的放电回路,只是随着电枢、弹丸的运动,总电阻、电感线性增大,即

$$R_r = R_0 + R'_r x \tag{4.2}$$

$$L_r = L_0 + L'_r x \tag{4.3}$$

式中:R'_r 为导轨电阻梯度,$R'_r = \frac{dR_r}{dx}$;L'_r 为导轨电感梯度,$L'_r = \frac{dL_r}{dx}$;R_0 为初始负载电阻;L_0 为初始负载电感。

根据基尔霍夫(Kirchhoff)定律,回路电压方程为

$$\frac{d}{dt}(L_r i) + iR_r + U_b = 0 \tag{4.4}$$

式中：U_b 为脉冲功率源端电压，即炮后膛电压；i 为电流。

对于这样的 RL 载流回路所蕴藏的磁场能量为

$$E_M = \frac{1}{2} L_r i^2 \tag{4.5}$$

则磁场力为

$$F_M = \left(\frac{\partial E_M}{\partial x} \right)_t = \frac{1}{2} L'_r i^2 \tag{4.6}$$

由式(4.6)可知，磁场力与电流强度的平方成正比。因此，增大导轨电流，可以大幅度增加弹丸初速。

将式(4.2)、式(4.3)代入式(4.4)，整理得

$$iL'_r v + (L_0 + L'_r x) \frac{di}{dt} + i(R_0 + R'_r x) + U_b = 0 \tag{4.7}$$

将式(4.6)代入式(4.1)，得

$$(m_a + m) \frac{dv}{dt} = \frac{1}{2} L'_r i^2 \tag{4.8}$$

$$v = \frac{dx}{dt} \tag{4.9}$$

根据具体的脉冲功率源条件，联立式(4.7)～式(4.9)可解出导轨炮理论上的最大速度。

现讨论一种特殊情况，即假定放电回路电流为恒流 I，则由式(4.8)和式(4.9)可求出

$$v = v_0 + \frac{L'_r I^2}{2(m_a + m)} t \tag{4.10}$$

$$x = x_0 + v_0 t + \frac{L'_r I^2}{4(m_a + m)} t^2 \tag{4.11}$$

在 $x_0 = 0$，$v_0 = 0$ 的条件下，将式(4.11)代入式(4.10)，则理论上的最大速度为

$$v_{max} = \sqrt{\frac{L'_r I^2 x_{max}}{m_a + m}} \tag{4.12}$$

算例　设导轨炮参数如下：放电回路电流 $I = 1.0$ MA，导轨电感梯度 $L'_r = 0.6\ \mu H/m$，电枢质量 $m_a = 30$ g，弹丸质量 $m = 70$ g，导轨长度 $x_{max} = 5$ m。由式(4.12)可求得弹丸的理论最大速度为

$$v_{max} = \sqrt{\frac{L'_r I^2 x_{max}}{m_a + m}} = \sqrt{\frac{0.6 \times 10^{-6} \times (1.0 \times 10^6)^2 \times 5}{(30 + 70) \times 10^{-3}}}\ \text{m/s} =$$

$$5.48 \times 10^3\ \text{m/s} = 5.48\ \text{km/s}$$

实际上，由于摩擦阻力、空气阻力等的存在以及能量的损耗，实际弹丸速度要比 v_{max} 小 30 %以上。

下面再分析恒流情况下的能量利用率。由式(4.8)得

$$(m_a + m)\frac{dv}{dx}\frac{dx}{dt} = \frac{1}{2}I^2\frac{dL_r}{dx}$$

即
$$(m_a + m)v\,dv = \frac{1}{2}I^2 dL_r$$

两边积分得

$$\frac{1}{2}(m_a + m)v^2 = \frac{1}{2}L_r I^2 \tag{4.13}$$

式(4.13)表明:在恒流条件下,传递给弹丸和电枢的动能恰好等于发射后残留在导轨电感中的电磁能。也就是说,即使各种能量损失不计,电源传给电枢和弹丸的动能仅占总能量的一半,若再扣除电枢所占的动能,弹丸能量利用率将小于50%。

4.4.2 等离子体电枢内弹道方程组

等离子体电枢与固体电枢相比,附加质量轻,发射有效载荷大,与轨道接触良好,特别适合于超高速发射。但等离子体电枢也存在一些缺点,如电阻率高,在低速时轨道烧蚀严重,特别是电枢无注入速度,从静止状态开始加速,由于壁烧蚀导致等离子体质量快速增多,每立方厘米可增加 10^{21} 个粒子。另外,由于等离子体电枢运动速度很快,会形成湍流区域,产生湍流阻力。下面我们来建立等离子体电枢内弹道方程。

等离子体电枢和弹丸的运动方程为

$$\frac{d}{dt}[(m_a + m)v] = F_M - F_D - F_G \tag{4.14}$$

式中:F_D 为电枢和弹丸运动时与炮膛摩擦产生的总阻力;F_G 为电枢和弹丸受到的空气阻力。

由于等离子体温度很高,会产生壁烧蚀。特别是在小于某一运动速度即烧蚀阈速度时,壁烧蚀较严重,等离子体质量增加,它可表示为

$$\frac{dm_a}{dt} = aiU_a = ai^2 R_a \tag{4.15}$$

式中:a 为烧蚀系数;U_a 为等离子体电枢电弧电压降;R_a 为等离子体电枢的等效电阻。

电磁力 F_M 仍为式(4.6),摩擦总阻力 F_D 可表示成

$$F_D = \left(\frac{\mu_i m_a}{2d} + b_w\right)v^2$$

式中:μ_i 为等离子体摩擦系数,$\mu_i = 0.184Re^{-0.2}$,Re 为雷诺数;d 为弹丸直径;b_w 为弹丸(电枢)与壁间的湍流阻力系数。空气阻力 F_G 可表示为

$$F_G = \left(\frac{2K}{K+1}Ma^2 - B\right)p_0 S_0$$

式中:K 为熵函数;Ma 为马赫(Mach)数;B 为常数;p_0 为大气压强;S_0 为弹丸和电枢的表面积。

等离子体电枢导轨炮的等效电路方程为

$$\frac{\mathrm{d}}{\mathrm{d}t}(L_{\mathrm{r}}i)+iR_{\mathrm{r}}+U_{\mathrm{a}}+U_{\mathrm{b}}=0$$

或

$$iL'_{\mathrm{r}}v+(L_0+L'_{\mathrm{r}}x)\frac{\mathrm{d}i}{\mathrm{d}t}+i(R_0+R'_{\mathrm{r}}x+R_{\mathrm{a}})+U_{\mathrm{b}}=0 \tag{4.16}$$

等离子体电枢导轨炮的能量方程为

$$E_0=E_{\mathrm{M}}+E_{\mathrm{a}}+E_{\mathrm{K}}+Q_{\mathrm{R}}+E_{\mathrm{S}} \tag{4.17}$$

式中：E_0 为脉冲功率源输出的总能量，可根据具体的功率源特性确定；E_{M} 为电路中所存的磁能，由式(4.5)确定；E_{a} 为高温等离子体电枢所具有的内能

$$E_{\mathrm{a}}=\frac{m_{\mathrm{a}}RT}{\gamma-1}$$

其中 γ 表示等离子体的绝热指数；E_{K} 为等离子体电枢和弹丸的动能

$$E_{\mathrm{K}}=\frac{1}{2}(m_{\mathrm{a}}+m)v^2$$

Q_{R} 为导轨炮系统的焦耳(Joule)热

$$Q_{\mathrm{R}}=\int_0^t i^2(R_0+R'_{\mathrm{r}}x+R_{\mathrm{a}})\mathrm{d}t$$

E_{S} 为由摩擦、空气阻力、热散失等各种因素造成的能量总消耗，由于 E_{S} 很难定量表达，为简化起见，将它的影响用次要功系数表示。这样，能量方程可写为

$$E_0=\frac{1}{2}(L_0+L'_{\mathrm{r}}x)i^2+\frac{m_{\mathrm{a}}RT}{\gamma-1}+\varphi\frac{1}{2}(m_{\mathrm{a}}+m)v^2+\int_0^t i^2(R_0+R'_{\mathrm{r}}x+R_{\mathrm{a}})\mathrm{d}t \tag{4.18}$$

式中：φ 为次要功系数。

综上所述，等离子体电枢导轨炮的内弹道方程组为

$$\left.\begin{aligned}
&\frac{\mathrm{d}}{\mathrm{d}t}[(m_{\mathrm{a}}+m)v]=F_{\mathrm{M}}-F_{\mathrm{D}}-F_{\mathrm{G}}\\
&\frac{\mathrm{d}m_{\mathrm{a}}}{\mathrm{d}t}=ai^2R_{\mathrm{a}}\\
&iL'_{\mathrm{r}}v+(L_0+L'_{\mathrm{r}}x)\frac{\mathrm{d}i}{\mathrm{d}t}+i(R_0+R'_{\mathrm{r}}x+R_{\mathrm{a}})+U_{\mathrm{b}}=0\\
&E_0=\frac{1}{2}(L_0+L'_{\mathrm{r}}x)i^2+\frac{m_{\mathrm{a}}RT}{\gamma-1}+\\
&\qquad\varphi\frac{1}{2}(m_{\mathrm{a}}+m)v^2+\int_0^t i^2(R_0+R'_{\mathrm{r}}x+R_{\mathrm{a}})\mathrm{d}t\\
&\frac{\mathrm{d}x}{\mathrm{d}t}=v
\end{aligned}\right\} \tag{4.19}$$

利用数值方法求解上述方程组，即可得到等离子体电枢和弹丸的运动规律。

现在讨论在特殊条件下等离子体电枢和弹丸速度的解析解。假设等离子体注入

速度大于其烧蚀阈速度,即不考虑等离子体对壁的烧蚀效应。忽略空气阻力及弹丸(电枢)与壁间的湍流阻力,脉冲电流为恒流,则方程(4.14)变为

$$(m_a + m)\frac{dv}{dt} = \frac{1}{2}L'_r I^2 - \frac{\mu_i m_a}{2d}v^2 \tag{4.20}$$

假设摩擦系数 μ_i 为定值,式(4.20)可改写为

$$\frac{dv}{dt} + \frac{\mu_i m_a}{2(m_a + m)d}v^2 - \frac{L'_r I^2}{2(m_a + m)} = 0 \tag{4.21}$$

为求解方便起见,令

$$\left.\begin{aligned} A &= \frac{\mu_i m_a}{2(m_a + m)d} \\ B &= \frac{L'_r I^2}{2(m_a + m)} \end{aligned}\right\} \tag{4.22}$$

则方程(4.21)可写为

$$\frac{dv}{dt} + Av^2 - B = 0 \tag{4.23}$$

对式(4.23)分离变量,有

$$\frac{dv}{(\sqrt{B} - \sqrt{A}v)(\sqrt{B} + \sqrt{A}v)} = dt \tag{4.24}$$

积分式(4.24),得

$$\int_{v_0}^{v} \frac{dv}{\sqrt{B} - \sqrt{A}v} + \int_{v_0}^{v} \frac{dv}{\sqrt{B} + \sqrt{A}v} = \int_0^t 2\sqrt{B}\,dt$$

即

$$\ln \frac{(\sqrt{B} + \sqrt{A}v)}{(\sqrt{B} - \sqrt{A}v)} \frac{(\sqrt{B} - \sqrt{A}v_0)}{(\sqrt{B} + \sqrt{A}v_0)} = 2\sqrt{AB}\,t$$

解出 v 为

$$v = \sqrt{\frac{B}{A}} \frac{(\sqrt{B} + \sqrt{A}v_0)e^{2\sqrt{AB}t} - (\sqrt{B} - \sqrt{A}v_0)}{(\sqrt{B} + \sqrt{A}v_0)e^{2\sqrt{AB}t} + (\sqrt{B} - \sqrt{A}v_0)} =$$

$$\sqrt{\frac{B}{A}} \frac{\sqrt{B}(e^{2\sqrt{AB}t} - 1) + \sqrt{A}v_0(e^{2\sqrt{AB}t} + 1)}{\sqrt{B}(e^{2\sqrt{AB}t} + 1) + \sqrt{A}v_0(e^{2\sqrt{AB}t} - 1)}$$

用双曲函数,上式可写为如下形式:

$$v = \frac{v_0 + \sqrt{\frac{B}{A}}\tanh\sqrt{AB}\,t}{1 + \sqrt{\frac{A}{B}}v_0\tanh\sqrt{AB}\,t}$$

将式(4.22)代入上式得

$$v(t)=\frac{v_0+\sqrt{\frac{L'_r I^2 d}{\mu_i m_a}}\tanh\frac{I}{2(m_a+m)}\sqrt{\frac{L'_r\mu_i m_a}{d}}t}{1+v_0\sqrt{\frac{\mu_i m_a}{L'_r I^2 d}}\tanh\frac{I}{2(m_a+m)}\sqrt{\frac{L'_r\mu_i m_a}{d}}t} \tag{4.25}$$

式(4.25)即为等离子体电枢和弹丸在特殊条件下速度随时间变化的解析解。特别地，当 $v_0=0$ 时，式(4.25)变为

$$v(t)=\sqrt{\frac{L'_r I^2 d}{\mu_i m_a}}\tanh\frac{I}{2(m_a+m)}\sqrt{\frac{L'_r\mu_i m_a}{d}}t$$

4.5　箍缩电磁炮

4.5.1　箍缩电磁炮的概念

箍缩电磁炮就是利用电磁力使等离子体产生箍缩效应，从而提高等离子体的密度、温度和压力，以此推动弹丸运动。

等离子体箍缩分 Z 箍缩和 Θ 箍缩两种。Z 箍缩是沿柱坐标的 z 方向对等离子体通以脉冲电流，形成周向(θ)磁场，产生的洛伦兹力作用于等离子体，使其产生向心运动(箍缩)，压缩等离子体。Z 箍缩还细分为接触式和非接触式两种(指弹丸和炮管是否接触)。Θ 箍缩是在等离子体外加线圈并通以周向电流，形成轴向(z)磁场，在产生的洛伦兹力作用下将等离子体径向地向轴线压缩。这两种箍缩效果是一致的，即提高了等离子体的温度和压力，从而提高了推进效率。

4.5.2　箍缩电磁炮的理论模型

现以接触式 Z 箍缩电磁炮为例，建立理论模型，其结构如图 4.11 所示。

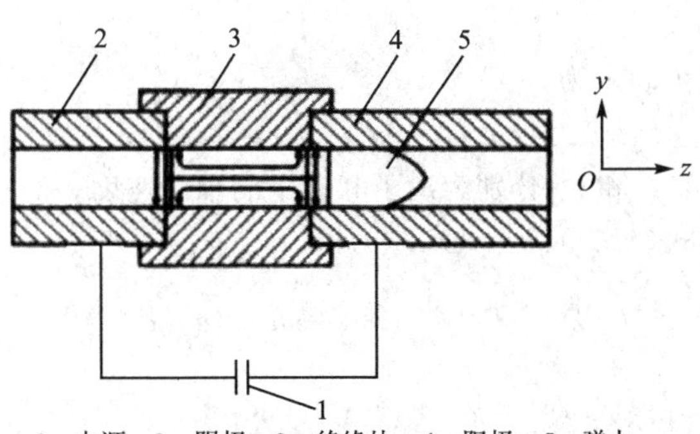

1—电源；2—阴极；3—绝缘块；4—阳极；5—弹丸

图 4.11　箍缩电磁炮原理示意图

电容器放电的开始阶段，轴向电流产生的周向磁场 B_θ 沿径向压缩等离子体。

如果电流的径向流动层很薄,则可以认为其中的电流为均匀分布,而且该处的磁场完全由轴向流动的电流产生,即可忽略由径向电流产生的磁场。设 J_r 为电极附近等离子体薄层中的径向电流密度、J_z 为轴向电流密度,则

$$J_r = \frac{1}{2\pi r b}\int_0^r J_z \cdot 2\pi r\,\mathrm{d}r \tag{4.26}$$

式中:b 为等离子体薄层的厚度。单位体积内作用在弹丸上的电磁力为

$$\boldsymbol{f}_{\mathrm{M}} = \boldsymbol{J}_r \times \boldsymbol{B}_\theta = \begin{vmatrix} \boldsymbol{e}_r & \boldsymbol{e}_\theta & \boldsymbol{e}_z \\ J_r & 0 & 0 \\ 0 & B_\theta & 0 \end{vmatrix} = J_r B_\theta \boldsymbol{e}_z \tag{4.27}$$

当系统达到平衡状态时,等离子体压力等于电磁压力,因此等离子体的动量方程为

$$\nabla p = \boldsymbol{J}_z \times \boldsymbol{B}_\theta \tag{4.28}$$

式中:p 为等离子体压力。

电流和磁场满足安培(Ampere)定律,即

$$\nabla \times \boldsymbol{B}_\theta = \mu_{\mathrm{e}} \boldsymbol{J}_z \tag{4.29}$$

式中:μ_{e} 为磁导率。

将式(4.28)和式(4.29)写成标量形式为

$$\frac{\mathrm{d}p}{\mathrm{d}r} = -J_z B_\theta \tag{4.30}$$

$$\frac{1}{r}\frac{\mathrm{d}}{\mathrm{d}r}(rB_\theta) = \mu_{\mathrm{e}} J_z \tag{4.31}$$

设等离子体为单电离态,并假设温度均匀恒定,则等离子体的状态方程为

$$p = n_{\mathrm{i}} k T_{\mathrm{i}} + n_{\mathrm{e}} k T_{\mathrm{e}} = n_{\mathrm{i}} k (T_{\mathrm{i}} + T_{\mathrm{e}}) \tag{4.32}$$

式中:n_{i} 为离子的数密度;n_{e} 为电子的数密度;T_{i} 为离子温度;T_{e} 为电子温度;k 为玻耳兹曼(Boltzmann)常量。等离子体在宏观上呈电中性,电子和离子在空间均匀分布,因此 $n_{\mathrm{i}} = n_{\mathrm{e}}$。

轴向电流密度可表示为

$$J_z = e n_{\mathrm{i}} u_{\mathrm{i}} - e n_{\mathrm{e}} u_{\mathrm{e}} = e n_{\mathrm{i}} (u_{\mathrm{i}} - u_{\mathrm{e}}) \tag{4.33}$$

式中:e 为电荷电量;u_{i} 和 u_{e} 分别为离子和电子的轴向速度。

将式(4.32)和式(4.33)代入式(4.30)得

$$k(T_{\mathrm{i}} + T_{\mathrm{e}})\frac{\mathrm{d}n_{\mathrm{i}}}{\mathrm{d}r} + e n_{\mathrm{i}} (u_{\mathrm{i}} - u_{\mathrm{e}}) B_\theta = 0 \tag{4.34}$$

用$\frac{r}{n_{\mathrm{i}}}$乘以式(4.34),再对 r 微分,有

$$k(T_{\mathrm{i}} + T_{\mathrm{e}})\frac{\mathrm{d}}{\mathrm{d}r}\left(\frac{r}{n_{\mathrm{i}}}\frac{\mathrm{d}n_{\mathrm{i}}}{\mathrm{d}r}\right) + e(u_{\mathrm{i}} - u_{\mathrm{e}})\frac{\mathrm{d}}{\mathrm{d}r}(rB_\theta) = 0 \tag{4.35}$$

将式(4.31)和式(4.33)代入式(4.35)得

$$k(T_i+T_e)\frac{d}{dr}\left(\frac{r}{n_i}\frac{dn_i}{dr}\right)+\mu_e e^2(u_i-u_e)^2 n_i r=0 \tag{4.36}$$

当系统处于稳态时，可以认为 u_i-u_e 是常量，若已知轴线上的离子数密度，则可由式(4.36)求得离子数密度沿径向的分布

$$n_i=\frac{n_{i0}}{\left(1+\frac{r^2}{r_0^2}\right)^2} \tag{4.37}$$

式中：$r_0^2=\dfrac{8k(T_i+T_e)}{\mu_e n_{i0}e^2(u_i-u_e)^2}$。

单位长度上的离子数为

$$N_i=\int_0^\infty n_i\cdot 2\pi r\mathrm{d}r=\pi n_{i0}\int_0^\infty\frac{\mathrm{d}r^2}{\left(1+\frac{r^2}{r_0^2}\right)^2}=-\pi r_0^2 n_{i0}\left(1+\frac{r^2}{r_0^2}\right)^{-1}\Bigg|_0^\infty=\pi r_0^2 n_{i0} \tag{4.38}$$

由于等离子体在电极间通道内部的有限范围内，所以式(4.38)的积分上限应为电极半径。但在大电流放电条件下，r_0 远小于电极半径，故式(4.38)的积分结果是实际情况的一个很好的近似，不会产生较大的误差。

通过等离子体的电流为

$$I=\int_0^\infty J_z\cdot 2\pi r\mathrm{d}r=\int_0^\infty en_i(u_i-u_e)\cdot 2\pi r\mathrm{d}r=eN_i(u_i-u_e) \tag{4.39}$$

将式(4.33)和式(4.37)代入式(4.31)，可得

$$\begin{aligned}B_\theta&=\frac{\mu_e}{r}\int_0^r J_z r\mathrm{d}r=\frac{\mu_e}{r}\int_0^r en_{i0}(u_i-u_e)\frac{r}{\left(1+\frac{r^2}{r_0^2}\right)^2}\mathrm{d}r=\\&-\frac{\mu_e}{r}\frac{en_{i0}(u_i-u_e)r_0^2}{2}\left(1+\frac{r^2}{r_0^2}\right)^{-1}\Bigg|_0^r=\\&\frac{\mu_e}{r}\frac{en_{i0}(u_i-u_e)r_0^2}{2}\left(1-\frac{1}{1+\frac{r^2}{r_0^2}}\right)=\\&\frac{\mu_e en_{i0}(u_i-u_e)}{2}\frac{r}{1+\frac{r^2}{r_0^2}}\end{aligned} \tag{4.40}$$

将式(4.33)和式(4.37)代入式(4.26)，可得

$$J_r=\frac{1}{2\pi rb}\int_0^r J_z\cdot 2\pi r\mathrm{d}r=\frac{1}{2\pi rb}\int_0^r en_{i0}(u_i-u_e)\frac{2\pi r}{\left(1+\frac{r^2}{r_0^2}\right)^2}\mathrm{d}r=$$

$$-\frac{en_{i0}(u_i-u_e)r_0^2}{2rb}\left(1+\frac{r^2}{r_0^2}\right)^{-1}\Bigg|_0^r=\frac{en_{i0}(u_i-u_e)r_0^2}{2rb}\left(1-\frac{1}{1+\frac{r^2}{r_0^2}}\right)=$$

$$\frac{en_{i0}(u_i-u_e)r}{2b\left(1+\frac{r^2}{r_0^2}\right)} \tag{4.41}$$

作用在弹丸上的电磁力为

$$F_M=\iiint_V f_M\mathrm{d}V=\int_0^R J_rB_\theta\cdot 2\pi r\mathrm{d}r\int_0^b\mathrm{d}z=\frac{\pi\mu_e e^2n_{i0}^2(u_i-u_e)^2}{2}\int_0^R\frac{r^3}{\left(1+\frac{r^2}{r_0^2}\right)^2}\mathrm{d}r=$$

$$\frac{\pi\mu_e e^2n_{i0}^2(u_i-u_e)^2r_0^4}{4}\left[\ln\left(1+\frac{r^2}{r_0^2}\right)+\left(1+\frac{r^2}{r_0^2}\right)^{-1}\right]\Bigg|_0^R=$$

$$\frac{\pi\mu_e e^2n_{i0}^2(u_i-u_e)^2r_0^4}{4}\left[\ln\left(1+\frac{R^2}{r_0^2}\right)-\frac{R^2}{R^2+r_0^2}\right] \tag{4.42}$$

将式(4.38)和式(4.39)代入式(4.42),并令 $A=\ln\left(1+\frac{R^2}{r_0^2}\right)-\frac{R^2}{R^2+r_0^2}$,则

$$F_M=\frac{\mu_eA}{4\pi}I^2 \tag{4.43}$$

从式(4.43)可以看出,箍缩炮的电磁力类似于导轨炮的电磁力表达式,都与电流的平方成正比。箍缩效应越强,箍缩因子$\frac{R}{r_0}$越大,电磁力也越大。当$\frac{R}{r_0}$在10~15之间时,A 值在4附近变化。因此,箍缩炮电磁力也可近似表示为

$$F_M=\frac{\mu_e}{\pi}I^2 \tag{4.44}$$

等离子体产生的压力为

$$F_p=\int_0^R p\cdot 2\pi r\mathrm{d}r=\int_0^R n_ik(T_i+T_e)\cdot 2\pi r\mathrm{d}r=\int_0^R n_{i0}k(T_i+T_e)\frac{2\pi r}{\left(1+\frac{r^2}{r_0^2}\right)^2}\mathrm{d}r=$$

$$-\pi n_{i0}r_0^2k(T_i+T_e)\left(1+\frac{r^2}{r_0^2}\right)^{-1}\Bigg|_0^R=\pi n_{i0}r_0^2k(T_i+T_e)\left(1-\frac{1}{1+\frac{R^2}{r_0^2}}\right)=$$

$$\pi n_{i0}r_0^2k(T_i+T_e)\frac{R^2}{R^2+r_0^2} \tag{4.45}$$

将 $r_0^2=\frac{8k(T_i+T_e)}{\mu_en_{i0}e^2(u_i-u_e)^2}$、式(4.38)和式(4.39)代入式(4.45),整理得

$$F_p=\frac{\mu_eI^2}{8\pi}\cdot\frac{R^2}{R^2+r_0^2}\approx\frac{\mu_e}{8\pi}I^2 \tag{4.46}$$

从式(4.44)和式(4.46)可知，在一般情况下箍缩炮中电磁力约等于等离子体压力的 8 倍。但是，当箍缩效应足够强时，等离子体密度将变得非常大，此时等离子体与中性气体分子间的碰撞十分频繁，混合气体的压力急剧升高，它可能比电磁力还要大，这种条件下的箍缩炮就变成了电热炮。

4.6　线圈炮

4.6.1　线圈炮的概念

所谓线圈炮，一般是指用脉冲或交变电流产生磁行波来驱动带有线圈的弹丸或磁性材料弹丸的发射装置。最简单的线圈炮由两种线圈构成：一种是固定的定子，起驱动作用，称为驱动线圈，也可称炮管线圈；另一种是被驱动的电枢，称为弹丸线圈，其内装有弹丸或其他发射体。线圈炮利用驱动线圈和弹丸线圈间的磁耦合机理工作，类似于直线电动机的工作方式。驱动线圈和弹丸线圈的相对位置排列有两种形式，一种是轴线重合的同轴排列形式，弹丸线圈在驱动线圈内运动。同轴排列不仅磁耦合紧密，而且由于结构轴对称，因此具有良好的抗电磁力的机械强度。另一种是轴线平行的排列，弹丸线圈在驱动线圈上面平行运动。这种排列形式虽然有利于弹丸线圈携带和释放大质量的载荷，但缺点是磁耦合不紧密，效率较低，获得同样的电磁力需要更多的线圈和功率。目前大多采用同轴结构的线圈炮，本节主要介绍同轴型线圈炮。

线圈炮除具有一般电磁炮的特点外，还有三个优点：一是炮膛中存在磁悬浮力，弹丸线圈在加速过程中可不与驱动线圈接触，也就是说不存在弹丸与炮管的接触摩擦；二是线圈炮的效率高，理论值可达 100%；三是适合发射更大质量的载荷，特别适合远射程炮、反坦克炮、航天发射器、飞机弹射器等方面的应用。

单级线圈炮的两种线圈电磁力的作用距离短，不适合作为实际武器使用，一般用作前级注入器，或用在金属电磁成形工艺中。为了使弹丸达到高速或超高速，需要采用多级线圈结构，即炮管由一系列驱动线圈组成，工作时随弹丸线圈的运动依次同步地激励驱动线圈，这种线圈炮称为多级线圈炮。

原则上，具有磁偶极矩的弹丸都可以被加速，但一般的永磁体在推力作用下会失去磁性；而磁化的软铁又易饱和，且单位质量的磁场强度太低。所以，线圈炮常采用弹丸线圈或管状弹丸(本身相当单匝线圈)。在线圈炮中，对弹丸线圈(电枢)的激励是关键技术，激励模式是线圈炮分类的重要依据。归纳起来，有三种激励模式。一种是直接激励，借助电刷滑动接触或等离子体电弧放电，使电源为弹丸线圈馈电，常见的电刷换向螺旋线圈炮就属此类激励。第二种是感应激励，这是利用驱动线圈中的电流变化或两种线圈间的互感变化，使两线圈的耦合磁通发生变化，致使弹丸线圈或管状弹丸感应产生周向电流，如常见的同步感应或异步感应线圈炮就是采用这种激励方式工作的。第三种是自载磁动势激励,使被加速的弹丸线圈或弹体自载电流,这种电流可由装在弹丸线圈内的小型电池或充电后的电容器提供,也可使用事先充过电的超导体弹丸线圈或管状弹丸,还可用高阻抗的线圈通电后断掉电源以时间常数保持电流。总体来看,感应激励方式较为方便和实用,发展潜力较大。

4.6.2 单级线圈炮

单级线圈炮与单匝同轴载流线圈的工作原理基本相同,只是为了提高驱动线圈产生的磁场强度,驱动线圈的匝数较多,类似于多层的螺线管线圈。因此,线圈炮的理论模型依据弹丸线圈或电枢的结构类型以及等效方式,分为电流环模型和电流丝模型两种。本节将分别介绍单级感应线圈炮的电流环模型和电流丝模型,并给出获得弹丸线圈在驱动线圈中运动特性的计算方法。

1. 电流环模型

在不考虑电枢微观特性、计算精度要求不高或电枢电流均匀分布的情况下,可将电枢等效为电流环,即将电枢视为单匝线圈。在这种等效方式下,单级感应线圈炮模型如图4.12所示,其主要由储能电容器、驱动线圈、电枢、触发开关等构成。图4.12(b)中 R_d 为驱动线圈放电回路等效电阻,R_p 为电枢回路的等效电阻,C 为储能电容器,S为放电触发开关,L_d 为驱动线圈放电回路的自感,L_p 为电枢回路的自感,M 为驱动线圈和电枢之间的互感。

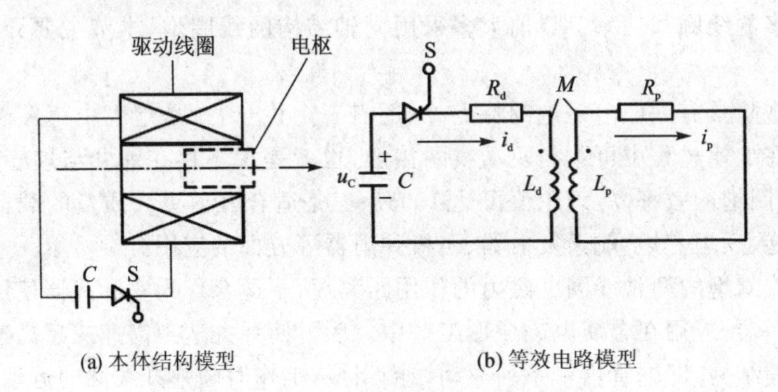

(a) 本体结构模型　　(b) 等效电路模型

图4.12　单级线圈炮模型

对于这样的线圈炮,首先需要对储能电容器进行充电,当达到设定的电压值后,断开充电开关;然后给触发开关发出触发信号,使驱动线圈回路导通,此时储能电容器瞬间放电,放电电流产生的脉冲磁场穿过电枢,在其上感应出感生电流 i_p。这样,驱动线圈电流 i_d 与电枢的感应电流 i_p 同时存在。根据电磁感应原理,电枢的感应电流 $i_p=-\dfrac{M}{L_p}i_d$(负号表示 i_p 与 i_d 方向相反)。由能量守恒定律可知,此时电枢所受的轴向电磁力为

$$F_{\mathrm{M}}=-\frac{M}{L_{\mathrm{p}}}\frac{\mathrm{d}M}{\mathrm{d}x}i_{\mathrm{d}}^{2} \tag{4.47}$$

根据图 4.12(b)所示的单级线圈炮电路模型,假设电容器的电压为 u_{C},利用基尔霍夫(Kirchhoff)定律,可得驱动线圈和电枢的回路电压方程分别为

$$L_{\mathrm{d}}\frac{\mathrm{d}i_{\mathrm{d}}}{\mathrm{d}t}+R_{\mathrm{d}}i_{\mathrm{d}}=u_{\mathrm{C}}+\frac{\mathrm{d}}{\mathrm{d}t}(Mi_{\mathrm{p}}) \tag{4.48}$$

$$L_{\mathrm{p}}\frac{\mathrm{d}i_{\mathrm{p}}}{\mathrm{d}t}+R_{\mathrm{p}}i_{\mathrm{p}}=\frac{d}{\mathrm{d}t}(Mi_{\mathrm{d}}) \tag{4.49}$$

由于驱动线圈和电枢之间的互感与两者之间的相对位置有关,所以 M 是驱动线圈和电枢之间的距离即电枢位移的函数,因此有

$$\frac{\mathrm{d}}{\mathrm{d}t}(Mi_{\mathrm{p}})=M\frac{\mathrm{d}i_{\mathrm{p}}}{\mathrm{d}t}+v\frac{\mathrm{d}M}{\mathrm{d}x}i_{\mathrm{p}} \tag{4.50}$$

$$\frac{\mathrm{d}}{\mathrm{d}t}(Mi_{\mathrm{d}})=M\frac{\mathrm{d}i_{\mathrm{d}}}{\mathrm{d}t}+v\frac{\mathrm{d}M}{\mathrm{d}x}i_{\mathrm{d}} \tag{4.51}$$

以上两式中,v 代表电枢的速度。将式(4.50)、式(4.51)分别代入式(4.48)、式(4.49),可得

$$L_{\mathrm{d}}\frac{\mathrm{d}i_{\mathrm{d}}}{\mathrm{d}t}-M\frac{\mathrm{d}i_{\mathrm{p}}}{\mathrm{d}t}-v\frac{\mathrm{d}M}{\mathrm{d}x}i_{\mathrm{p}}+R_{\mathrm{d}}i_{\mathrm{d}}=u_{\mathrm{C}} \tag{4.52}$$

$$L_{\mathrm{p}}\frac{\mathrm{d}i_{\mathrm{p}}}{\mathrm{d}t}-M\frac{\mathrm{d}i_{\mathrm{d}}}{\mathrm{d}t}-v\frac{\mathrm{d}M}{\mathrm{d}x}i_{\mathrm{d}}+R_{\mathrm{p}}i_{\mathrm{p}}=0 \tag{4.53}$$

式(4.52)、式(4.53)可写为如下矩阵形式:

$$(\boldsymbol{L}-\boldsymbol{M})\frac{\mathrm{d}\boldsymbol{I}}{\mathrm{d}t}-v\frac{\mathrm{d}\boldsymbol{M}}{\mathrm{d}x}\boldsymbol{I}+\boldsymbol{R}\boldsymbol{I}=\boldsymbol{U} \tag{4.54}$$

式中:

$$\boldsymbol{I}=\begin{bmatrix}i_{\mathrm{d}}\\ i_{\mathrm{p}}\end{bmatrix},\quad \boldsymbol{L}=\begin{bmatrix}L_{\mathrm{d}} & 0\\ 0 & L_{\mathrm{p}}\end{bmatrix},\quad \boldsymbol{M}=\begin{bmatrix}0 & M\\ M & 0\end{bmatrix},\quad \boldsymbol{R}=\begin{bmatrix}R_{\mathrm{d}} & 0\\ 0 & R_{\mathrm{p}}\end{bmatrix},\quad \boldsymbol{U}=\begin{bmatrix}u_{\mathrm{C}}\\ 0\end{bmatrix}$$

于是,有

$$\frac{\mathrm{d}\boldsymbol{I}}{\mathrm{d}t}=(\boldsymbol{L}-\boldsymbol{M})^{-1}\left(\boldsymbol{U}+v\frac{\mathrm{d}\boldsymbol{M}}{\mathrm{d}x}\boldsymbol{I}-\boldsymbol{R}\boldsymbol{I}\right) \tag{4.55}$$

通过式(4.55)可以求出驱动线圈和电枢上的电流,从而在计算出互感及互感梯度后即可根据式(4.47)求得电枢所受的轴向电磁力,进而得到电枢在整个发射过程中的运动特性。对于式(4.55)描述的关于电流的微分方程,可以采用有限差分方法进行数值求解。微分方程的初始条件为线圈炮发射的初始时刻,此时驱动线圈和电枢上的电流均为 0,电枢的速度也为 0,电容器的电压为充电电压 U_{C},因此式(4.55)的初始条件可写为

$$\boldsymbol{I}\big|_{t=0}=\begin{bmatrix}0\\ 0\end{bmatrix},\quad v\big|_{t=0}=0,\quad \boldsymbol{U}\big|_{t=0}=\begin{bmatrix}U_{\mathrm{C}}\\ 0\end{bmatrix}$$

由于驱动线圈和电枢的自感与电流无关,只与自身的结构参数和材料特性有关,因此矩阵 $\boldsymbol{L}$ 中的元素可以看作常量。在不考虑驱动线圈和电枢回路的电阻率随温度变化的情况下,回路中的电阻也可认为是常量,即矩阵 $\boldsymbol{R}$ 中的元素是常量。于是,t^{n+1} 时刻的电流可用如下有限差分方程计算:

$$\boldsymbol{I}^{n+1}=\boldsymbol{I}^{n}+(\boldsymbol{L}-\boldsymbol{M}^{n})^{-1}\left[\boldsymbol{U}^{n}+v^{n}\left(\frac{\mathrm{d}\boldsymbol{M}}{\mathrm{d}x}\right)^{n}\boldsymbol{I}^{n}-\boldsymbol{R}\boldsymbol{I}^{n}\right]\Delta t \tag{4.56}$$

式中:U^{n} 的分量 $u_{\mathrm{C}}^{n}=u_{\mathrm{C}}^{n-1}-\dfrac{i_{\mathrm{d}}^{n-1}}{C}\Delta t$,$C$ 为电容器的电容。

假设电枢(包括发射载荷)的质量为 m,则 t^{n+1} 时刻电枢的轴向电磁力、加速度、速度、位移分别为

$$F_{\mathrm{M}}^{n+1}=\left(\frac{\mathrm{d}M}{\mathrm{d}x}\right)^{n+1}i_{\mathrm{d}}^{n+1}i_{\mathrm{p}}^{n+1} \tag{4.57}$$

$$a^{n+1}=\frac{F_{\mathrm{M}}^{n+1}}{m} \tag{4.58}$$

$$v^{n+1}=v^{n}+a^{n}\Delta t \tag{4.59}$$

$$x^{n+1}=x^{n}+v^{n}\Delta t \tag{4.60}$$

2. 电流丝模型

在单级线圈炮的电流环模型中,假设电枢中的感应电流分布均匀,可将其视为单匝线圈。但是实际上,由于金属电枢本身具有一定的厚度和长度,驱动线圈放电电流非恒定时,根据涡流理论可知,感应电流在电枢上的分布是不均匀的,存在趋肤深度。感应电流在电枢的表面分布比较集中,若超过趋肤深度,电流将迅速减小。这时,采用电流环模型来确定电枢所受的电磁力就不够准确,应该根据电枢感应电流的分布情况,对电枢进行合理分割,将每个分割后的部分视为单匝线圈,然后利用电流环的分析方法研究驱动线圈和各单匝线圈的受力,最后将各匝线圈所受轴向电磁力加起来就得到整个电枢所受的轴向电磁力,这就是单级线圈炮的电流丝模型。

基于以上思路,利用有限元思想将管状固体电枢沿轴向分成 m 片,沿径向分为 n 层,如图4.13所示。这样,固体电枢就被分割为 $m\times n$ 个小圆环,假设每个小圆环上的电流分布均匀,则可将其等效为单匝线圈,因此可将电流环模型应用于驱动线圈和各小圆环。固体电枢的等效电路如图4.14所示。

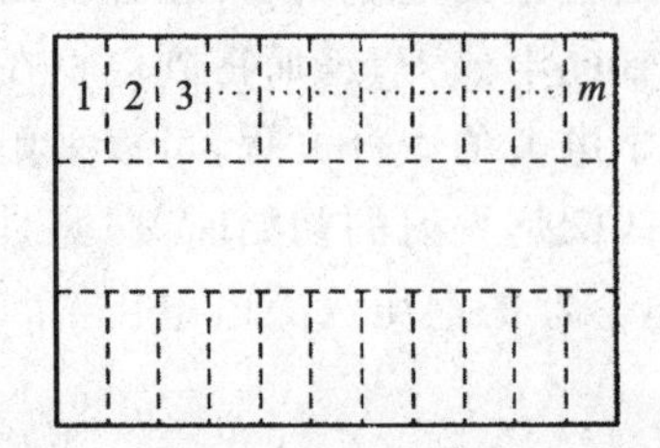

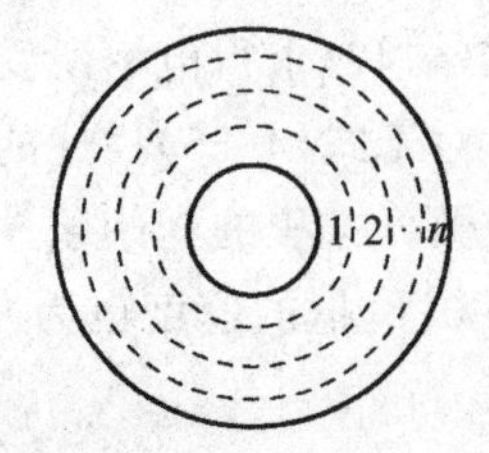

图4.13　固体电枢分割示意图

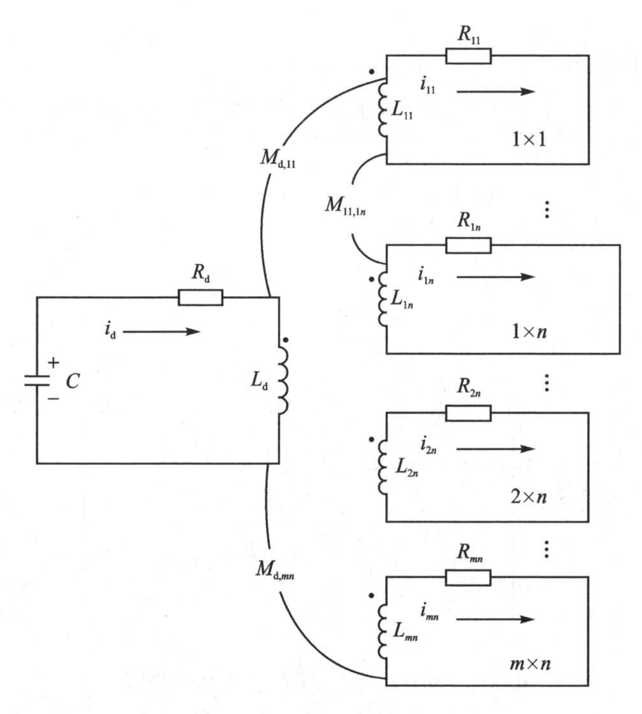

图 4.14　固体电枢的等效电路模型

假设分割后的每个小圆环的电阻分别为 $R_{11}, R_{12}, \cdots, R_{mn}$；自感分别为 $L_{11}, L_{12}, \cdots, L_{mn}$；驱动线圈和每个小圆环之间的互感分别为 $M_{d,11}, M_{d,12}, \cdots, M_{d,mn}$；每个小圆环之间的互感分别为 $M_{11,12}, M_{11,13}, \cdots, M_{ij,kl}, \cdots, M_{mn,m(n-1)}$。下标 ij, kl 表示第 i 片的第 j 层小圆环与第 k 片的第 l 层小圆环之间的互感，且 $i=k$ 和 $j=l$ 不能同时出现。运动过程中，驱动线圈和各小圆环回路的自感保持不变，各小圆环之间的互感也保持不变，在不考虑温度对电导率影响的情况下回路的电阻也可视为不变，仅有驱动线圈与各小圆环之间的互感会随着电枢的运动发生变化。因此，驱动线圈和固体电枢第 r 片第 s 层小圆环的回路电压方程分别为

$$L_d \frac{di_d}{dt} - \sum_{k=1}^{m}\sum_{l=1}^{n} M_{d,kl} \frac{di_{kl}}{dt} - v\sum_{k=1}^{m}\sum_{l=1}^{n} \frac{dM_{d,kl}}{dx} i_{kl} + R_d i_d = u_C \tag{4.61}$$

$$L_{rs} \frac{di_{rs}}{dt} - M_{d,rs} \frac{di_d}{dt} + \sum_{k=1}^{m} \sum_{\substack{l=1 \\ k=r时l\neq s}}^{n} M_{rs,kl} \frac{di_{kl}}{dt} - v \frac{dM_{d,rs}}{dx} i_d + R_{rs} i_{rs} = 0 \tag{4.62}$$

使用与电流环模型相同的处理方法，将式(4.61)、式(4.62)整理后，可得如下矩阵形式：

$$\frac{d\boldsymbol{I}}{dt} = (\boldsymbol{L} - \boldsymbol{M}_{dp})^{-1} \left(\boldsymbol{U} + v \frac{d\boldsymbol{M}_{dp}}{dx} \boldsymbol{I} - \boldsymbol{M}_p I - \boldsymbol{RI} \right) \tag{4.63}$$

式中：

$$\boldsymbol{I}=\begin{bmatrix} i_{\mathrm{d}} \\ i_{11} \\ i_{12} \\ \vdots \\ i_{1n} \\ \vdots \\ i_{mn} \end{bmatrix},\quad \boldsymbol{L}=\begin{bmatrix} L_{\mathrm{d}} & & & & & & \\ & L_{11} & & & & & \\ & & L_{12} & & & & \\ & & & \ddots & & & \\ & & & & L_{1n} & & \\ & & & & & \ddots & \\ & & & & & & L_{mn} \end{bmatrix}$$

$$\boldsymbol{R}=\begin{bmatrix} R_{\mathrm{d}} & & & & & & \\ & R_{11} & & & & & \\ & & R_{12} & & & & \\ & & & \ddots & & & \\ & & & & R_{1n} & & \\ & & & & & \ddots & \\ & & & & & & R_{mn} \end{bmatrix}$$

$$\boldsymbol{M}_{\mathrm{dp}}=\begin{bmatrix} 0 & M_{\mathrm{d},11} & M_{\mathrm{d},12} & \cdots & M_{\mathrm{d},1n} & \cdots & M_{\mathrm{d},mn} \\ M_{\mathrm{d},11} & 0 & 0 & \cdots & 0 & \cdots & 0 \\ M_{\mathrm{d},12} & 0 & 0 & \cdots & 0 & \cdots & 0 \\ \vdots & \vdots & \vdots & & \vdots & & \vdots \\ M_{\mathrm{d},1n} & 0 & 0 & \cdots & 0 & \cdots & 0 \\ \vdots & \vdots & \vdots & & \vdots & & \vdots \\ M_{\mathrm{d},mn} & 0 & 0 & \cdots & 0 & \cdots & 0 \end{bmatrix},\quad \boldsymbol{U}=\begin{bmatrix} u_{\mathrm{C}} \\ 0 \\ 0 \\ \vdots \\ 0 \\ \vdots \\ 0 \end{bmatrix}$$

$$\boldsymbol{M}_{\mathrm{p}}=\begin{bmatrix} 0 & 0 & 0 & \cdots & 0 & \cdots & 0 \\ 0 & 0 & M_{11,12} & \cdots & M_{11,1n} & \cdots & M_{11,mn} \\ 0 & M_{12,11} & 0 & \cdots & M_{12,1n} & \cdots & M_{12,mn} \\ \vdots & \vdots & \vdots & & \vdots & & \vdots \\ 0 & M_{1n,11} & M_{1n,12} & \cdots & 0 & \cdots & M_{1n,mn} \\ \vdots & \vdots & \vdots & & \vdots & & \vdots \\ 0 & M_{mn,11} & M_{mn,12} & \cdots & M_{mn,1n} & \cdots & 0 \end{bmatrix}$$

对式(4.63)应用有限差分方法，按照和电流环模型中相同的计算步骤，可得 t^{n+1} 时刻电枢的轴向电磁力为

$$F_{\mathrm{M}}^{n+1}=\sum_{k}\sum_{l}\left(\frac{\mathrm{d}M_{\mathrm{d},kl}}{\mathrm{d}x}\right)^{n+1} i_{\mathrm{d}}^{n+1}\, i_{kl}^{n+1} \tag{4.64}$$

求出轴向电磁力后，在已知电枢(包括发射载荷)质量的情况下，就可以求得各个时刻电枢的加速度、速度和位移，从而得到电枢在驱动线圈中的加速特性和加速过程。

4.6.3　多级线圈炮

由于受到储能密度、材料强度等各种条件的限制，单个驱动线圈一般很难将电枢加速到非常高的速度。因此，通常利用多级驱动线圈对电枢进行连续加速，使其达到较高的速度，以满足战术技术性能要求，这就是多级线圈炮。多级线圈炮每一级的工作原理和单极线圈炮相同，每一级驱动线圈都有独立的供电系统和触发系统。多级线圈炮的原理结构如图 4.15 所示。

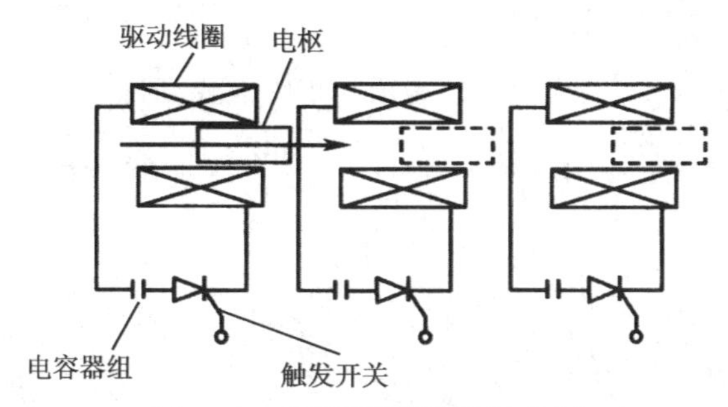

图 4.15　多级线圈炮原理结构图

通过第一级驱动线圈加速后，电枢以一定的速度进入第二级驱动线圈。当电枢运动到第二级驱动线圈的合适位置时，第二级驱动线圈的储能电容器触发放电，激发脉冲磁场，使电枢产生感应电流，然后感应电流与强脉冲磁场相互作用，从而使电枢受到电磁力的作用继续加速。依此类推，各级驱动线圈依次触发放电，直到所有驱动线圈都触发完毕，电枢经过连续加速后将获得很高的速度。与单极线圈炮相同，多级线圈炮也可以采用电流环模型或电流丝模型分析其运动特性。多级线圈炮的每级驱动线圈都可以等效为 RLC 电路，按照电流环分析模型，假设电枢感应电流均匀分布，则电枢回路可等效为 RL 电路，于是可得如图 4.16 所示的多级线圈炮电路模型。

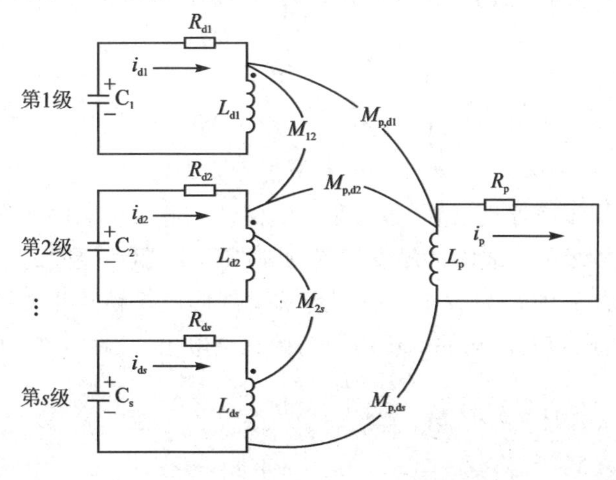

图 4.16　多级线圈炮电路模型

设驱动线圈共有 s 级,每级的电容、初始电压、电阻、自感分别为 C_k、U_{Ck}、R_{dk}、$L_{dk}(k=1,2,\cdots,s)$;驱动线圈之间的互感为 $M_{kl}(k,l=1,2,\cdots,s$,且 $k\neq l)$;电枢的电阻、自感分别为 R_p、L_p;电枢与驱动线圈之间的互感为 $M_{p,dk}(k=1,2,\cdots s)$。根据基尔霍夫(Kirchhoff)电压定律,第 r 级驱动线圈和电枢的回路电压方程分别为

$$L_{dr}\frac{di_{dr}}{dt}+\sum_{\substack{k=1\\k\neq r}}^{n}M_{rk}\frac{di_{dk}}{dt}-M_{p,dr}\frac{di_p}{dt}-v\frac{dM_{p,dr}}{dx}i_p+R_{dr}i_{dr}=u_{Cr} \tag{4.65}$$

$$L_p\frac{di_p}{dt}-\sum_{k=1}^{s}M_{p,dk}\frac{di_{dk}}{dt}-v\sum_{k=1}^{s}\frac{dM_{p,dk}}{dt}i_{dk}+R_pi_p=0 \tag{4.66}$$

类似地,可将式(4.65)、式(4.66)表示为矩阵形式,即

$$(\boldsymbol{L}+\boldsymbol{M}_d-M_{pd})\frac{d\boldsymbol{I}}{dt}-v\frac{d\boldsymbol{M}_{pd}}{dx}\boldsymbol{I}+\boldsymbol{RI}=\boldsymbol{U} \tag{4.67}$$

式中:

$$\boldsymbol{I}=\begin{bmatrix}i_{d1}\\i_{d2}\\\vdots\\i_{ds}\\i_p\end{bmatrix},\quad \boldsymbol{L}=\begin{bmatrix}L_{d1}&&&&\\&L_{d2}&&&\\&&\ddots&&\\&&&L_{ds}&\\&&&&L_p\end{bmatrix},\quad \boldsymbol{R}=\begin{bmatrix}R_{d1}&&&&\\&R_{d2}&&&\\&&\ddots&&\\&&&R_{ds}&\\&&&&R_p\end{bmatrix}$$

$$\boldsymbol{M}_d=\begin{bmatrix}0&M_{12}&\cdots&M_{1s}&0\\M_{21}&0&\cdots&M_{2s}&0\\\vdots&\vdots&&\vdots&\vdots\\M_{s1}&M_{s2}&\cdots&0&0\\0&0&\cdots&0&0\end{bmatrix},$$

$$\boldsymbol{M}_{pd}=\begin{bmatrix}0&0&\cdots&0&M_{p,d1}\\0&0&\cdots&0&M_{p,d2}\\\vdots&\vdots&&\vdots&\vdots\\0&0&\cdots&0&M_{p,ds}\\M_{p,d1}&M_{p,d2}&\cdots&M_{p,ds}&0\end{bmatrix},\quad \boldsymbol{U}=\begin{bmatrix}u_{C1}\\u_{C2}\\\vdots\\u_{Cs}\\0\end{bmatrix}$$

由多级线圈炮工作原理可知,各级驱动线圈的电源依次顺序触发放电,假设 t 时刻电枢运动到第 r 级驱动线圈的触发位置,此时第 r 级驱动线圈的电源开始放电,而第 r 级驱动线圈之后的 $r+1$、$r+2$、…、s 级驱动线圈由于触发开关处于断开状态,线圈中的电流为零,电容器两端的电压均为初始充电电压。因此,在 t 时刻有

$$u_{Ck}(t)=U_{Ck}-\frac{1}{C_k}\int_0^t i_{dk}\,dt,\qquad k=1,2,\cdots,r \tag{4.68}$$

$$i_{dk}(t)=0,\qquad k=r+1,r+2,\cdots,s \tag{4.69}$$

采用与单极线圈炮同样的方法,可得 t^{n+1} 时刻电枢的轴向电磁力为

$$F_{\mathrm{M}}^{n+1}=\sum_{k=1}^{s}\left(\frac{\mathrm{d}M_{\mathrm{p,d}k}}{\mathrm{d}x}\right)^{n+1}i_{\mathrm{d}k}^{n+1}i_{\mathrm{p}}^{n+1} \tag{4.70}$$

由式(4.70)可知，电枢在某时刻受到的电磁力正比于电枢与各驱动线圈之间的互感梯度及该时刻电枢和驱动线圈上的电流，因此当驱动线圈之间的级间距比较近时，电枢和各级驱动线圈之间的互感不能忽略。当前面各级驱动线圈的电流没有衰减完毕时，即使电枢已进入后续各级线圈，其仍然会对电枢产生电磁力作用，从而影响电枢的加速性能。

4.7　重接炮

4.7.1　概　述

重接炮实质上是一种感应型线圈炮，它与线圈炮的区别主要有以下几点：①重接炮的驱动线圈排列方式和极性与一般的线圈炮不同；②重接炮的弹丸是用抗磁性良导体实心材料做成的；③重接炮利用磁感应线“重接”进行工作。从前面对导轨炮和线圈炮的分析可见，导轨炮电枢与炮管壁接触，滑动摩擦侵蚀与烧蚀减少了导轨炮的使用寿命，效率也较低。线圈炮虽然效率高，有的线圈炮的弹丸线圈可与驱动线圈无接触地悬浮运动，但其电磁力存在较大的径向分量，导致加速发射载荷的轴向分量不够大，加之弹丸线圈的较大欧姆损失，严重地限制了线圈炮的效率和性能的提高。此外，导轨炮和线圈炮的炮膛体积都很有限，限制了磁能的储存体积，进而限制了总储存能量。

为了克服导轨炮和线圈炮的上述主要缺点，人们开始研究重接炮，重接炮的概念最早是Cowan等人在1986年提出的。重接炮的固有优点和应用潜力使它具有广阔的应用前景，重接炮单位长度传递给弹丸的能量要比其他电磁炮多。重接炮无炮管，可用于加速的磁能体积比其他电磁炮大得多，几乎不受限制。重接炮具有互补的N－S或S－N极性的加速磁体，而不像有的线圈炮那样为了弹丸自旋而采用N－N或S－S方位排列，因而消耗的激磁电能较少，有利于提高效率。重接炮也不像有的线圈炮那样存在固有的加速和减速中和作用，因此加速度(或弹丸受力)波动较小。重接炮电磁力的径向分量较小，用于加速弹丸的轴向电磁力较大，欧姆损失相对小得多，效率较高。重接炮特别适合用于加速像火箭或飞机这类自推进的发射载荷。当弹丸质量大于几百克时，重接炮在效率和加速度方面是优于导轨炮的，因为它的“特征长度”比导轨炮低一个数量级，能产生更高的加速度，并且随弹丸质量的增大其加速度并不降低。弹丸峰值压力和平均压力之差甚小，加速弹丸的峰值压力仅受弹丸材料的机械强度限制，不受线圈结构限制。重接炮弹丸在运动中具有较好的稳定性，使用中不必担心产生俯仰和偏航。

重接炮是一种发射实心弹丸的感应型线圈炮，目前有两种类型：一种是发射平板

状弹丸的重接炮,弹丸在两驱动线圈的间隙中被加速,称为板状弹丸重接炮;另一种是发射圆柱形弹丸的重接炮,弹丸在轴对称的圆筒形驱动线圈内被加速,称为柱状弹丸重接炮。需要强调的是,无论是哪种类型的重接炮,弹丸外面都不需要装套弹丸线圈,弹丸必须是抗磁的良导体材料构成的实心体,导磁的铁磁材料不宜用作弹丸。

4.7.2 板状弹丸重接炮

1. 重接原理

板状弹丸重接炮最能体现重接炮的特点,有单级和多级之分。多级板状弹丸重接炮能把弹丸推进到很高的速度,其由多个单级构成,单级结构如图4.17(a)所示,由两个同轴的串联线圈和一个板状弹丸组成,实际上驱动线圈也可以是一个中间开槽的整体线圈,如图4.17(b)所示。线圈轴线与弹丸运动方向垂直,两线圈间隙(或槽)较小,板状弹丸能在其内运动,弹丸应当使用抗磁性的良导体材料(如铝、铜)做成实心板,它的面积应能覆盖住线圈空心口的面积且稍微大些。两个(或一个)驱动线圈使用一个独立的电源,使两线圈的磁感应线方向一致,产生一闭合磁通的磁场。

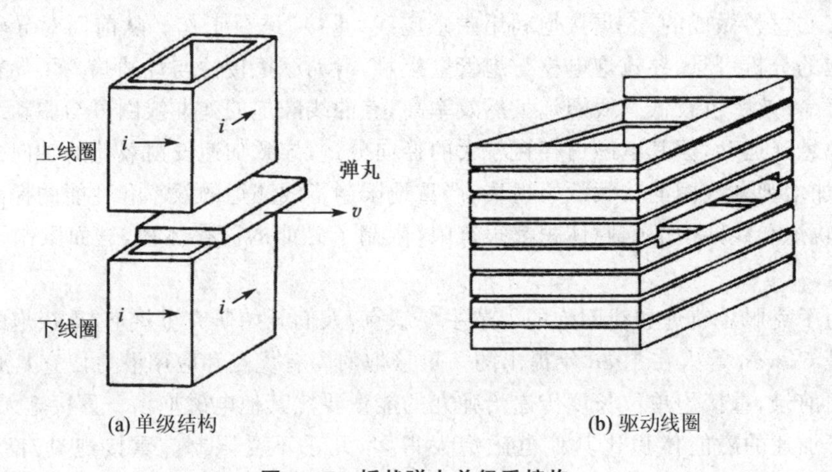

(a) 单级结构　　(b) 驱动线圈

图4.17　板状弹丸单级重接炮

本章4.2节已介绍了板状弹丸重接炮的工作原理。这里,再利用电路理论对重接原理做进一步说明。当弹丸离开两线圈的加速间隙时,两线圈和弹丸间原来的负互感被此时的正互感所取代,使已短路的线圈电路的有效电感(自感和互感)产生一个大的相对增加,这也是重接炮具有高效率和高速度的原因。重接炮的电感变化不要求磁通体积有大的变化,因此驱动线圈也兼有电感储能器的功能。

进一步研究弹丸后面的磁感应线重接的细节发现,作用在板状弹丸上的力包括两部分:一部分是弹丸后面的磁感应线对弹丸后沿表面的作用,另一部分是靠近弹丸的磁感应线向前沿伸长对弹丸后部上下平面的作用。当脉冲电流加到两线圈上且弹丸截断两线圈的磁通时,由于电流上升和弹丸在两线圈间隙内运动,被感应出涡流,弹丸将被轻微地加热。随着弹丸向前运动,在弹丸后沿感应电流增大(此处正是磁感

应线对弹丸产生加速力的地方)，焦耳热变大，温度升高，其程度取决于弹丸所用的材料和运动速度。有时弹丸后部可能被熔化或汽化，此现象被称为欧姆烧蚀。为防止欧姆烧烛，弹丸后缘常使用石墨或碳基材料。当磁通重接时将在弹丸后部产生更大的感应电流，之后感应电流逐渐向弹丸前部渗移。

2. 电路模型

从理论上讲，一个急剧短路的电感储能电源可以产生任何电磁炮所需的功率，而在重接炮输出电流最大时断开为它充电的初级能源，剩下的正是这种电感储能器型电源。因此，重接炮具有极为简单的电路方程，即

$$\frac{\mathrm{d}}{\mathrm{d}t}(Li)+iR=0 \tag{4.71}$$

式中：L 为急剧短路后线圈电路的等效电感，由于弹丸运动引起互感变化，所以含有互感的 L 是变量；R 为急剧短路后线圈电路的等效电阻。

式(4.71)的解析解为

$$i=I_0\frac{L_0}{L}\mathrm{e}^{-\int_0^t\frac{R}{L}\mathrm{d}t} \tag{4.72}$$

式中：I_0 和 L_0 分别为急剧短路时电路的初始电流和初始电感。

由于电路中储存的磁能 $E_{\mathrm{M}}=\frac{1}{2}Li^2$，因此急剧短路后电路系统的磁能为

$$E_{\mathrm{M}}=E_{\mathrm{M0}}\frac{L_0}{L}\mathrm{e}^{-2\int_0^t\frac{R}{L}\mathrm{d}t} \tag{4.73}$$

式中：E_{M0} 为断开初级能源时刻电路中的初始储能，$E_{\mathrm{M0}}=\frac{1}{2}L_0I_0^2$。

3. 性能分析

下面利用放电电流、磁能等参量分析重接炮的性能。

(1) 特征速度

根据电路的磁能定义，由式(4.71)可知磁能的变化率为

$$\frac{\mathrm{d}E_{\mathrm{M}}}{\mathrm{d}t}=-\frac{1}{2}i^2\frac{\mathrm{d}L}{\mathrm{d}t}-i^2R \tag{4.74}$$

忽略磁扩散对电感的影响，则式(4.74)等号右端第一项为向弹丸提供的动能 E_{k} 的速率，第二项为欧姆损失(焦耳热)Q_{R} 的变化率。因此，E_{k} 和 Q_{R} 的变化率之比为

$$\frac{\mathrm{d}E_{\mathrm{k}}/\mathrm{d}t}{\mathrm{d}Q_{\mathrm{R}}/\mathrm{d}t}=\frac{1}{2R}\frac{\mathrm{d}L}{\mathrm{d}t} \tag{4.75}$$

令 L'为弹丸运动每单位长度线圈电路的等效电感(即电感梯度)。重接炮的等效电感梯度 L'是变量，且$\frac{\mathrm{d}L}{\mathrm{d}t}=L'v$，从而有

$$\frac{\mathrm{d}E_{\mathrm{k}}/\mathrm{d}t}{\mathrm{d}Q_{\mathrm{R}}/\mathrm{d}t}=\frac{v}{v^*} \tag{4.76}$$

式中：v^* 为电磁炮(重接炮、线圈炮、导轨炮)的特征速度，$v^* = \dfrac{2R}{L'}$。

由式(4.76)可以看出，若能将弹丸快速地加速到 $v > v^*$，则能量损失可以大大减少。对于简单导轨炮，特征速度 $v^* \approx 20$ km/s，并且实验表明特征速度与口径无关。显然，在导轨炮中达到 $v > v^*$ 很困难，因此难以降低能量损失。但在重接炮中，特征速度是随着弹丸质量的增加而减小的，实验已经证实：当弹丸质量达到 1 kg 时 $v^* < 1$ km/s。可见用重接炮加速大质量弹丸时很容易做到 $v > v^*$，因而能量损失较小。

(2) 效　率

电磁炮的级效率 $\eta = \dfrac{E_k}{E_{M0}}$。根据能量守恒定律，电路中初始储存的磁能可以表示为

$$E_{M0} = E_M + E_k + Q_R \tag{4.77}$$

如果假设在每一级中都有 $v > v^*$，则欧姆损失相对弹丸动能增加可以忽略不计。这样，由式(4.73)和式(4.77)可得，$v > v^*$ 情况下重接炮的效率为

$$\eta = 1 - \frac{L_0}{L_f} \tag{4.78}$$

式中：L_f 为弹丸离开线圈时电路的等效电感。

在一般规模的重接炮上，$\dfrac{L_0}{L_f}$ 的典型值在 0.5～0.7 之间，因此单级重接炮的效率为 30%～50%。对于速度能达到 10 km/s 或更高的多级重接炮，式(4.78)可得出更高的效率。

(3) 加速度

重接炮质量为 m 的弹丸的加速度 $a = \dfrac{L' i^2}{2m}$。重接炮除无炮管外，它产生的加速度和速度都超过导轨炮。此外，重接炮还有一个重要的优点，就是随着弹丸质量增加，加速度并不减小。这可通过增加弹丸和线圈的宽度来实现，因为增加宽度可以使弹丸质量和电感梯度同时增加，这样弹丸所需的稳定加速力在加速场中以梯度形式出现，使弹丸尾部后沿比尾部前方经受更大的加速力。

弹丸的加速度极限可用下式表示：

$$a = \frac{p A_e}{\rho A_b l} \tag{4.79}$$

式中：A_e 为磁压力 p 对弹丸的有效作用面积；A_b 为弹丸尾部横截面积(或弹底面积)；ρ、l 分别为弹丸的质量密度和长度。在最大压力 p_{max} 的作用下弹丸材料可能屈服，由此决定了加速度的极限。但是，在重接炮中加速弹丸的磁压力较均匀地分布在尾部端面以外的更大面积上，即 $\dfrac{A_e}{A_b} > 1$，弹丸材料一般能承受较大的加速度作用。另

外，在重接炮中，平均加速度接近峰值加速度，这是因为有较短的级间距和匹配的时间常数，从而补偿了电感梯度的变化。

（4）焦耳热

重接炮的弹丸具有较大的感应电流，以借助电流和重接磁场相互作用加速弹丸。但这个电流不可避免地对常规导体弹丸进行欧姆加热。在磁通重接之前，弹丸上的面电流密度（A/m^2）相对较低，焦耳热不显。大量出现的焦耳热是由与加速力相关的大电流引起的，而这些力和电流大部分集中在弹丸的后部。对抗焦耳热的方法有两种：一种是在弹丸后部加耐熔耐高温的材料，另一种是使用高温超导材料制作弹丸。

4.7.3　柱状弹丸重接炮

1. 工作原理

柱状弹丸重接炮也可称作同轴重接炮，它很像同轴型感应线圈炮，具有同轴的圆筒状炮管线圈，弹丸在其内运动。多级柱状弹丸重接炮是将多个直径相同的筒状线圈同轴地间隔排列，构成驱动线圈，弹丸是一个抗磁性的良导体实心圆柱，其直径比线圈内径略小。柱状弹丸重接炮是能产生与弹丸一起行进的磁场的脉冲感应线圈炮，由多个分立的驱动线圈构成，每个线圈用独立的电源供电，很像同步感应线圈炮。单级柱状重接炮工作过程如图4.18所示。

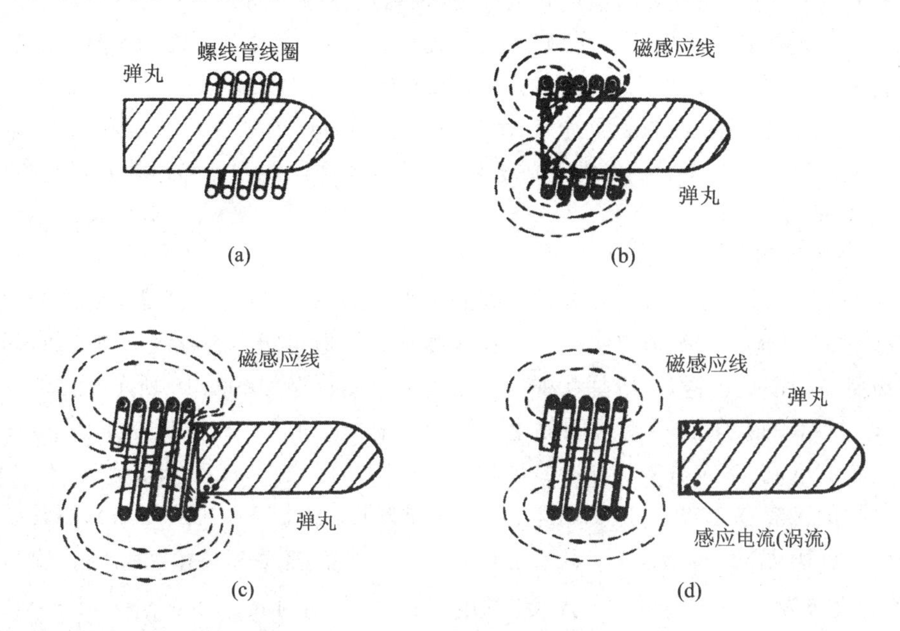

图4.18　单级柱状弹丸重接炮工作原理

图4.18(a)表示柱状弹丸以初始速度进入第一级线圈内，此时线圈尚无电流。当弹丸到达图4.18(b)所示的位置时，使电源对线圈放电，在线圈与弹丸间产生磁

场,脉冲磁场有一部分渗入弹丸,在弹丸上产生感应涡流,涡流与磁场相互作用产生洛伦兹力,推动弹丸继续前进。选取匹配的时间常数使弹丸处于图4.18(c)所示的位置时线圈电流上升并达到最大值,此时加速度最大。当弹丸运动离开线圈,处于图4.18(d)所示的非耦合状态时,此级加速完毕,弹丸进入下一级并继续重复上述过程。在线圈电流达到最大值时断开激磁电源,线圈急剧短路后仍以时间常数保持电流和磁能,而弹丸上被感应出的涡流,则按它所在的弹丸回路所具有的时间常数衰减,通常在进入下一级时并不一定衰减完。

可见,这里所谓"重接"的含义是,当弹丸尾端离开线圈前,线圈磁场表现出具有复原或重接的趋势,如图4.18(c)所示。在图4.18(b)中被弹丸挤压变形(隔断)的,即被感应电流产生的反向磁通压缩的原磁感应线,现在开始伸直以恢复自然形状和重接。这很类似板状弹丸重接炮的情况,只是线圈和弹丸的结构不同而已。因此,把这种特殊的同步感应线圈炮称为柱状弹丸重接炮。

在多级柱状弹丸重接炮中,应当有多级驱动线圈。这些线圈端对端地同轴排列,每级都为弹丸提供一个同步的脉冲感应磁场。为了能模块式地增减级数,应把各级都设计成相同的结构,但需要相应改变各级的电容值,同时应考虑线圈层数及其受力的分布情况。弹丸可使用铝圆柱体,有时在其他材料弹丸后面加铝电枢,电枢上装有聚四氟乙烯支承点以减轻弹丸运动时与线圈内管道壁的碰撞。一般在弹丸外部的适当位置开一些凹槽,以便发射前使弹丸旋转,发射后飞行期间为弹丸提供自旋稳定。

多级柱状弹丸重接炮的工作顺序是:首先旋转弹丸,当达到所需的旋转速度后用气动装置将旋转的弹丸推入重接炮的第一级线圈内,当弹丸前沿到达第一级的光纤传感器位置时,由于弹丸遮断了光束,微信息处理器向点火系统发送信号,点火系统中的点火器触发高功率脉冲电源的放电开关,使电源激励线圈并加速弹丸,如此重复地逐级加速。

2. 电路模型

为了了解重接炮的性能,需要求解线圈和弹丸的电流,因为弹丸是由电磁力驱动的,几乎所有性能均与电流有关。由于柱状弹丸重接炮与同步感应线圈炮类似,因此与多级感应线圈炮一样,多级柱状弹丸重接炮的电路模型如图4.19所示。储能电容器C通过触发开关S向驱动线圈放电,驱动线圈产生的脉冲磁场与弹丸耦合,在其内引起感应电流,感应电流与脉冲磁场相互作用产生电磁力,推动弹丸运动。

设驱动线圈有n级,每级的电阻、自感分别为R_{dk}、$L_{dk}(k=1,2,\cdots,n)$,驱动线圈之间的互感为$M_{dk,dl}(k,l=1,2,\cdots,n$ 且 $k\neq l)$。考虑感应电流在弹丸上非均匀分布,将弹丸等效为m个回路,每个回路的电阻、自感分别为R_{pk}、$L_{pk}(k=1,2,\cdots,m)$,回路之间的互感为$M_{pk,pl}(k,l=1,2,\cdots,m$ 且 $k\neq l)$。第k级驱动线圈与弹丸上第l个回路之间的互感为$M_{dk,pl}(k=1,2,\cdots,n;l=1,2,\cdots,m)$。仿照多级线圈炮,可得柱状弹丸重接炮第$r$级驱动线圈和第$s$个弹丸回路的电压方程分别为

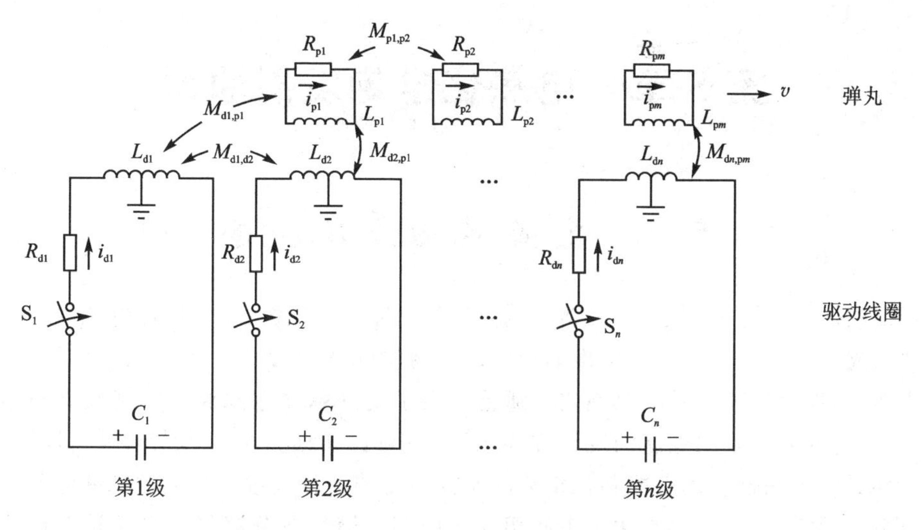

图 4.19 多级柱状弹丸重接炮电路模型

$$L_{dr}\frac{di_{dr}}{dt}+\sum_{\substack{k=1\\k\neq r}}^{n}M_{dr,dk}\frac{di_{dk}}{dt}-\sum_{l=1}^{m}M_{dr,pl}\frac{di_{pl}}{dt}-v\sum_{l=1}^{m}\frac{dM_{dr,pl}}{dx}i_{pl}+R_{dr}i_{dr}=u_{Cr} \tag{4.80}$$

$$L_{ps}\frac{di_{ps}}{dt}-\sum_{k=1}^{n}M_{dk,ps}\frac{di_{dk}}{dt}+\sum_{\substack{l=1\\l\neq s}}^{m}M_{ps,pl}\frac{di_{pl}}{dt}-v\sum_{k=1}^{n}\frac{dM_{dk,ps}}{dx}i_{dk}+R_{ps}i_{ps}=0 \tag{4.81}$$

利用式(4.80)和式(4.81)求出各级驱动线圈和弹丸各回路上的电流之后,可得作用于弹丸上的轴向电磁力,即

$$F_{M}=\sum_{k=1}^{n}\sum_{l=1}^{m}\frac{dM_{dk,pl}}{dx}i_{dk}i_{pl} \tag{4.82}$$

第5章　电热化学炮发射原理

5.1　电热炮的基本概念

电热炮的研究由来已久，最初的研究着重于完全利用电能，由脉冲电源的电弧放电产生高温高压等离子体直接推动弹丸运动，将电能转化为弹丸动能，这就是狭义上的电热炮，也称为直热式电热炮或电弧炮。由于受到脉冲电源储能密度及火炮结构的限制，这种完全采用电能的发射方式难以实用化。因此，在电热炮的研究领域，目前主要集中于综合利用电能和化学能的研究。它的内弹道过程是通过脉冲电源的电弧放电产生等离子体，并与化学工质相互作用使其燃烧或分解释放出化学能作为共同驱动弹丸的能量。很显然，电弧放电所产生的等离子体，不仅对化学工质起点火作用，而且也是电能的载体，通过等离子体将电能输入炮膛中与化学能混合。这种电热发射技术通常称为电热化学炮，也称为间热式电热炮。人们通常把脉冲电源在放电管中电弧放电产生的等离子体称为第一工质，把燃烧室内装填的化学工质称为第二工质。图5.1所示为电热化学炮的结构原理图。

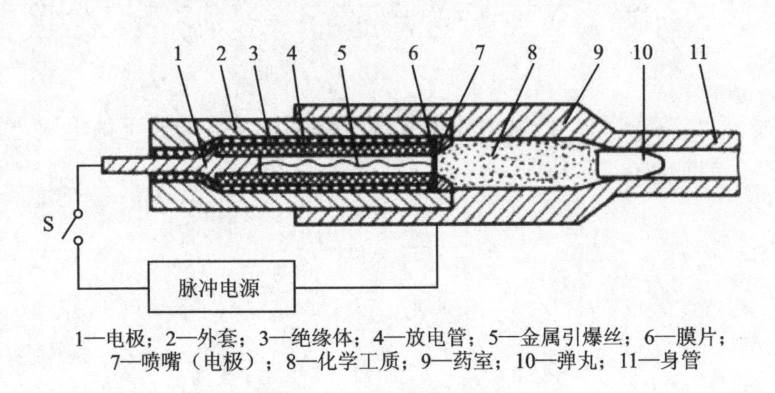

1—电极；2—外套；3—绝缘体；4—放电管；5—金属引爆丝；6—膜片；
7—喷嘴（电极）；8—化学工质；9—药室；10—弹丸；11—身管

图5.1　电热化学炮结构原理图

图中所示的脉冲电源包括电储能器和放电控制回路，其中电储能器有磁流体发电机、单极发电机、补偿脉冲交流发电机和电容器等形式。放电管一般采用电离能较低且电离产物分子量较小的聚乙烯等材料制成，其长径比根据对等离子体特性的需求而不同，当长径比大于10时就可以形成毛细管通道，此时可以获得稳定的等离子体射流。放电管两端的电极采用耐高温的钨合金材料。绝缘体不但起到绝缘作用，还要承受等离子体的高压，因此要采用强度较高的绝缘材料并与外部金属加固体配合设计。化学工质应选用能量密度高或生成气体分子量低的化学工质，一般分为吸

热工质、低放热工质和高放热工质。

电热炮中脉冲电源电弧放电产生的等离子体温度为 $10^3 \sim 10^4$ K，属于低温等离子体。但相对于常规发射药燃烧的火焰温度（$T<4\ 000$ K）而言仍具有较高的温度。因此，以电弧放电产生的等离子体驱动弹丸的电弧炮工质温度过高，存在火炮身管和弹丸的烧蚀较为严重等问题。而在电热化学炮中，从放电管内流出的高温等离子体首先与化学工质发生物理化学作用，化学工质吸收等离子体的热能燃烧或分解生成工作气体，同时降低了等离子体的温度，从而减轻了火炮身管和弹丸的烧蚀，更容易在现有火炮上实现。

与直接利用放电电流产生的电磁力来驱动弹丸的电磁炮（导轨炮或线圈炮）相比，电热化学炮具有一定的优越性。首先，电热化学炮可同时利用电能与发射药的化学能，发射同等质量的弹丸所需的电能比电磁炮要少得多，电源小型化更容易实现。其次，电热化学炮只需对传统的火炮稍加改进即可实现，兼容性强。最后，电热化学炮能可靠地将弹丸加速到 2～3 km/s 的初速，完全能满足未来火炮作战的需要。电磁炮可获得更高的弹丸速度，可以将弹丸加速到 3 km/s 以上的高速，但是此时弹丸在大气层的烧蚀效应比较严重，弹丸的飞行极不稳定。因此，电磁炮更适合作为天基发射武器。

5.2　受约束高压放电等离子体的基本特性

电热化学炮中将电能转化为热能的等离子体是自然物质存在的第四态，它是由带电粒子和中性粒子组成的聚集态，宏观上呈电中性。等离子体具有良好的导电性，电离度接近 1% 的等离子体其导电性接近完全电离的等离子体。高压脉冲电源电弧放电产生的等离子体由于受到放电管壁面的约束而具有高温高压的性质，其温度范围为 $10^3 \sim 10^4$ K，压力可达几十到几百兆帕。相对于受控核聚变等过程产生的温度在 $10^8 \sim 10^9$ K 的高温等离子体而言，在等离子体物理中习惯上将这种等离子体称为低温等离子体。

5.2.1　等离子体存在的基本条件

等离子体作为物质能量较高的聚集态有着其独特的性质。等离子体中每个带电粒子的附近都存在电场，当该电场被周围的粒子完全屏蔽时，在一定的空间区域外等离子体处于电中性。这种屏蔽效应称为德拜（Debye）屏蔽，屏蔽粒子场所在的空间尺度称为德拜长度 λ_D，在 $r \leqslant \lambda_D$ 的微观尺度内电中性概念无效。

根据等离子体物理，德拜长度 λ_D 为

$$\lambda_D = \sqrt{\frac{\varepsilon_0 kT}{(n_e + n_i)e^2}} = \sqrt{\frac{\varepsilon_0 kT}{2ne^2}} \tag{5.1}$$

式中：ε_0 为真空介电常数；k 为玻耳兹曼常量；e 为电荷电量；T 为等离子体温度，K；

n_e 和 n_i 分别为电子和离子的数密度,m^{-3}。对于宏观电中性等离子体,电子和离子在空间均匀分布,即 $n_e=n_i=n$。由此可以得到等离子体存在的三个基本条件:

① $\lambda_D>n^{-\frac{1}{3}}$,即德拜长度大于粒子间的平均距离。由于德拜屏蔽是大量粒子的统计效应,因此要求德拜屏蔽球内要有足够数量的粒子。

② $\lambda_D\ll L$,即德拜长度远小于等离子体所在系统的特征长度。由于德拜屏蔽球内不满足电中性,因此德拜屏蔽球内的粒子群就不能看作电中性的等离子体。对于电弧等离子体,即要求放电管的直径要远大于德拜长度。

③ $\omega_p>\nu_c$,其中 ω_p 为等离子体的振荡频率,ν_c 为粒子间的碰撞频率。只有等离子体带电粒子由于静电力的作用产生的振荡频率高于粒子运动过程中的碰撞频率,等离子体的振荡才能得以维持。

5.2.2 等离子体状态方程

放电管内电弧放电产生的受约束高温高压等离子体已非热力学平衡态上的理想气体。但对于偏离理想状态不远的弱电离度等离子体,仍可在理想气体状态方程的基础上引入偏离系数 Z 来描述其状态方程,即

$$p=Z\rho RT \tag{5.2}$$

引起真实气体偏离理想状态有下面两种情况:

第一种情况是在常规低温和高压条件下,分子间的相互作用力很大,这种相互作用力通常称为范德瓦耳斯(van der Waals)力。考虑分子本身的体积和分子间相互作用力,对理想气体状态方程修正,可以得到真实气体的状态方程

$$\left(p+\frac{a}{v^2}\right)(v-b)=RT \tag{5.3}$$

式中:a 为气体分子间引力修正量;b 为气体分子体积修正量,一般称为余容,在内弹道学中通常用 α 表示。

第二种情况是在高温条件下气体发生解离或电离,这些过程将改变气体中粒子数量,从而引起气体偏离理想状态。根据玻耳兹曼统计理论可得理想等离子体状态方程为

$$p=kT\sum_i n_i \tag{5.4}$$

5.2.3 等离子体的宏观方程

放电管内的等离子体可以按连续介质流体来处理。与通常流体不同的是,等离子体内部包含离子和电子,具有导电的特性。因此,在描述等离子体宏观方程时应考虑带电粒子在电磁场中的电磁效应。

1. 连续性方程

与普通流体类似,等离子体流体的连续性方程可以用控制体内流体质量守恒来

导出，即

$$\frac{\partial \rho}{\partial t}+\frac{\partial \rho u}{\partial x}=0 \tag{5.5}$$

可以看到，这个方程对定常、不定常、可压、不可压流体均适用，与经典流体连续性方程相同。方程中并无电磁作用的影响，这是因为整体质量守恒与作用力无关。

2. 动量方程

对于普通的无粘流体，动量方程可以表示为

$$\rho\frac{\mathrm{d}\boldsymbol{V}}{\mathrm{d}t}=\boldsymbol{F}-\nabla p \tag{5.6}$$

式中：等号右端第一项为体积力项；第二项为压力梯度项。

对于包含带电粒子的等离子体流体，仍可用式(5.6)描述其动量方程，只是此时体积力项中不仅包含重力，还应包括电磁力，即

$$\boldsymbol{F}=\rho\boldsymbol{g}+\rho_e\boldsymbol{E}+\boldsymbol{J}\times\boldsymbol{B} \tag{5.7}$$

式中：$\rho\boldsymbol{g}$ 为重力；$\rho_e\boldsymbol{E}$ 为电场力，ρ_e 为电荷密度；$\boldsymbol{J}\times\boldsymbol{B}$ 为磁场力，即洛伦兹力，$\boldsymbol{J}$ 为电流密度矢量，$\boldsymbol{B}$ 为磁场强度矢量。

由于等离子体在宏观上呈电中性，因此 $\rho_e=0$。如果忽略重力，则动量方程式(5.6)可写为

$$\rho\frac{\mathrm{d}\boldsymbol{V}}{\mathrm{d}t}=\boldsymbol{J}\times\boldsymbol{B}-\nabla p \tag{5.8}$$

式(5.8)与经典的无粘流体动量方程的区别仅在于方程右端多了一项洛伦兹体积力。在电热炮的放电管中，当与放电电流方向垂直的磁场强度较低时，可以忽略这个力的影响。

3. 能量方程

与动量方程类似，等离子体流体的能量方程可以在经典的流体能量方程的基础上，引入适当的电磁能量项后得出。经典流体的能量方程可用控制体积内的能量守恒定律导出

$$\rho\frac{\mathrm{d}e}{\mathrm{d}t}=\lambda\frac{\partial^2 T}{\partial x^2}-p\frac{\partial u}{\partial x} \tag{5.9}$$

式中：等号左端表示流体内能的变化率；右端第一项表示导热引起流体内能的增加；第二项是压力压缩流体所做的功。对于电弧放电产生等离子体应考虑电流产生的焦耳热及等离子体辐射热损失，因此等离子体的能量方程可写为

$$\rho\frac{\mathrm{d}e}{\mathrm{d}t}=\lambda\frac{\partial^2 T}{\partial x^2}-p\frac{\partial u}{\partial x}+i^2R-Q_r \tag{5.10}$$

式中：i 为电流密度；R 为等离子体电阻；Q_r 为辐射热损失。

5.3　化学工质的选择及其热化学性能

由前面的定义可知，电热化学炮除了利用电弧放电产生的等离子体作为第一工

质外,往往还要用到第二工质——化学工质来调整和控制电热化学炮的膛内压力曲线。化学工质的热化学性质直接决定电热炮的内弹道性能。电热化学炮能够采用的化学工质种类繁多,超出了一般意义上的火炮发射药。因此,有必要研究电热化学炮所能使用的工质类型及其特性,筛选合理的化学工质优化电热化学炮内弹道性能。

5.3.1 化学工质的分类

电热化学炮采用的化学工质可按不同的准则归纳为相应的种类,根据化学工质初始存在状态,一般可将其分为:

① 固体工质　如JA2、M30等常规固体发射药以及氢化钛(TiH_2)等富氢化合物。

② 液体工质　如水(H_2O)、过氧化氢(H_2O_2)、辛烷(C_8H_{18})及LP1846等含能或吸热工质。

③ 气体工质　如氢气、氦气等低分子量气体。

实际上,为了优化化学工质的作功能力,根据化学反应释放能量程度及反应产物的物理化学特性,往往要采用几种不同形态的化学工质混合物,并且主要以含能量来决定混合物的配比。根据化学工质混合物的含能量的不同可将其分为吸热工质、低放热工质和高放热工质。

吸热工质是指在等离子体作用下化学工质热化学反应生成工作流体过程中,化学反应热为负值,即需消耗电能才能使反应生成气体膨胀做功,化学工质本身不含化学能或化学能为负值。电热化学炮中采用这种工质主要是利用其反应产物气体平均分子量较低的性质。低放热工质是指化学工质反应过程中释放出化学能的能量密度低于外加电能密度的20%的化学工质,而将化学反应热能量密度高于电能密度20%以上的化学工质称为高放热工质。

表5.1列出了基于水、铝、氢化锂、氢化钛、辛烷、过氧化氢、氢硼化锂、煤油及常规发射药等部分工质的混合物按能量的分类。

表5.1　部分工质的配比及分类

吸热型	低放热型	高放热型
50%铝+50%水	辛烷	LP1845
氢化锂	过氧化氢	JA2
氢	40%氢硼化锂+60%水	20%氢化锂+80%过氧化氢
50%氢化钛+50%水	45%氢化锂+55%水	25%辛烷+75%过氧化氢
水	12.5%氢化钛+37.5%铝+50%水	20%煤油+80%过氧化氢

5.3.2 工质的热化学特性

由化学工质的分类可以看出，电热化学炮所能使用的化学工质种类较多，但可按含能量的多寡分为三种基本类型，因此对化学工质的热化学性能的分析只要选择其中几种典型的工质即可。吸热工质中水的反应产物具有中等分子量，并且性能稳定，因此水是吸热工质的典型代表。氢硼化锂($LiBH_4$)＋水(H_2O)的混合物是低放热工质，其反应产物含有分子量极小的氢气成分。氢化钛(TiH_2)＋铝(Al)＋水的混合物也是低放热工质，加入氢化钛的目的：一是作为氢气发生器，在反应过程中释放氢气成分；二是钛与水反应生成氧化钛具有保护火炮内壁免受烧蚀的功能。辛烷(C_8H_{18})＋过氧化氢(H_2O_2)的混合物是反应产物分子量中等的高放热工质(过氧化氢纯度为 100%)。Bunte S W 经过计算得到部分化学工质在不同的输入电能密度时的热化学性质。表 5.2 列出了这四种不同组分的工作流体的热化学特性，并列出 JA2 和 LP1845 的热化学性质作为比较。表中输入电能密度定义为输入电能总量与化学工质质量的比值，即单位质量的工质获得的电能。有效能量密度指在等离子体作用下工质发生化学反应释放化学能后，单位质量的工作气体具有的热能总量，包括转化成热能的电能和工质的化学反应热。火药力指工作气体的冲量。

表 5.2　几种典型化学工质的热化学特性

化学工质	输入电能密度/($kJ\cdot g^{-1}$)	气体温度 T/K	压力 p/MPa	火药力 f/($J\cdot g^{-1}$)	气体分子量	余容/($cm^3\cdot g^{-1}$)	绝热指数 γ	有效能量密度/($kJ\cdot g^{-1}$)
H_2O	3	917	61.92	423.1	18.015	−1.834	1.941 4	0.44
	5	1 885	174.11	856.4	18.014	0.082	1.298 7	2.86
	10	3 552	381.53	1 675.1	17.633	0.609	1.203 5	8.23
	15	4 655	561.15	2 342.2	16.526	0.826	1.195 9	11.95
	20	5 533	753.27	3 016.9	15.248	0.995	1.201 4	14.97
	23	6 017	879.77	3 447.1	14.512	1.082	1.206 6	16.68
40%$LiBH_4$＋60%H_2O	0	1 147	190.20	657.0	4.695	1.279	1.313 8	2.09
	5	1 966	331.85	1 235.7	9.007	1.267	1.229 6	5.38
	10	2 682	533.35	1 935.1	11.425	1.372	1.205 6	9.41
	15	3 510	763.29	2 687.4	10.858	1.479	1.206 4	13.02
	20	4 331	1 003.32	3 476.4	10.358	1.535	1.208 7	16.66
	25	5 424	1 274.36	4 417.3	10.210	1.534	1.202 3	21.84
12.5%TiH_2＋37.5%Al＋50%H_2O	0	3 011	176.17	757.3	3.383	0.701	1.270 7	2.80
	1	3 423	200.96	863.9	3.386	0.701	1.262 8	3.29
	2	3 812	225.44	968.5	3.430	0.704	1.257 4	3.76
	3	4 162	249.22	1 069.0	3.599	0.710	1.253 9	4.21
	4	4 465	272.03	1 164.6	3.966	0.719	1.251 4	4.63
	5	4 725	294.09	1 256.1	4.504	0.729	1.249 6	5.03

续表 5.2

化学工质	输入电能密度/(kJ·g^{-1})	气体温度 T/K	压力 p/MPa	火药力 f/(J·g^{-1})	气体分子量	余容/(cm^3·g^{-1})	绝热指数 γ	有效能量密度/(kJ·g^{-1})
25%C_8H_{18}+75%H_2O_2	0	3 017	375.85	1 486.7	16.873	1.044	1.234 8	6.33
	1	3 432	429.84	1 694.5	16.841	1.058	1.227 2	7.45
	3	4 170	530.46	2 078.1	16.685	1.082	1.219 3	9.47
	5	4 784	624.42	2 426.6	16.393	1.114	1.217 3	11.16
	10	5 989	856.91	3 247.1	15.335	1.211	1.223 7	14.51
JA2	0	3 424	285.34	1 143.9	24.866	0.991	1.225 4	5.07
	2	4 401	376.93	1 503.5	24.337	1.011	1.221 9	6.77
	4	5 113	459.09	1 818.5	23.378	1.039	1.227 5	7.99
	6	5 732	542.86	2 133.8	22.336	1.069	1.235 9	9.04
LP1845	0	2 694	227.11	971.9	23.042	0.720	1.214 9	4.52
	2	3 453	303.24	1 272.4	22.563	0.804	1.202 3	6.28
	4	4 046	372.63	1 541.3	21.827	0.864	1.201 0	7.66
	8	5 027	514.54	2 075.0	20.143	0.967	1.209 0	9.92
	12	5 896	672.20	2 648.0	18.512	1.061	1.221 5	11.95

由表中数据可以看出,对于吸热工质由于在化学反应生成气体的过程中反应热为负值,即工质生成工作气体时要消耗电能,因此有效能量密度低于输入电能密度。而低放热型和高放热型工质,由于工质在化学反应中反应热为正值,因此有效能量密度均高于输入电能密度。另外,不同的输入电能密度下,几种化学工质生成气体的平均分子量、余容和绝热指数等参量不再是常量。

内弹道循环过程中火药力是工作流体作功能力的具体表现,而气体的温度则是影响火炮使用寿命的主要因素,因此应从这两个方面着手选择适合于电热炮的化学工质。计算出的几种化学工质的火药力和温度关系曲线列于图 5.2 中。图中以未加电能常规条件下 JA2 固体发射药的火药力和温度作为基准点,将整个平面划分为四个区域。图中每个数据点对应于输入电能密度及相应化学工质的火药力。

对于工质 H_2O 给出了输入电能密度在 3~10 kJ/g 范围内产物火药力的变化趋势。相应地,对工质 40%$LiBH_4$+60%H_2O 给出了在 0~17 kJ/g 范围内的变化;对工质 12.5%TiH_2+37.5%Al+50%H_2O 给出了在 0~5 kJ/g 范围内的变化;对工质 25%C_8H_{18}+75%H_2O_2 给出了在 0~5 kJ/g 范围内的变化。图 5.2 中实线是对各个数据点用最小二乘法得出的。

由图 5.2 可见,以常规 JA2 作为中心点,区域Ⅰ为高温(>3 400 K)和高火药力(>1 143 J/g)区。现有的野战火炮为延长其使用寿命,所允许的膛内最大温度不应超过 3 400 K,因此处于此区域内的工作流体似乎不宜应用于电热化学炮。但是实

际研究表明，电热化学炮在工作流体超过 3 400 K 的高温区域时并没有明显的烧蚀效应，这可能是因为使用的液体工质有部分未汽化的工作流体覆盖于火炮膛壁上起到保护作用，因此可放宽电热炮选择化学工质的温度允许范围。区域Ⅱ是高火药力低温区，在这个区域内的工作流体是最理想的，它能够在相对低的气体温度下提供较高的火药力，也即气体具有较强的作功能力，有利于提高火炮的性能。位于区域Ⅲ内的工作流体的火药力和温度均较低，这对应于输入电能密度较低的吸热和低放热化学工质的生成气体。区域Ⅳ内的工作流体具有高温低火药力的特性，这样的工作流体不适于作为火炮发射工质。

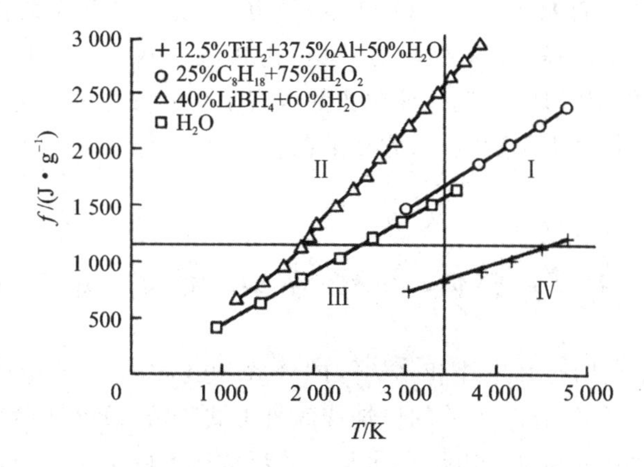

图 5.2　化学工质的火药力与温度关系曲线

从图 5.2 中的曲线可以看出火药力变化的两种趋势：其一是电能输入密度的增加使得所有化学工质的火药力和温度都增大，这是由于输入电能的增加相当于提高化学工质的含能密度；其二是加入相同的电能引起化学工质的火药力和温度的增加幅度不同，这与化学工质反应过程及反应产物的化学性质有关。由化学工质的火药力与温度之间的关系（$f=RT$）可知，火药力取决于化学工质燃气的温度及气体常数。图中拟合曲线的斜率反映了化学工质的平均分子量的差异。

如前所述，水的反应产物具有中等分子量，是吸热化学工质中的典型工质。电能的输入将水完全汽化，并部分裂解、电离产生以水蒸气为主的具有较低温度的气体（视电能输入强度而定）。但是由于它是吸热工质，因此需要较大的电能输入密度。由表 5.2 可以看到，约需要 10 kJ/g 的电能输入密度才能达到 JA2 燃气的温度，此时火药力增大了 46%左右。所以只要电能输入条件允许，这种工质还是有较大应用价值的。12.5%TiH_2+37.5%Al+50%H_2O 虽然属于放热工质，并且反应产物气体具有最低的分子量，但化学反应时会产生冷凝相物质（液态 Al_2O_3 和 Ti_3O_5）使得化学工质的火药力变小。由表 5.2 可见，在 3 423 K 温度下其火药力低于 JA2 燃气的火药力，因此这种工质不适于电热炮使用。仅从图 5.2 上看，40%$LiBH_4$+60%H_2O 似乎是一种最好的化学工质，其生成气体具有低温、高火药力性质，完全满足优化弹道性能的要求。然而,它也存在一些缺点:一是 $LiBH_4$ 能与水强烈反应放出氢气,这种低分子量的气体对驱动弹丸极为有利,但是氢气出炮口后将与大气中的氧气反应发生爆炸,出现较大的炮口闪光;二是为防止等离子体进入燃烧室之前 $LiBH_4$ 与水发生反应,必须将它们分开装填;三是由表 5.2 可见,这种化学工质在工作时需要较大的电能输入密度,达到 3 510 K 气体温度需要 15 kJ/g 的输入电能密度。高放热化学工质 $25\%C_8H_{18}+75\%H_2O_2$ 的火药力-温度曲线位于区域Ⅰ和Ⅱ内,由表 5.2 可见,给该种化学工质输入 1 kJ/g 的电能密度就可以使气体温度达到 3 432 K,相应的燃气火药力比 JA2 上升了 48%。这首先是因为这种工质具有较高的化学反应热,其次是反应产物为气态的 H_2O、H_2、CO 和 CO_2。因此,这种化学工质比较适合于要求输入电能密度低、火药力较高的液体工质电热化学炮。由表 5.1 中高放热工质的组成来看,除了常规发射药外,其他几种配比都含有很高成分的过氧化氢。由于常规条件下高纯度的过氧化氢极不稳定,因此目前的实验研究大多采用常规固体或液体发射药。

5.4 等离子体与化学工质的相互作用

电热化学炮中同时存在电能和化学能的释放,电能以电弧放电生成等离子体形式进入到膛内,化学能以化学工质的燃烧或离解形式释放,放电和燃烧输出的热能使膛内气体膨胀推动弹丸运动。电能和化学能的释放速率的关系匹配直接决定着电热化学炮的内弹道性能。理想的电能和化学能释放速率应是相互匹配、互补,使膛内气体在弹丸的运动过程中热能的增加足以弥补由于弹丸运动造成的压力下降。改善膛内压力变化过程,优化内弹道特性,这就要求对电能和化学能的释放速率加以控制。脉冲电源电能释放的控制可通过设计相应的脉冲放电回路来实现,目前这方面的技术已比较成熟。对化学工质所含化学能的释放除了改善其燃烧性能及结构形状来加以调整外,电热化学炮中还试图通过电能产生的高温、高压等离子体与化学工质的物理化学作用来控制化学工质的燃烧或分解速率,从而调整能量的释放过程,改善内弹道特性。因此,研究等离子体与化学工质的相互作用过程对电热化学炮内弹道研究具有重要意义。由于目前对等离子体与化学工质相互作用的物理化学过程的细节还没有一个完整确切的认识,只能进行一定的假设来满足内弹道研究的需要,并运用实验结果进行验证。本节主要研究在等离子体作用下化学工质的反应速率、影响反应速率的因素及工质反应速率对内弹道性能的影响。

5.4.1 化学工质的反应速率

电热化学炮中工质的化学反应速率是指在等离子体作用下化学工质的燃烧、离解释放化学能并转化成气体的速率。由于工质的化学反应速率受到等离子体的影响,因此为了表达电能与化学能释放之间的关系,通常把反应速率理解为单位电能输

入条件下化学工质的燃烧或离解速率。电热化学炮在理想工作状态下，等离子体与化学工质间的反应速率是均匀稳定的，即电能输入与工质的燃烧同时开始，并且电能输入的百分数等于化学工质燃烧或离解的百分数，电能输入完毕的瞬间化学工质全部生成气体。除了这种理想条件下的均匀反应速率外，图 5.3 同时给出了其他几种典型的反应速率。图中，2# 曲线表示是化学工质的燃烧或离解的百分数等于电能输入的 2 倍，即当电能输入 50％时，化学工质全部反应生成气体；5# 曲线表示工质燃烧或离解的百分数为电能输入的一半，即当电能全部输入后，化学工质仅有一半反应生成气体，剩下的 50％化学工质在弹丸出炮口前全部燃烧或离解；最后一种情况是在电能输入 50％以前化学工质分解速率较低，而在剩下的电能输入过程中化学工质具有较高的分解速率并且电能输入与工质分解同时结束，如图中以 SINE 表示。SINE 曲线过(0,0)、(25,15)、(50,50)、(75,90)和(100,100)五个点，其目的是与 2# 和 5# 两种极限情况作对比，并探讨均匀速率时的波动对内弹道性能的影响。

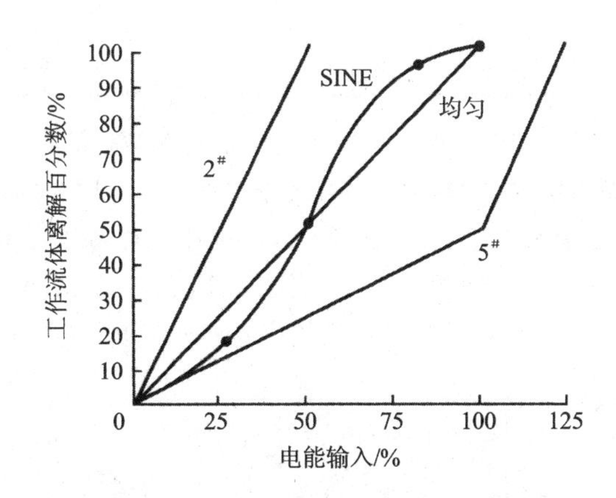

图 5.3　几种典型的工质反应速率

以上介绍的化学工质的反应速率是理想条件下几种可能出现的宏观情况。事实上，在等离子体作用下化学工质的反应速率是一个与等离子体压力、温度有关的动态变化量。对含能量、热化学性质不同的工质，电能输入与反应速率的关系也有很大的差异。另外，等离子体射流的输入过程、化学工质的几何结构对反应速率都有影响。

5.4.2　影响化学工质反应速率的因素

电热化学炮中，化学工质在高温高压等离子体射流的作用下发生物理化学反应，因此等离子体射流的温度、组分、射流速度及等离子体与化学工质的作用面都影响着化学工质的反应速率。特别是对于液体工质，由于等离子体射流在侵彻工质形成泰勒空腔的过程中，气液面上存在亥姆霍兹(Helmholtz)不稳定性效应，因此液体工质的化学反应速率较难确定。相对而言，目前对固体发射药在等离子体作用下的化学反应速率的研究已有较大的进展。国外的火炮和弹道工作者 Edwards C M 和 Oberle W F 等人通过实验研究了固体发射药 JA2 在等离子体作用下的燃烧速率。研究结果表明:在等离子体直接作用于燃烧面的条件下,固体发射药 JA2 的燃烧速率约增加了 3 倍(压力约为 70 MPa 时)。表 5.3 列出了在几种电能输入水平下,等离子体增强 JA2 燃烧速率与密闭爆发器实验得到的常规燃烧速率的比较。

表 5.3　等离子体增强 JA2 燃烧速率与常规燃烧速率的比较

输入电能/kJ	实验压力/MPa	等离子体增强燃烧速率/($cm \cdot s^{-1}$)	常规燃烧速率/($cm \cdot s^{-1}$)	燃速差/%
3.6	62.9	20.7	7.1	191
4.2	72.8	25.3	8.0	216
4.5	77.7	25.1	8.5	195
4.6	78.9	25.7	8.6	199
4.9	82.5	43.1	9.0	379

表中,电能输入是转化成等离子体热能的电能总量,等离子体增强燃烧速率与常规燃烧速率是在相同的条件下测得的。由表中数据可见,JA2 的燃烧速率随电能输入量增大而提高,相对于常规燃速而言,随压力的升高在等离子体增强燃烧作用下 JA2 燃速提高幅度较大,其燃速提高了 2~4 倍。Bourham M A 等人进一步的实验研究给出了等离子体射流作用下发射药的线燃烧速度,如图 5.4 所示。

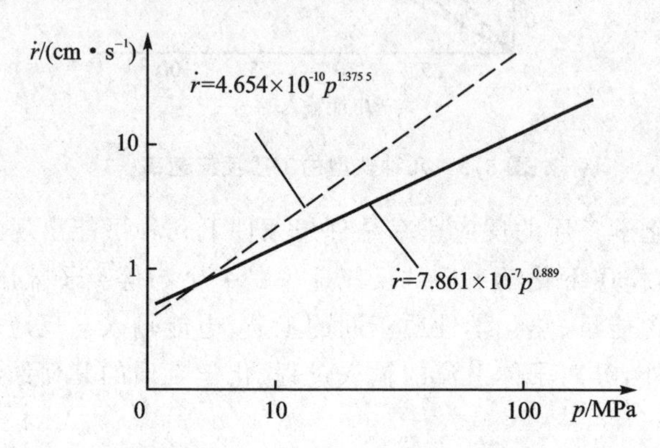

图 5.4　等离子体对 JA2 燃烧速率的影响

图 5.4 中,实线表示常规 JA2 发射药的燃烧速率与压力之间的函数曲线关系。由密闭爆发器实验得到的燃速和压力之间的关系为

$$\dot{r}=7.861\times10^{-7}p^{0.889} \tag{5.11}$$

图中虚线是对等离子体射流垂直作用于火药燃烧面时的实验数据进行拟合所得到的火药燃速与压力之间的函数关系,即

$$\dot{r}=4.654\times 10^{-10}p^{1.3755} \tag{5.12}$$

上述两式中,压力 p 以 Pa 为单位,燃速 $\dot{r}$ 以 cm/s 为单位。与常规燃速对比可以看到,等离子体增强作用下 JA2 的燃速指数从 0.889 提高到 1.375 5。实验结果表明,压力在 60～90 MPa 范围内,等离子体垂直作用于燃烧面时火药的燃速提高了 3 倍或更高。这充分说明了等离子体直接作用于火药表面时增强燃烧的作用。另一方面,当等离子体射流平行于火药燃烧面时,火药燃烧速率比常规情况提高了 20%～40%。这可能是由于此时等离子体仅以辐射方式加热火药表面,等离子体与发射药的相互作用不充分。可见,等离子体增强火药燃烧效应不仅和压力有关,而且与火药的形状和位置有关。因此,在设计高装填密度的电热化学炮时必须考虑火药在膛内的形状和位置这一影响燃烧效应的因素。在实际的电热化学炮中,只要火药有足够高的装填密度,等离子体射流的绝大部分是垂直于火药的平均燃烧面的,因此可以大幅度提高火药的燃烧速度。

5.4.3 化学工质反应速率对内弹道性能的影响

化学工质反应速率决定了化学工质能量释放规律及工作气体生成过程,从而影响电热化学炮的内弹道过程。由于目前对等离子体与化学工质的相互作用机理还没有一个确切的认识,特别是化学工质在等离子体作用下的反应速率还难以确定,因此只能在宏观上研究几种假定的化学工质反应速率变化对火炮内弹道性能的影响。Oberle W F 等人根据图 5.3 所假定的几种化学工质反应速率与电能输入之间的关系,在口径为 14 mm、长为 2 800 mm 的电热化学炮上用吸热工质 H_2O 和放热工质 $25\%C_8H_{18}+75\%H_2O_2$,并采用表 5.2 所列的热特性参数进行内弹道数值模拟,计算出膛底压力与初速值等内弹道参量,如表 5.4 所列。

表 5.4　H_2O 和 $C_8H_{18}+H_2O_2$ 不同反应速率假设下的弹道模拟结果

工质种类	反应速率	最大压力/MPa	弹丸初速/(m·s^{-1})	与均匀反应速率的差异/%
H_2O	2#	367	1 873	−11.5
	5#	472	2 193	3.8
	SINE	527	2 161	2.1
	均匀	435	2 116	0.0
$25\%C_8H_{18}+75\%H_2O_2$	2#	816	2 408	13.2
	5#	379	1 877	−11.8
	SINE	579	2 224	4.5
	均匀	435	2 128	0.0

由表中数据可以看出,改变反应速率时 H_2O 比 $25\%C_8H_{18}+75\%H_2O_2$ 对弹道性能的影响小。对于吸热工质 H_2O,增大工质的反应速率,膛压和初速均降低;减小

工质反应速率,效果则相反。而对于放热型工质 25% C_8H_{18} + 75% H_2O_2 则表现出相反的结果,即增大反应速率将导致膛压和初速的上升,减小反应速率膛压和初速均降低。这两种含能不同的化学工质反应速率的变化对内弹道性能的影响,不难从工质发生物理化学反应转化为气体后含能量的变化方面得到解释。SINE型方案由于初期汽化或燃烧的工质较少,因此对吸热工质初期压力较大,而对放热工质则相反;在内弹道后期由于弹丸的运动使弹后空间增大,反应速率的增大有利于弥补弹后的压力降。以上几种反应速率对弹道性能的影响可以做如下解释:对于 H_2O,由于它在汽化过程中要吸收热量,因此 2# 反应速率在内弹道过程早期要消耗大部分电能,使气体压力降低,弹丸运动使弹后空间变大,后半段输入的电能对压力的影响不显著。对放热型工质 25% C_8H_{18} + 75% H_2O_2,增大反应速率时,在内弹道循环前半段释放更多的化学能,由于此时弹后空间较小,致使弹后空间压力有较大上升。而 5# 反应速率对内弹道性能的影响则与此相反。

Gough P S 和 Oberle W F 在研究结果的基础上,采用集总参数模型,进一步从理论上研究分析了化学工质的反应速率对内弹道性能的影响。假定化学工质为惰性,不计摩擦、热散失及未分解工质的压缩功等次要功的影响,膛内平均压力与工质分解速率之间的函数关系如下:

$$p=(\gamma-1)\frac{E_i-\dfrac{mv^2}{2g_0}\left\{1+\dfrac{\omega}{3m}\left[\psi+\beta(1-\psi)\right]\right\}}{V_0+Al-\dfrac{\omega}{\rho_p}+\psi\,\omega\left(\dfrac{1}{\rho_p}-\alpha\right)} \tag{5.13}$$

式中:γ 为气体比热比;E_i 为电能输入;m 为弹丸质量;v 为弹丸速度;ω 为工质质量;ψ 为工质分解百分数;β 为拉格朗日耦合系数($\beta=0$ 表示未汽化工质静止,$\beta=1$ 表示未汽化工质随弹丸运动);V_0 为燃烧室初始容积;l 为弹丸行程;A 为弹底面积;ρ_p 为工质密度;α 为余容;g_0 为与测量有关的匹配系数。

计算采用口径为 14 mm、长为 145 cm 的身管,弹丸质量为 18 g,假定等离子体质量为 1 g、总含能量为 447.8 kJ,采用质量为 44.8 g 的水作为化学工质。为了研究装填密度对弹道性能的影响,改变药室容积,使水的初始装填密度分别达到 46%、60%、80% 和 90%。等离子体作用下,工质水分解后的气体的热化学性质按 Oberle W F 计算出的值确定。首先让等离子体以维持恒定的 435 MPa 膛底压力速率输入,直到电能耗尽。在这种条件下,工质分解速率 $\dot{\psi}(t)$ 正比于电能的输入速率 $\dot{E}_i(t)$,即当电能耗尽时工质完全分解,即 $\dfrac{\dot{\psi}(t)}{\dot{E}_i(t)}=1$。表 5.5 和表 5.6 分别列出了几种初始装填密度下,工质的分解速率对膛底最大压力和弹丸炮口速度的影响。

表 5.5　工质分解速率对膛底最大压力的影响($\beta=1/\beta=0$)

MPa

装填密度/% \ $\frac{\dot{\psi}(t)}{\dot{E}_i(t)}$	0.1	0.5	1.0	2.0	∞
46	407.4/297.0	434.3/365.2	435.7/388.7	492.7/461.8	601.9/601.9
60	410.8/297.1	434.9/358.7	436.1/376.8	505.6/446.4	668.5/668.5
80	409.6/301.0	434.7/353.8	437.4/365.7	511.9/429.9	656.4/656.4
90	408.1/306.5	434.4/353.0	438.7/361.9	511.7/424.5	629.3/629.3

表 5.6　工质分解速率对弹丸炮口速度的影响($\beta=1/\beta=0$)

$m \cdot s^{-1}$

装填密度/% \ $\frac{\dot{\psi}(t)}{\dot{E}_i(t)}$	0.1	0.5	1.0	2.0	∞
46	1 943/2 350	2 059/2 283	2 070/2 123	2 065/2 041	2 169/2 169
60	1 993/2 357	2 097/2 296	2 105/2 153	2 100/2 047	2 245/2 245
80	2 029/2 355	2 124/2 295	2 130/2 164	2 122/2 041	2 229/2 229
90	2 038/2 355	2 132/2 297	2 137/2 167	2 126/2 037	2 192/2 192

以上两表中列出的$\frac{\dot{\psi}(t)}{\dot{E}_i(t)}$分别为 0.1、0.5、1.0、2.0 和∞五种工质分解速率，其中∞表示放电开始之前工质已处于汽化状态或分解速率为无限大。0.5 和 2.0 分别对应于图 5.3 中的 $5^{\#}$ 和 $2^{\#}$ 反应速率。表中同时列出了 $\beta=1$ 和 $\beta=0$ 两种假设条件下的计算结果。由表中数据可见：当 $\beta=1$ 时，对于$\frac{\dot{\psi}(t)}{\dot{E}_i(t)}=1$ 的反应速率，初始装填密度对最大压力和弹丸初速的影响不显著；降低工质分解速率对最大压力影响较小，如工质分解速率降低 10 倍时，最大压力仅降低了 10%；而增大工质的分解速率$\left(\frac{\dot{\psi}(t)}{\dot{E}_i(t)}>1\right)$时，最大压力变化较大，当假定工质分解速率达到极限条件时，压力上升幅值较大。对$\frac{\dot{\psi}(t)}{\dot{E}_i(t)}=0.1$ 和$\frac{\dot{\psi}(t)}{\dot{E}_i(t)}=\infty$两种极限反应速率引起的弹道特性的差异，可理解为后者在电能完全释放时可获得较高的有效能量，并且当弹丸行程较小时工质完全汽化，膛内自由容积较小导致压力过分上升。对于假定未汽化工质静止于膛底($\beta=0$)的情况，由表中数据可以看出此时膛底最大压力均低于 $\beta=1$ 时的值；反应速率的降低$\left(\frac{\dot{\psi}(t)}{\dot{E}_i(t)}<1\right)$引起压力较大幅值的下降，但由于此时降低了工质的运动

功,所以相应的弹丸速度增大;但是对于$\frac{\dot{\psi}(t)}{\dot{E}_{\mathrm{i}}(t)} \geqslant 1$的工质反应速率,由于膛内压力梯度降低对流体作功能力的影响要大于压力幅值降低的影响,弹丸速度反而有所增大。另外,与$\beta=1$相比$\beta=0$时,两种极限分解速率的最大压力差更加明显。同样,初始装填密度对内弹道特性影响不明显。

由上面的分析可知,当以吸热工质水为工作介质时,与均匀的工质汽化速率相比,降低工质汽化速率对内弹道性能的影响不大,而提高汽化速率将导致过高的膛内压力,容易引起危险的膛炸事故。当然,较低的工质汽化速率意味着膛内气体有较高的温度,这对防止身管烧蚀不利。同样可以看到,工质汽化速率对最大压力的影响与初始装填密度关系不大。

5.5 电热化学炮内弹道经典模型

电热化学炮内弹道过程与一般固体或液体发射药火炮的不同之处在于电热化学炮有一个电能的输入过程。电热化学炮内弹道循环过程由以下三个部分组成:①射击开始时脉冲电流在放电管内加热金属丝并将其引爆生成高温金属等离子体,这部分等离子体继续烧蚀、离解放电毛细管壁材料产生更多的等离子体。②放电管内高温高压等离子体通过喷嘴以射流形式进入燃烧室,等离子体在燃烧室内与化学工质发生物理化学反应。③化学工质在等离子体作用下分解或燃烧,生成气体推动弹丸沿身管运动。因此,电热化学炮内弹道过程包括:放电管内等离子体生成及流动;等离子体与化学工质的相互作用;化学工质的分解或燃烧;膛内气体推动弹丸运动等过程。比常规火炮的内弹道过程要复杂得多。目前,工程上应用的模型大多都是在一定的近似假设基础上得到的,并根据实验结果进行修正。

5.5.1 放电管等离子体数学模型

1. 基本假设

① 放电管内等离子体视为灰体且处于热力学平衡状态,即放电管内等离子体压力、温度、密度均匀分布。

② 放电管处于绝热状态,其内壁面材料的烧蚀由等离子体的辐射传热引起。

③ 放电管内等离子体热物性参数为常量。

④ 等离子体混合物所有粒子以原子、离子、电子形式存在。

⑤ 当金属引爆丝温度超过某一临界温度时完全电离。

2. 等离子体质量守恒方程

放电毛细管内等离子体混合物包括金属引爆丝爆炸生成的金属离子、电子,毛细管壁面被烧蚀,电离产生的原子、离子和电子等部分电离的等离子体,其质量变化率为

$$\frac{\mathrm{d}m_{\mathrm{i}}}{\mathrm{d}t}=\pi r_1^2 l_1 \dot{\rho}_{\mathrm{a}}-\frac{\mathrm{d}m_0}{\mathrm{d}t} \tag{5.14}$$

式中：m_{i} 和 m_0 分别为毛细管内和从喷孔流出的等离子体混合物质量；r_1 和 l_1 分别为毛细管的半径和长度；$\dot{\rho}_{\mathrm{a}}$ 表示毛细管壁面材料的烧蚀引起等离子体密度的变化速率，称为烧蚀速率，公式如下：

$$\dot{\rho}_{\mathrm{a}}=\frac{2\delta\sigma T_{\mathrm{i}}^4}{r_1 h_{\mathrm{i}}} \tag{5.15}$$

其中：δ 为等离子体的灰度；σ 为斯忒藩-玻耳兹曼(Stefan-Boltzmann)常数；T_{i} 和 h_{i} 分别为等离子体的平均温度和比焓。

3. 喷孔流量方程

当喷孔外背压与放电管内压力之比小于一定值时，等离子体将形成临界流动，其质量流量为

$$\frac{\mathrm{d}m_0}{\mathrm{d}t}=p_{\mathrm{i}}A_0\sqrt{\frac{\gamma}{R_{\mathrm{i}}T_{\mathrm{i}}}\left(\frac{2}{\gamma+1}\right)^{\frac{\gamma+1}{\gamma-1}}} \tag{5.16}$$

其中：γ 和 R_{i} 分别为等离子体混合物的比热比及气体常数；p_{i} 为放电管内压力；A_0 为喷孔面积。

4. 能量守恒方程

由式(5.10)，放电管内等离子体的能量方程为

$$\rho_{\mathrm{i}}\frac{\mathrm{d}e_{\mathrm{i}}}{\mathrm{d}t}=i^2R-\dot{\rho}_0 h_{\mathrm{i}} \tag{5.17}$$

5. 状态方程

$$p_{\mathrm{i}}=kT_{\mathrm{i}}\sum_j n_j \tag{5.18}$$

式中：n_j 为等离子体混合物各粒子的数密度。

6. 放电回路方程

对于采用电容储能的脉冲放电技术，最常用的放电回路是 RLC 放电回路。不考虑放电回路的杂散电阻、杂散电感及杂散电容对放电的影响，由基尔霍夫(Kirchhoff)定律可以写出如下放电方程：

$$iR+L\frac{\mathrm{d}i}{\mathrm{d}t}+\frac{1}{C}\int_0^t i\,\mathrm{d}t=U_{\mathrm{C}} \tag{5.19}$$

式中：R 为等离子体电阻；L、C 分别为放电回路的波形调整电感值及储能电容器组的电容值；i 为放电电流；U_{C} 为电容器初始电压。

5.5.2　燃烧室内弹道数学模型

为了描述固体发射药电热化学炮内弹道过程，除了做一些常规火炮忽略热散失、弹丸挤进功等假设之外，同时假定等离子体射流仅影响火药气体的压力和温度，增强

火药的燃烧。

(1) 火药形状函数

$$\psi = \chi z(1 + \lambda z + \mu z^2) \tag{5.20}$$

(2) 燃速公式

$$\frac{\mathrm{d}z}{\mathrm{d}t} = \frac{u_1}{e_1} p^n \tag{5.21}$$

(3) 弹丸运动方程

$$Sp = \varphi m \frac{\mathrm{d}v}{\mathrm{d}t} \tag{5.22}$$

(4) 内弹道基本方程

$$Sp(l + l_\psi) = f\omega\psi + m_0 R_i T_i - \frac{\theta}{2}\varphi m v^2 \tag{5.23}$$

式中:等号右端第二项为等离子体射流从喷孔流入燃烧室中携带的能量。

5.6 电热化学炮内弹道一维两相流模型

5.5节介绍的电热化学炮内弹道经典模型是建立在等离子体及燃气处于热力学平衡态基础上的,利用该模型可以确定等离子体及火药燃气的参数平均值随时间的变化规律。然而,实际的电热化学炮内弹道过程中由于放电毛细管的烧蚀和等离子体的流动,毛细管内等离子体的速度、温度和压力等参数在轴向和径向都存在梯度分布,燃烧室内的等离子体、发射药和燃气等多相流体的特征参数在膛内也存在轴向和径向的分布。本节的目的是在一定的合理假设条件下,建立固体发射药电热化学炮内弹道一维两相流模型,研究内弹道参数在膛内的分布和变化规律。

5.6.1 物理模型

放电毛细管内电弧等离子体的生成和流动过程,在一般情况下是一个典型的轴对称二维非定常流动问题。等离子体的轴向运动表现为向喷嘴方向流动,而径向流动表现为壁面烧蚀产生的等离子体进入主流。由于放电毛细管为长径比大于10以上的狭长管道,电弧等离子体具有很高的温度及声速,等离子体在轴向流动速度远大于径向流动速度,通常情况下可以忽略等离子体的径向流动效应。因此,可以利用一维流动来描述等离子体在放电管内的生成和流动过程。在燃烧室中,火药颗粒在从毛细管喷嘴流出的高温等离子体的作用下燃烧生成气体,燃烧室内的等离子体、火药和燃气不断地通过相间相互作用进行质量、动量和能量的传递,构成了内弹道多相流动过程。由于电热发射往往采用100倍口径的身管,因此可以采用一维流动来简化内弹道过程。为了建立固体发射药电热化学炮的内弹道数学模型,需要做以下假设:

① 毛细管内等离子体的流动是一维的，任一截面上等离子体特征量相等。

② 等离子体混合物由毛细管壁面聚乙烯材料的烧蚀、电离产生的原子和离子组成。

③ 等离子体的热辐射损失以烧蚀生成的等离子体的热焓形式返回。

④ 忽略等离子体的黏性、质量力、电磁力等次要因素的影响。

⑤ 忽略等离子体的轴向热传导，等离子体视为灰体。

⑥ 膛内的流动是一维的，即膛内流体的压力、温度、密度和速度仅存在轴向梯度。

⑦ 进入燃烧室的等离子体射流的质量、动量和能量作为气相方程的源项处理。

5.6.2　放电管内等离子体一维流动数学模型

采用微元控制体方法，可以得到放电管内等离子体一维流动守恒方程

$$\frac{\partial \rho_{\mathrm{i}}}{\partial t}+\frac{\partial \rho_{\mathrm{i}} u_{\mathrm{i}}}{\partial x}=\dot{\rho}_{\mathrm{a}} \tag{5.24}$$

$$\frac{\partial \rho_{\mathrm{i}} u_{\mathrm{i}}}{\partial t}+\frac{\partial \rho_{\mathrm{i}} u_{\mathrm{i}}^{2}}{\partial x}=-\frac{\partial p_{\mathrm{i}}}{\partial x}+\dot{\rho}_{\mathrm{a}} u_{\mathrm{i}} \tag{5.25}$$

$$\frac{\partial \rho_{\mathrm{i}}\left(e_{\mathrm{i}}+\frac{1}{2} u_{\mathrm{i}}^{2}\right)}{\partial t}+\frac{\partial \rho_{\mathrm{i}} u_{\mathrm{i}}\left(e_{\mathrm{i}}+\frac{1}{2} u_{\mathrm{i}}^{2}\right)}{\partial x}=-\frac{\partial p_{\mathrm{i}} u_{\mathrm{i}}}{\partial x}+i^{2} R \tag{5.26}$$

上述三式中 $\dot{\rho}_{\mathrm{a}}$ 为放电毛细管烧蚀速率。

方程(5.24)～(5.26)构成了放电管内等离子体一维非定常守恒方程组，结合等离子体的状态方程和放电回路方程，即构成封闭的方程组。

5.6.3　燃烧室一维两相流数学模型

燃烧室内的两相是指由火药颗粒组成的固相和由火药燃烧生成的燃气组成的气相。从喷嘴流入燃烧室的等离子体可以看作一种特殊的气相，以源项的形式与火药颗粒和燃气发生相互作用。下面分别给出燃烧室中气固两相的质量、动量和能量守恒方程及相关辅助方程。

(1) 气相质量守恒方程

$$\frac{\partial \phi \rho A}{\partial t}+\frac{\partial \phi \rho A u}{\partial x}=\frac{1-\phi}{1-\psi} \rho_{\mathrm{p}} A \frac{\mathrm{d} \psi}{\mathrm{d} t}+\dot{\rho}_{0} A \tag{5.27}$$

式中：ϕ 为空隙率；ρ_{p} 为火药颗粒密度；A 为炮膛截面积；$\dot{\rho}_{0}$ 为单位体积等离子体射流加入引起的燃气质量变化率。

(2) 固相质量守恒方程

$$\frac{\partial(1-\phi) A}{\partial t}+\frac{\partial(1-\phi) A u_{\mathrm{p}}}{\partial x}=-\frac{1-\phi}{1-\psi} A \frac{\mathrm{d} \psi}{\mathrm{d} t} \tag{5.28}$$

式中：u_{p} 表示固相火药颗粒的运动速度。与方程(5.27)比较可以看出，式(5.28)右端的意义在于火药颗粒质量的减小等于燃气质量的增加。

(3) 气相动量守恒方程

$$\frac{\partial \phi \rho A u}{\partial t}+\frac{\partial \phi \rho A u^{2}}{\partial x}+\phi A \frac{\partial p}{\partial x}=\frac{1-\phi}{1-\psi} \rho_{\mathrm{p}} A u_{\mathrm{p}} \frac{\mathrm{d} \psi}{\mathrm{d} t}-D A+\dot{\rho}_{0} u_{\mathrm{i}} A \tag{5.29}$$

式中等号右端：第一项表示火药颗粒的燃烧对气相动量的增加；第二项表示由于相间阻力所消耗的气相动量；第三项表示等离子体的动量对膛内气体动量的影响。

(4) 固相动量守恒方程

$$\frac{\partial(1-\phi) A u_{\mathrm{p}}}{\partial t}+\frac{\partial(1-\phi) A u_{\mathrm{p}}^{2}}{\partial x}+\frac{(1-\phi) A}{\rho_{\mathrm{p}}} \frac{\partial p}{\partial x}=-\frac{1-\phi}{1-\psi} A u_{\mathrm{p}} \frac{\mathrm{d} \psi}{\mathrm{d} t}+\frac{D A}{\rho_{\mathrm{p}}} \tag{5.30}$$

(5) 气相能量守恒方程

$$\frac{\partial \phi \rho A\left(e+\frac{1}{2} u^{2}\right)}{\partial t}+\frac{\partial \phi \rho A u\left(e+\frac{1}{2} u^{2}\right)}{\partial x}+\frac{\partial \phi p A u}{\partial x}+p A \frac{\partial \phi}{\partial t}=$$

$$\frac{1-\phi}{1-\psi} \rho_{\mathrm{p}} A\left(\frac{f}{\gamma-1}+\frac{1}{2} u_{\mathrm{p}}^{2}\right) \frac{\mathrm{d} \psi}{\mathrm{d} t}-D A u_{\mathrm{p}}-Q A+\dot{\rho}_{0} h_{\mathrm{i}} A \tag{5.31}$$

式中等号右端：第一项表示火药颗粒燃烧释放到气相中的能量；第二项表示相间阻力消耗的功；最后一项为等离子体带入的能量。

(6) 火药颗粒表面温度方程

$$\frac{\partial T_{\mathrm{ps}}}{\partial t}+u_{\mathrm{p}} \frac{\partial T_{\mathrm{ps}}}{\partial x}=\frac{q}{\lambda_{\mathrm{p}}} \sqrt{\frac{a_{\mathrm{p}}}{\pi t}}, \quad T_{\mathrm{ps}} \leqslant T^{*} \tag{5.32}$$

式中：T^{*} 为火药颗粒着火温度。

(7) 状态方程

$$p\left(\frac{1}{\rho}-\alpha\right)=R T \tag{5.33}$$

(8) 火药颗粒燃烧方程

$$\psi=\chi_{z}\left(1+\lambda z+\mu z^{2}\right) \tag{5.34}$$

$$\frac{\mathrm{d} z}{\mathrm{d} t}=\frac{u_{1}}{e_{1}} p^{n} \tag{5.35}$$

(9) 相间阻力

气固两相之间的相间阻力可以利用固体颗粒群阻力的一些实验研究结果来描述。这里采用在实际中使用比较广泛的一个阻力公式

$$D=c_{\mathrm{f}} \frac{1-\phi}{\phi d_{\mathrm{p}}} \rho\left(u-u_{\mathrm{p}}\right)\left|u-u_{\mathrm{p}}\right| \tag{5.36}$$

式中：c_{f} 为阻力系数，

$$c_f=\begin{cases}c_{fz} & \phi\leqslant\phi_0\\ c_{fz}\left(\dfrac{1-\phi}{1-\phi_0}\dfrac{\phi_0}{\phi}\right)^{0.21} & \phi_0<\phi\leqslant 0.97\\ 0.45 & 0.97<\phi\leqslant 1\end{cases}$$

其中：ϕ_0 为临界流化空隙率，一般可取 $\phi_0=0.5\sim0.6$；系数 c_{fz} 可由下式确定：

$$c_{fz}=\begin{cases}0.31\lg^2 Re_p-2.55\lg Re_p+6.33 & Re_p<2\times10^4\\ 1.10 & Re_p\geqslant 2\times10^4\end{cases}$$

上式中 Re_p 为基于火药颗粒当量直径的雷诺数

$$Re_p=\frac{\rho d_p|u-u_p|}{\mu}$$

5.7　电热化学炮一维两相流计算方法

5.6 节建立的电热化学炮内弹道一维两相流模型属于一阶拟线性偏微分方程组，要直接得到解析解是不可能的，因此只能通过数值方法进行求解。对于不同的数学物理方程，数值方法的恰当选取是数值模拟成功的前提；边界条件的合理处理是数值模拟的关键，对于运动边界，利用运动控制体方法推导出的守恒型弹底运动边界条件可以保证物理量在边界上严格守恒并与内点计算结果相协调；内弹道循环过程中由间断面或间断源引起的数值振荡可以采用人工黏性或滤波等间断处理方法抑制，但人工黏性太大或滤波因子太小，都有可能掩盖膛内现象的物理本质，使计算失真。本节以电热化学炮为例，介绍一维两相流计算方法，其他类型火炮及装药结构的一维两相流内弹道过程可类推得到相应的数值计算方法。

5.7.1　两相流内弹道方程组的类型

将电热化学炮一维两相流守恒方程组(5.27)～(5.31)写为矩阵形式

$$\frac{\partial \boldsymbol{U}}{\partial t}+\frac{\partial \boldsymbol{F}}{\partial x}=\boldsymbol{H} \tag{5.37}$$

式中：

$$\boldsymbol{U}=\begin{bmatrix}\phi\rho A\\ (1-\phi)\rho_p A\\ \phi\rho A u\\ (1-\phi)\rho_p A u_p\\ \phi\rho A\left(e+\dfrac{1}{2}u^2\right)\end{bmatrix},\quad \boldsymbol{F}=\begin{bmatrix}\phi\rho A u\\ (1-\phi)\rho_p A u_p\\ \phi\rho A\left(u^2+\dfrac{p}{\rho}\right)\\ (1-\phi)\rho_p A\left(u_p^2+\dfrac{p}{\rho_p}\right)\\ \phi\rho A u\left(e+\dfrac{1}{2}u^2+\dfrac{p}{\rho}\right)\end{bmatrix}$$

$$\boldsymbol{H}=\begin{bmatrix}\dfrac{1-\phi}{1-\psi}\rho_{\mathrm{p}}A\dfrac{\mathrm{d}\psi}{\mathrm{d}t}+\dot{\rho}_0A\\ -\dfrac{1-\phi}{1-\psi}\rho_{\mathrm{p}}A\dfrac{\mathrm{d}\psi}{\mathrm{d}t}\\ \dfrac{1-\phi}{1-\psi}\rho_{\mathrm{p}}Au_{\mathrm{p}}\dfrac{\mathrm{d}\psi}{\mathrm{d}t}-DA+p\dfrac{\partial\phi A}{\partial x}+\dot{\rho}_0Au_{\mathrm{i}}\\ -\dfrac{1-\phi}{1-\psi}\rho_{\mathrm{p}}Au_{\mathrm{p}}\dfrac{\mathrm{d}\psi}{\mathrm{d}t}+DA+p\dfrac{\partial(1-\phi)A}{\partial x}\\ \dfrac{1-\phi}{1-\psi}\rho_{\mathrm{p}}A\left(\dfrac{f}{\gamma-1}+\dfrac{1}{2}u_{\mathrm{p}}^2\right)\dfrac{\mathrm{d}\psi}{\mathrm{d}t}-pA\dfrac{\partial\phi}{\partial t}-DAu_{\mathrm{p}}-QA+\dot{\rho}_0Ah_{\mathrm{i}}\end{bmatrix}$$

为了分析方程(5.37)的类型,在忽略炮膛横截面积的情况下,可将其写为如下的非守恒形式:

$$\frac{\partial\boldsymbol{M}}{\partial t}+\boldsymbol{D}\frac{\partial\boldsymbol{M}}{\partial x}=\boldsymbol{E}\tag{5.38}$$

式中:

$$\boldsymbol{M}=\begin{bmatrix}\rho\\ \phi\\ u\\ u_{\mathrm{p}}\\ p\end{bmatrix},\quad \boldsymbol{D}=\begin{bmatrix}u & \dfrac{u-u_{\mathrm{p}}}{\phi}\rho & \rho & \dfrac{1-\phi}{\phi}\rho & 0\\ 0 & u_{\mathrm{p}} & 0 & -(1-\phi) & 0\\ 0 & 0 & u & 0 & \dfrac{1}{\rho}\\ 0 & 0 & 0 & u_{\mathrm{p}} & \dfrac{1}{\rho_{\mathrm{p}}}\\ 0 & \dfrac{u-u_{\mathrm{p}}}{\phi}\rho c^2 & \rho c^2 & \dfrac{1-\phi}{\phi}\rho c^2 & u\end{bmatrix}$$

$$\boldsymbol{E}=\begin{bmatrix}\dfrac{1-\phi}{1-\psi}\dfrac{\rho_{\mathrm{p}}-\rho}{\phi}\dfrac{\mathrm{d}\psi}{\mathrm{d}t}+\dfrac{\dot{\rho}_0}{\phi}\\ \dfrac{1-\phi}{1-\psi}\dfrac{\mathrm{d}\psi}{\mathrm{d}t}\\ \dfrac{1-\phi}{1-\psi}\dfrac{\rho_{\mathrm{p}}(u_{\mathrm{p}}-u)}{\phi\rho}\dfrac{\mathrm{d}\psi}{\mathrm{d}t}-\dfrac{D}{\phi\rho}+\dfrac{\dot{\rho}_0(u_{\mathrm{i}}-u)}{\phi\rho}\\ \dfrac{D}{(1-\phi)\rho_{\mathrm{p}}}\\ \dfrac{\gamma-1}{\phi(1-\alpha\rho)}\dfrac{1-\phi}{1-\psi}\rho_{\mathrm{p}}\left[\dfrac{f}{\gamma-1}-\left(e+\dfrac{p}{\rho}\right)+\dfrac{1}{2}(u-u_{\mathrm{p}})^2\right]\dfrac{\mathrm{d}\psi}{\mathrm{d}t}+\dfrac{1-\phi}{1-\psi}\dfrac{\rho_{\mathrm{p}}-\rho}{\phi}c^2\dfrac{\mathrm{d}\psi}{\mathrm{d}t}+\\ \dfrac{\gamma-1}{\phi(1-\alpha\rho)}[D(u-u_{\mathrm{p}})-Q]+\dfrac{\gamma-1}{\phi(1-\alpha\rho)}\dot{\rho}_0\left[h_{\mathrm{i}}-\left(e+\dfrac{1}{2}u^2\right)+\dfrac{1}{\gamma-1}\dfrac{p}{\rho}-u(u_{\mathrm{i}}-u)\right]\end{bmatrix}$$

其中:c 为气相声速,且 $c=\sqrt{\dfrac{\gamma p}{\rho(1-\alpha\rho)}}$。

根据一阶拟线性偏微分方程特征理论,式(5.38)的特征方程为

$$\det(\boldsymbol{D}-\lambda\boldsymbol{I})=0 \tag{5.39}$$

即

$$\begin{vmatrix} u-\lambda & \dfrac{u-u_{\mathrm{p}}}{\phi}\rho & \rho & \dfrac{1-\phi}{\phi}\rho & 0 \\ 0 & u_{\mathrm{p}}-\lambda & 0 & -(1-\phi) & 0 \\ 0 & 0 & u-\lambda & 0 & \dfrac{1}{\rho} \\ 0 & 0 & 0 & u_{\mathrm{p}}-\lambda & \dfrac{1}{\rho_{\mathrm{p}}} \\ 0 & \dfrac{u-u_{\mathrm{p}}}{\phi}\rho c^2 & \rho c^2 & \dfrac{1-\phi}{\phi}\rho c^2 & u-\lambda \end{vmatrix}=0 \tag{5.40}$$

由式(5.40)可以看出,$\lambda=u$ 是其中的一个实根,它表示气相迹线。其余 4 个特征根可由以下行列式确定:

$$\begin{vmatrix} u_{\mathrm{p}}-\lambda & 0 & -(1-\phi) & 0 \\ 0 & u-\lambda & 0 & \dfrac{1}{\rho} \\ 0 & 0 & u_{\mathrm{p}}-\lambda & \dfrac{1}{\rho_{\mathrm{p}}} \\ \dfrac{u-u_{\mathrm{p}}}{\phi}\rho c^2 & \rho c^2 & \dfrac{1-\phi}{\phi}\rho c^2 & u-\lambda \end{vmatrix}=0$$

展开后可得

$$(\lambda-u_{\mathrm{p}})^2[(\lambda-u)^2-c^2]=\frac{1-\phi}{\phi}\frac{\rho}{\rho_{\mathrm{p}}}c^2(\lambda-u)^2 \tag{5.41}$$

式(5.41)是 4 次代数方程,对应有 4 个特征根,方程组的类型取决于特征根的性质。令

$$\xi=\frac{\lambda-u}{c}$$

则式(5.41)可写为

$$(\xi^2-1)\left(\xi+\frac{u-u_{\mathrm{p}}}{c}\right)^2=\frac{1-\phi}{\phi}\frac{\rho}{\rho_{\mathrm{p}}}\xi^2 \tag{5.42}$$

令

$$\eta=(\xi^2-1)\left(\xi+\frac{u-u_{\mathrm{p}}}{c}\right)^2 \tag{5.43}$$

式(5.43)代表(ξ,η)平面上的一条四次曲线,与 ξ 轴有 3 个交点,即 $\xi_{1,2}=\pm 1$ 和 $\xi_3=-\dfrac{u-u_{\mathrm{p}}}{c}$。因此,在两相流动即 $u\neq u_{\mathrm{p}}$ 的情况下,对于相对马赫数 $\left|\dfrac{u-u_{\mathrm{p}}}{c}\right|<1$ 的亚声速条件,通过分析可知方程(5.42)只有 2 个实根,所以方程组不是完全双曲型

的,而是双曲-抛物型的;对于$\left|\dfrac{u-u_{\mathrm{p}}}{c}\right|>1$的超声速条件,则方程(5.42)可能存在4个实根,此时内弹道方程组属于双曲型偏微分方程组。

一般情况下,火炮膛内两相流动的相对马赫数都小于1,处于亚声速流动状态,因此方程组是双曲-抛物型的。而在点火和传火等内弹道早期阶段,由于装药床受压存在固相应力,此时方程组属于双曲型。弹丸运动以后,随着弹后空间的增大,装药床开始流化为松散状态,固相应力逐渐消失,方程组则由双曲型转化为双曲-抛物型。

5.7.2 差分格式

如前所述,两相流内弹道数学模型一般情况下不完全是双曲型,而是混合的双曲-抛物型偏微分方程组,只能通过数值方法进行求解。目前,在内弹道计算中应用较多的为网格差分法。差分方法是在一定精度范围内用有限差分方程代替微分方程的一种数值计算方法,这种差分方程具有收敛性和稳定性。本节介绍几种在内弹道计算中常用的差分格式。

(1) Lax-Wendroff差分格式

这是一种具有二阶精度的两步守恒型差分格式。对于方程式(5.37),Lax-Wendroff差分格式为

$$\boldsymbol{U}_{j+\frac{1}{2}}^{n+\frac{1}{2}}=\frac{1}{2}(\boldsymbol{U}_{j+1}^{n}+\boldsymbol{U}_{j}^{n})-\frac{\Delta t}{2\Delta x}(\boldsymbol{F}_{j+1}^{n}-\boldsymbol{F}_{j}^{n})+\frac{\Delta t}{4}(\boldsymbol{H}_{j+1}^{n}+\boldsymbol{H}_{j}^{n}) \tag{5.44}$$

$$\boldsymbol{U}_{j}^{n+1}=\boldsymbol{U}_{j}^{n}-\frac{\Delta t}{\Delta x}\left(\boldsymbol{F}_{j+\frac{1}{2}}^{n+\frac{1}{2}}-\boldsymbol{F}_{j-\frac{1}{2}}^{n+\frac{1}{2}}\right)+\frac{\Delta t}{2}\left(\boldsymbol{H}_{j+\frac{1}{2}}^{n+\frac{1}{2}}+\boldsymbol{H}_{j-\frac{1}{2}}^{n+\frac{1}{2}}\right) \tag{5.45}$$

此格式为预估-校正两步差分格式,式(5.44)为预估计算,式(5.45)为校正计算。Lax-Wendroff格式为弱耗散-强色散型差分格式,对于物理量变化比较平缓的光滑流场可获得很好的计算结果。但在间断或激波附近由于格式的色散效应往往产生解的振荡现象,特别是在接触间断、绕流问题中的驻点等计算中有无法克服的弱点,常常需要引入适当的人工黏性。此外,该格式不具有单调性,在许多情况下会造成输送假象。

Lax-Wendroff格式的稳定性条件为

$$(|u|+c)\frac{\Delta t}{\Delta x}\leqslant 1 \tag{5.46}$$

因此,当取定空间步长Δx以后,时间步长Δt的选取应满足上述的稳定性条件,即

$$\Delta t=\frac{\sigma\Delta x}{|u|+c} \tag{5.47}$$

式中:σ是小于1的系数,一般取0.8~0.9。对于弱波可取大一些,对于强波可取小一些。膛内的压力波一般较弱,可取$\sigma=0.9$。式(5.47)意味着,当Δx取定后,Δt必须要小于扰动波穿越Δx所需要的时间。

（2）MacCormack 差分格式

这也是一种具有二阶精度的差分格式，其特点是交替地使用前差与后差格式进行预估和校正计算。对于方程式（5.37），MacCormack 差分格式为

$$U_j^{\bar{n}} = U_j^n - \frac{\Delta t}{\Delta x}\left[\zeta(F_{j+1}^n - F_j^n) + (1-\zeta)(F_j^n - F_{j-1}^n)\right] + \Delta t H_j^n \tag{5.48}$$

$$U_j^{n+1} = \frac{1}{2}\left\{U_j^n + U_j^{\bar{n}} - \frac{\Delta t}{\Delta x}\left[(1-\zeta)(F_{j+1}^{\bar{n}} - F_j^{\bar{n}}) + \zeta(F_j^{\bar{n}} - F_{j-1}^{\bar{n}})\right] + \Delta t H_j^{\bar{n}}\right\} \tag{5.49}$$

式中：ζ 为选择开关，取 0 或 1。ζ 取 1 时，预估计算取前差格式，校正计算取后差格式；ζ 取 0 时，则正好相反。

MacCormack 差分格式也为弱耗散型格式，但色散效应要比 Lax - Wendroff 格式弱，因此应用较为普遍。MacCormack 格式的稳定性条件与 Lax - Wendroff 格式相同。

（3）TVD 差分格式

TVD 格式被证明是一种处理强间断能力较强的差分格式，具有间断分辨率高的优点，在光滑处具有二阶精度，在间断处自动降为一阶精度以抑制振荡。TVD 格式克服了像 Lax 格式、Godunov 格式等一阶格式在间断附近有很大抹平的缺点，同时克服了如 Lax - Wendroff 格式、MacCormack 格式、Beam - Warming 格式等二阶格式在间断附近产生伪振荡的不足，极大地提高了捕捉激波间断面和接触间断面的质量。对于方程（5.37），具有二阶精度的 TVD 差分格式为

$$\boldsymbol{U}_j^{n+1} = \boldsymbol{U}_j^n - \frac{\Delta t}{\Delta x}(\boldsymbol{F}_{j+\frac{1}{2}}^n - \boldsymbol{F}_{j-\frac{1}{2}}^n) + \Delta t \boldsymbol{H}_j^n \tag{5.50}$$

$$\boldsymbol{F}_{j+\frac{1}{2}} = \frac{1}{2}(\boldsymbol{F}_j + \boldsymbol{F}_{j+1}) + \frac{\Delta x}{2\Delta t}\sum_{k=1}^{5}\boldsymbol{R}^k\left[g_j^k + g_{j+1}^k - Q\left(\frac{\Delta t}{\Delta x}a_{j+\frac{1}{2}}^k + \gamma_{j+\frac{1}{2}}^k\right)\alpha_{j+\frac{1}{2}}^k\right]_{j+\frac{1}{2}} \tag{5.51}$$

式中，a^k、$\boldsymbol{R}^k(k=1,\cdots,5)$ 分别为 Jacobi 矩阵 $\boldsymbol{A}=\dfrac{\partial \boldsymbol{F}}{\partial \boldsymbol{U}}$ 的特征值和右特征向量，数值黏性 Q 可取

$$Q(z) = \begin{cases} \dfrac{1}{2}\left(\dfrac{z^2}{\delta} + \delta\right), & |z| < \delta \\ |z|, & |z| \geqslant \delta \end{cases}$$

式中：δ 为计算中给定的常数。$\alpha_{j+\frac{1}{2}}^k$ 为列向量

$$\alpha_{j+\frac{1}{2}} = \boldsymbol{R}_{j+\frac{1}{2}}^{-1}(\boldsymbol{U}_{j+1} - \boldsymbol{U}_j)$$

的分量，式中的 $\boldsymbol{R}_{j+\frac{1}{2}}^{-1}$ 为由 $\boldsymbol{A}$ 的右特征向量 $\boldsymbol{R}_{j+\frac{1}{2}}^k$ 组成的矩阵的逆。$\gamma_{j+\frac{1}{2}}^k$、g_j^k 分别为

$$\gamma^k_{j+\frac{1}{2}}=\begin{cases}\dfrac{g^k_{j+1}-g^k_j}{\alpha^k_{j+\frac{1}{2}}}, & \alpha^k_{j+\frac{1}{2}}\neq 0\\ 0, & \alpha^k_{j+\frac{1}{2}}=0\end{cases}$$

$$g^k_j=\operatorname{sgn}\left(\bar{g}^k_{j+\frac{1}{2}}\right)\max\left[0,\min\left(\left|\bar{g}^k_{j+\frac{1}{2}}\right|,\operatorname{sgn}\left(\bar{g}^k_{j+\frac{1}{2}}\right)\bar{g}^k_{j-\frac{1}{2}}\right)\right]$$

$$\bar{g}^k_{j+\frac{1}{2}}=\frac{1}{2}\left[Q\left(\frac{\Delta t}{\Delta x}a^k_{j+\frac{1}{2}}\right)-\left(\frac{\Delta t}{\Delta x}a^k_{j+\frac{1}{2}}\right)^2\right]\alpha^k_{j+\frac{1}{2}}$$

5.7.3 边界条件与初始条件

1. 膛底边界条件

若不考虑后坐的影响,可把膛底当作静止的固壁处理,即

$$u(0,t)=u(0,0)=0$$

$$u_{\mathrm{p}}(0,t)=u_{\mathrm{p}}(0,0)=0$$

对于这一类边界采用反射法比较方便。反射法是通过在边界以外设置虚拟点,并用反射原理确定虚拟点上的值,把边界点化为内点,从而完成内点上的各参量的计算。根据解域离散方法的不同,反射法通常有以下两种。

(1) 外节点网格系中的反射法

如图5.5(a)所示,在这种网格系统中,网格的节点位于膛底固壁上。在壁面内定义一个虚拟节点 $j=-1$,该节点处的速度用反对称反射,其余参量用对称反射来确定它们的取值,即

$$\begin{cases}w_{-1}=-w_1, & w=u、u_{\mathrm{P}}\\ q_{-1}=q_1, & q=\phi、\rho、p、T\end{cases}\tag{5.52}$$

因此,在节点 $j=0$ 处 $w=0$。式(5.52)实际上是对称条件,对于 ϕ、ρ、p、T 等参量来说,这种边界处理方法相当于引入了额外的条件 $\dfrac{\partial q}{\partial x}=0$。它仅适用于对称边界,用于固壁边界则不能产生数学上相容的差分方程。不过,在网格不是很粗的情况下,这种具有误差边界条件的差分方程仍可在某种实用的意义下给出微分方程的近似解。

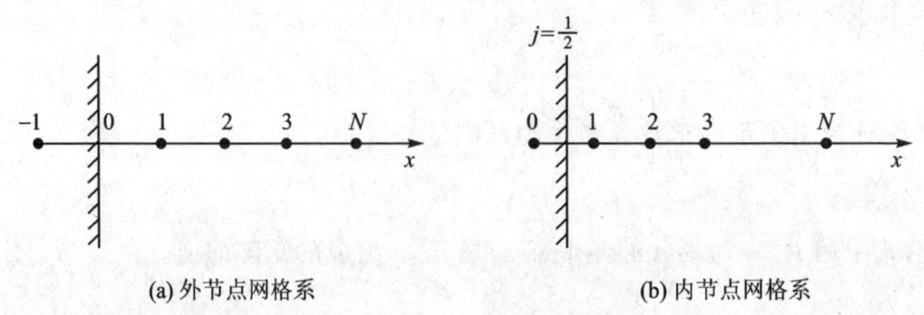

图5.5 固壁边界条件反射法

(2) 内节点网格系中的反射法

如图5.5(b)所示,在这种网格系统中,网格的界面位于膛底固壁。虚拟节点 $j=0$ 定义在壁面内,利用反射法则有

$$\begin{cases} w_0=-w_1, & w=u、u_P \\ q_0=q_1, & q=\phi、\rho、p、T \end{cases} \tag{5.53}$$

式(5.53)不同于外节点网格系中的对称条件,而等效于壁面上所有物理参量的通量均等于零。也就是说,在 $j=1$ 处用正规二阶内点差分时,壁面 $j=\frac{1}{2}$ 处所有 q 的通量均恒等于零,即

$$(wq)_{\frac{1}{2}}=\frac{1}{2}\left[(wq)_0+(wq)_1\right]=\frac{1}{2}\left[-(wq)_1+(wq)_1\right]\equiv 0$$

从数学上的相容性要求出发,推荐采用内节点网格系中的反射法。

2. 弹底运动边界

对于这一类运动边界,应用运动控制体方法推导守恒型格式比较可行。取运动控制体如图5.6所示。

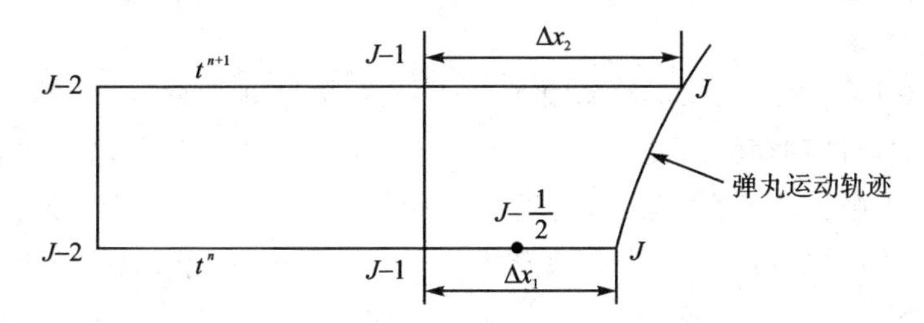

图5.6　运动控制体示意图

对方程式(5.37)积分,有

$$\int_{x_{J-1}}^{x_J}\int_{t^n}^{t^{n+1}}\frac{\partial \boldsymbol{U}}{\partial t}\mathrm{d}t\,\mathrm{d}x+\int_{x_{J-1}}^{x_J}\int_{t^n}^{t^{n+1}}\frac{\partial \boldsymbol{F}}{\partial t}\mathrm{d}t\,\mathrm{d}x=\int_{x_{J-1}}^{x_J}\int_{t^n}^{t^{n+1}}\boldsymbol{H}\,\mathrm{d}t\,\mathrm{d}x \tag{5.54}$$

式中,等号左边第一项表示在 Δt 时间内控制体中物理量的增加,即

$$\int_{x_{J-1}}^{x_J}\int_{t^n}^{t^{n+1}}\frac{\partial \boldsymbol{U}}{\partial t}\mathrm{d}t\,\mathrm{d}x=\boldsymbol{U}_{J-\frac{1}{2}}^{n+1}\Delta x_2-\boldsymbol{U}_{J-\frac{1}{2}}^{n}\Delta x_1$$

等号左边第二项表示在 Δt 时间内控制体中物理量的输运量的增加。由于在弹底没有输运量的流入、流出,只在 $J-1$ 界面上有输运量的交换,因此

$$\int_{x_{J-1}}^{x_J}\int_{t^n}^{t^{n+1}}\frac{\partial \boldsymbol{F}}{\partial t}\mathrm{d}t\,\mathrm{d}x=-\boldsymbol{F}_{J-1}^{n}\Delta t$$

等号右边表示在 Δt 时间内控制体中源的增加,即

$$\int_{x_{J-1}}^{x_J}\int_{t^n}^{t^{n+1}}\boldsymbol{H}\,\mathrm{d}t\,\mathrm{d}x=\boldsymbol{H}_{J-\frac{1}{2}}^{n}\Delta x_1\Delta t$$

取

$$\boldsymbol{U}_{J-\frac{1}{2}}^{n+1}=\frac{1}{2}(\boldsymbol{U}_{J-1}^{n+1}+\boldsymbol{U}_{J}^{n+1})$$

$$\boldsymbol{U}_{J-\frac{1}{2}}^{n}=\frac{1}{2}(\boldsymbol{U}_{J-1}^{n}+\boldsymbol{U}_{J}^{n})$$

$$\boldsymbol{H}_{J-\frac{1}{2}}^{n}=\frac{1}{2}(\boldsymbol{H}_{J-1}^{n}+\boldsymbol{H}_{J}^{n})$$

即得

$$\boldsymbol{U}_{J}^{n+1}=\frac{(\boldsymbol{U}_{J-1}^{n}+\boldsymbol{U}_{J}^{n})\Delta x_{1}+2\boldsymbol{F}_{J-1}^{n}\Delta t+(\boldsymbol{H}_{J-1}^{n}+\boldsymbol{H}_{J}^{n})\Delta x_{1}\Delta t}{\Delta x_{2}}-\boldsymbol{U}_{J-1}^{n+1} \tag{5.55}$$

对于气相速度,由连续性假设,弹底气流速度应等于弹丸运动速度,所以弹底气相速度可由弹丸运动速度得到,即

$$\frac{\mathrm{d}u}{\mathrm{d}t}=\frac{(p_{\mathrm{d}}-p_{\mathrm{f}})A}{m} \tag{5.56}$$

式中,p_{d} 为弹底压力;p_{f} 为阻力。

运用该弹底运动边界条件,可保证边界上物理量仍然满足守恒关系。数值模拟实践表明,该运动边界条件在求解内弹道循环过程中是非常有效的。

3. 初始条件

将火炮开始射击时刻作为初始时刻。此时,气固两相速度均为零。压力、温度、密度这3个物理量只须给出其中2个即可,第3个由状态方程确定。如果同时给出3个物理量,可能不能满足状态方程,造成初始条件不相容。一般情况下,取压力为常压,温度为环境温度,密度由状态方程确定。空隙率则根据火炮装填条件确定。因此初始条件为

$$\begin{cases}u(x,0)=0\\ u_{\mathrm{P}}(x,0)=0\\ p(x,0)=p_{0}\\ T(x,0)=T_{0}\\ \rho(x,0)=\dfrac{p_{0}}{\alpha p_{0}+RT_{0}}\\ \phi(x,0)=f(x)\end{cases} \tag{5.57}$$

5.7.4 网格自动生成方法

如图5.6所示,随着弹丸运动,弹后网格长度 Δx_2 不断增加,当 $\Delta x_2>\Delta x$ 时应该增加一个内点网格。$\dfrac{\Delta x_2}{\Delta x}$为何值时增加一个内点网格节点比较合适呢?通过大量的数值模拟实践,发现当$\dfrac{\Delta x_2}{\Delta x}=1.5\sim1.6$时,增加一个网格比较合适。当增加一个内点网格后,将 $\Delta x_2-\Delta x$ 赋给 Δx_1,重新计算,直到弹丸出炮口。新增加网格节点

处的物理量可用二阶精度的插值求出。

弹丸运动后，由于网格不断生成，计算量大大增加。已知当压力达到最大压力之后，膛内物理量沿轴向的梯度较小。为了减少运算时间与节省内存空间，可采用合并网格的方法，即网格数增加到一定数量之后，将网格合二为一。为了保证计算精度，要求网格数增加到一定数量后再合并。采用这种方法之后，可使运行时间成倍缩短，并且计算效果很好。实践证明该方法是一种行之有效的方法。随着计算机运行速度的不断提高与存储容量的不断增大，对于一维计算，可不采用合并网格方法，这样可避免网格合并造成的误差。

5.7.5　人工黏性和滤波

在膛内射击过程中，由于点火药燃气的加入或在膛内运动受阻，会产生物理量的突跃；由于装药区结构的原因，也会使膛内初始空隙率分布产生突跃，如装药区与自由空间的间断面，这些突跃形成间断。在这些间断处，微分方程不再适用，应使用突跃条件来处理。这些突跃条件起着内边界的作用，并要保证解的唯一性，这就给数值模拟带来一定的困难。目前，TVD 格式可有效解决这类间断问题，而 Lax - Wendroff 格式与 MacCormack 格式必须借助附加的人工黏性来解决，即在方程中人为地加上一项黏性项，使间断处的物理量在很窄的宽度内光滑过渡，形成一种急剧但又连续变化的流动，过渡层的厚度与耗散系数成正比。这就使得计算时不必区分连续与间断，可用统一的差分格式进行处理，给计算带来了方便，这种方法称为人工黏性法。从物理意义上来说，对于实际流动总是存在着黏性，这种黏性产生一定的耗散效应。对不存在黏性的极限情况，变化趋于 Hugoniot 间断。

设人工黏性项为 q，在方程中引入黏性项只须将方程中的压力 p 全部用 $p+q$ 来代替即可。取

$$q=\begin{cases} l^2\rho\left(\dfrac{\partial u}{\partial x}\right)^2, & \dfrac{\partial u}{\partial x}<0 \\ 0, & \dfrac{\partial u}{\partial x}\geqslant 0 \end{cases} \tag{5.58}$$

差分形式为

$$q_{j+\frac{1}{2}}^{n}=\begin{cases} \dfrac{1}{2}\eta^2\left(\rho_{j+\frac{1}{2}}^{n}+\rho_{j+\frac{1}{2}}^{n-1}\right)(u_{j+1}^{n}-u_{j}^{n})^2, & u_{j+1}^{n}-u_{j}^{n}<0 \\ 0, & u_{j+1}^{n}-u_{j}^{n}\geqslant 0 \end{cases} \tag{5.59}$$

式中：l 是具有长度量纲的常数。对于一维流动，$l=\eta\Delta x$，η 约为 1.5～2.0，是一个无量纲常数。

由激波产生的间断，可以通过人工黏性法使其流动在激波层内形成光滑过渡，从而解决这类间断的计算问题。但在计算过程中，由于差分格式存在色散，波头可能出现振荡，随着计算的进行，振荡有可能积累使计算无法进行下去，造成停机现象。在

火炮截面过渡的情况下,当面积的导数出现间断时也存在这种计算不能进行下去的现象。对于这类问题,人工黏性法有时是不能消除的,这时可采用滤波的方法。常用的滤波法是 Shumann 滤波,其采用的是一种加权平均的方法,即

$$\boldsymbol{U}_j^n = \frac{1}{K+2}(\boldsymbol{U}_{j-1}^n + K\boldsymbol{U}_j^n + \boldsymbol{U}_{j+1}^n) \tag{5.60}$$

式中:U 代表 ρ、u、p 等参数,K 代表滤波因子。K 值取得太大,起不到滤波作用;若取得过小,则滤波点可能产生"失真"现象,所以滤波因子的取值也是一个具体实践的问题。计算实践表明,滤波次数过多,会使射击现象失真,最明显的是计算膛压偏低。另外,也不必对所有流动参数都进行滤波,只须对密度和流速滤波即可。

5.7.6 守恒性检查

内弹道两相流数学模型的计算相当复杂,计算过程中各参量的结果是否正确,可以根据守恒关系进行必要的检查。若 V_j 代表网格单元的容积,则任意时刻的质量守恒为

$$\sum_j [\phi_j \rho_j V_j + (1-\phi_j)\rho_P V_j] = \omega \tag{5.61}$$

式中:ω 为装药质量。

任意时刻的能量守恒为

$$\sum_j \left[\phi_j \rho_j V_j \left(e_j + \frac{1}{2}u_j^2\right) + (1-\phi_j)\rho_P V_j \left(\frac{f}{\gamma-1} + \frac{1}{2}u_{pj}^2\right)\right] + \frac{1}{2}\varphi m v^2 = \frac{f\omega}{\gamma-1} \tag{5.62}$$

式中:m 为弹丸质量;v 为弹丸速度。

通过式(5.61)和式(5.62)的质量守恒和能量守恒可检查计算过程的正确性和可靠性。

第 6 章　随行装药发射原理

随行装药技术是一种能有效提高火炮弹丸初速的装药技术。它可以在与常规装药技术相同的装药与弹丸质量比的条件下,大幅度提高火炮的弹道效率,从而获得较高的炮口速度。另外,随行装药技术的发射系统与现有的火炮相容,它仅仅改变装药结构的形式,就能达到改善火炮的内弹道性能和提高弹丸初速的目的。

6.1　随行装药基本概念

6.1.1　随行装药效应

对于常规装药的火炮发射系统,推动弹丸加速的发射装药都是与弹丸分离的,并散布在整个弹后空间进行燃烧。随着弹丸的运动,弹后未燃完的固体火药在火药气体的驱动下将追随着弹丸而沿膛内流动,使得膛底和弹底之间形成一个抛物线形式的压力分布,膛底压力高于弹底压力,见图 6.1。由于这一压力梯度的存在,使得推动弹丸运动的弹底压力仅是膛底压力的 70%～80%;同时,火药燃烧释放出的能量,不仅用于推动弹丸运动,还用于加速弹后空间的火药气体,保证部分气体与弹丸以相同的速度运动,因而严重地影响了弹丸初速的提高。尤其是高膛压、高装填密度的反坦克炮,弹丸的炮口速度越高,膛底与弹底之间的压力差就越大,气体和装药运动所消耗的能量也就越大。

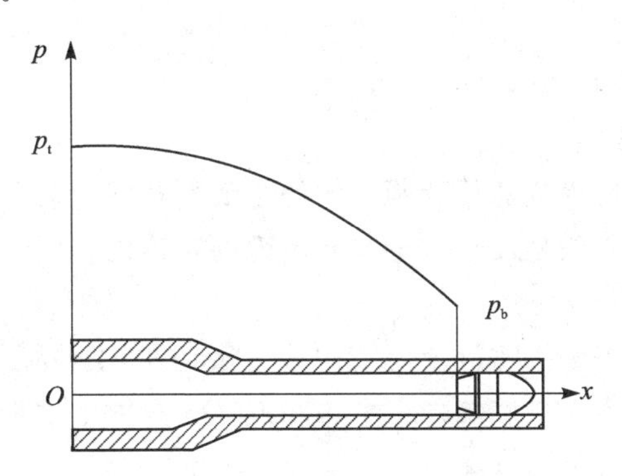

图 6.1　普通装药火炮弹后压力分布示意图

随行装药技术是在弹丸底部携带有一定量的火药,并使之随弹丸一起运动。由于随行装药的燃烧能够在弹丸底部形成一个很高的气体生成速率,从而有效地提高了弹底压力,降低了膛底与弹底之间的压力梯度,在弹丸底部形成了一个较高的、近

似恒定的压力;同时,局部的、高速的固体火药燃烧生成的火药气体,在气固交界面上形成很大的推力,与普通装药火炮相比,该推力与弹丸底部附近的气体压力相结合,导致了对弹丸作功能力的增加,直至该部分火药燃完。图6.2所示为随行装药火炮弹后压力分布示意图。

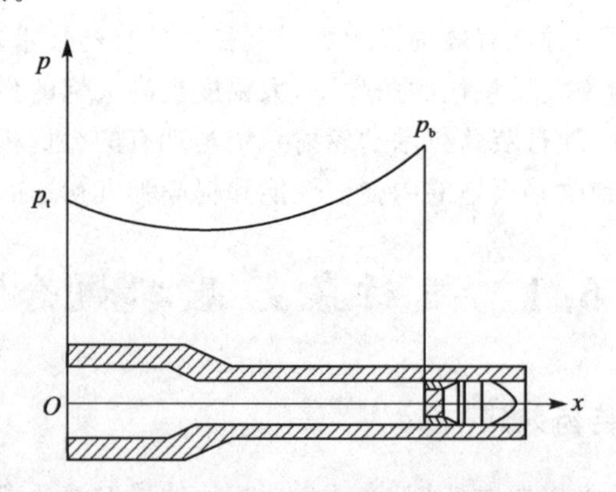

图6.2　随行装药火炮弹后压力分布示意图

因此,在相同的装药量与弹丸质量的比值 ω/m 下,使用随行装药技术能够使弹丸获得比普通装药更高的初速。

6.1.2　随行装药的类型

随行装药一般可分为以下三大类型:

(1) 固体随行装药

固体随行装药是指组成随行装药结构的主装药和随行装药均采用固体火药。作为随行装药的固体火药一般都采用气体生成速率较高的火药,采用随行技术将火药固定于弹丸的尾部,使其随弹丸一起运动。

(2) 液体随行装药

液体随行装药是指组成随行装药结构的主装药和随行装药均是液体火药。作为随行装药的液体火药一般是装在位于弹丸尾部的容器内。

(3) 固液混合随行装药

固液混合随行装药是指随行装药结构的主装药是固体火药,随行装药是液体火药。它充分利用了固体火药燃烧稳定可靠和液体火药便于携带的优点。这是目前研究较为广泛的一种随行装药方案。

6.1.3　随行装药研究发展现状

最早的随行装药实验研究起源于第二次世界大战时期的德国。他们首次利用随行装药在20 mm火炮上进行了射击试验。在20世纪五六十年代,美国的陆军弹道研究所曾开展了均质高燃速火药(VHBR)的研究,并在小口径火炮装置上进行了随

行装药试验。他们将高氯酸铵与无烟火药混合压制成发射药,其燃速可达6.4 m/s。以这种发射药作为随行装药在16 mm火炮上进行了射击试验,与用制式粒状药普通装药相比,初速增加了7%。Olin工业公司同样用复合的VHBR火药,在76 mm火炮上进行了随行装药试验,与普通的发射药装药相比,初速仅增加了2%。弹道研究所的Smith用16 mm火炮进行了53发随行装药射击试验,采用变密度多孔硝化棉块作为随行装药,黏结在弹丸上。这种药块的密闭爆发器试验测得的线燃速高达150 m/s,但由于缺乏抗压强度而引起在膛内的破碎,导致无规则的燃烧和强烈的压力波,初速也未得到明显的提高。

20世纪80年代以来,各国学者对随行装药的研究主要集中在对高燃速火药性能的研究及在随行装药火炮内弹道试验中的应用。美国陆军弹道研究所总结了随行装药火炮方案的三种类型发射药及其装药结构。在三种发射药类型中,硼氢化物复合火药是由氢化硼燃料、氧化剂、黏结剂等组成的高燃速火药,其高燃速的特性特别适合于用作随行装药火药。因此,各国的弹道学者都十分重视这一高燃速火药的配方和它的燃速特性等方面的研究。目前,对高燃速火药配方的研究已取得了一定进展。

液体发射药装药技术研究的日益成熟,也给随行装药技术的研究带来了新的活力。美国的Mandzy和Poste等人在30 mm外环再生式机械结构上,使用LP1845发射药作为随行装药火药,使52.4 g的弹丸获得了3 103 m/s的初速,在其压力时间曲线上获得了类似"平台效应"的双峰值。此外,试验结果的重复性也比较好。但是他们没有解决第二级液体随行装药点火延迟过程中产生严重压力波的问题,在大口径火炮射击试验中多次发生膛炸事故。

我国早在20世纪70年代中期就开始了随行装药技术的研究工作,并在14.5 mm枪上,利用多孔薄柱形火药作为随行装药火药进行试验,结果得到了比常规装药较高的初速。进一步的研究工作是从20世纪80年代末开始的,研究内容包括在30 mm和57 mm高膛压滑膛炮上进行粒状药包容式随行、长管状药黏结和片状药机械携带等多种随行装药方案的射击试验。试验结果表明,由于包容式随行装药结构的弹丸尾部容器消极质量和消极体积的影响,限制了装药量的增加,使得最大膛压和弹丸初速都较低,包容体的质量达310 g,占全弹重的22%。长管状药黏结的方案效果也不理想,这是由于黏结剂的作用,火药的点火性能变差,大部分火药在膛内没有燃完,炮口火焰较大,在炮口前方有未燃尽的火药,同时在膛内管状药的过早脱落也降低了随行效果。采用片状药机械携带方案较其他方案具有明显的增速效果,弹丸消极质量小,在最大压力相同的条件下,初速比基准方案提高3%~4%,绝对初速增加50 m/s左右,初速或然误差也较小。

近十几年在固液混合随行装药技术方面也进行了理论和实验研究。图6.3所示为采用多孔介质整装式液体随行装药方案的结构示意图,在弹丸后部腔体中先放入可燃性多孔介质,然后灌注液体药,再放入具有密封功能的点火延迟装置,最后加上

后螺盖。全弹重为410～420 g,其中液体药OTTOⅡ约12 mL。用上述随行装药弹丸在30 mm火炮上进行了射击试验,主装药为6/7粒状火药。图6.4所示为试验测得的膛内压力时间曲线,第一个峰值是由主装药燃烧形成的最大压力,第二个峰值则是由随行的液体火药燃烧产生的,显然有效地补充了最大压力以后的压力下降,增大了膛压曲线的示压面积,提高了弹丸的推进效率。与不加随行火药的标准弹丸相比,初速提高了55 m/s,约增加8%。

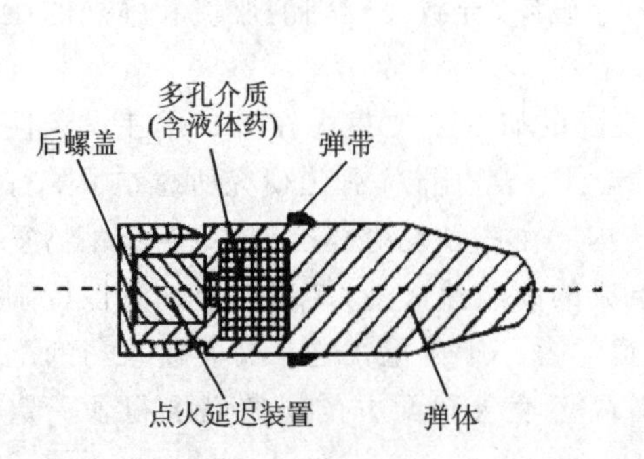

图6.3　整装式液体随行装药结构示意图

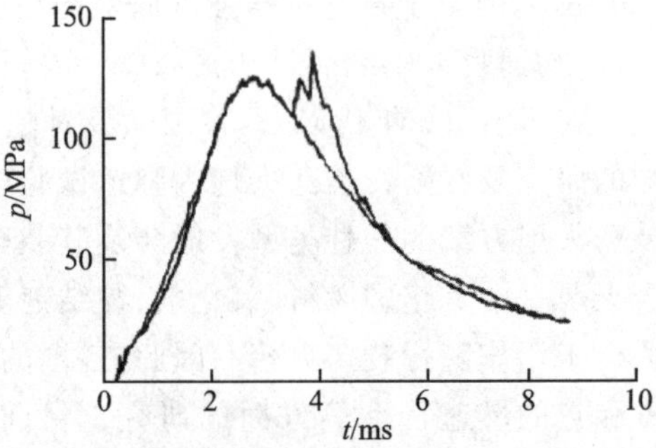

图6.4　试验测得的膛内压力时间曲线

6.2　随行装药关键技术

随行装药是一项很有发展前途的装药技术,各国的弹道工作者围绕着随行装药理论与试验技术正在进行着广泛和深入的研究工作。综合随行装药技术研究的历史和现状,可以看到,随行装药的随行技术、点火延迟时间控制技术和高燃速火药技术是随行装药的三大关键技术。

6.2.1　随行技术

确保随行装药火药可靠、有效地跟随弹丸一起运动是实现随行装药效果的关键。对于固体随行装药主要采用的方法是黏结随行技术和包容式携带技术。

(1) 黏结随行技术

黏结随行技术是利用黏结剂将随行火药黏结在弹丸的尾部,它包括了黏结剂的选择和黏结方式。选择该技术首先必须保证随行火药在很大的动载荷下能随弹丸一起运动,并在随行火药燃烧以后仍能保持与弹丸可靠的黏结。

(2) 包容式携带技术

包容式携带技术是指将随行火药装填在位于弹丸尾部的腔体内,又称包容药室。包容式携带技术的关键是要解决包容药室的强度设计与所带来的弹丸消极质量的矛盾。由于包容药室是随弹丸一起运动的,在不降低弹丸的有效质量的条件下,实际上是增加了弹丸的消极质量,它将额外地消耗火药气体的能量,因此过重的包容药室将

消耗掉随行装药技术带来的增速效果。同时,包容药室的设计还必须考虑强度,保证包容药室能够承受随行火药燃烧产生的高压,在膛内不破裂。

6.2.2　点火延迟时间控制技术

控制随行装药火药的点火延迟时间是进一步提高随行装药效果的重要技术。理论和实验均表明,膛内压力梯度是随弹丸运动的速度和距离的增加而加大的。利用点火延迟技术,使随行装药在最大压力点以后开始燃烧,这样即可以降低由于弹丸运动速度加快而形成的较高的弹后压力梯度,又可以通过随行装药火药较高的气体生成速率弥补主装药气体生成速率的下降,使膛内压力下降的趋势变缓,形成所谓的"平台效应",增加火药气体对弹丸的有效作功能力。理想的随行装药火药点燃时间应在膛内最大压力之后,主装药燃完之前。过早点火,有可能形成过高的膛内最大压力,造成射击安全性方面的问题;过迟点火,会使随行装药火药在膛内燃烧不完全,降低了火药的利用效率,增大弹丸初速的散布,失去了随行的效果。同时,会形成双峰之间过低的谷,增加了膛内的压力波动,给火炮射击的安全性带来影响。

控制随行装药点火延迟时间的方法主要采用阻燃包覆火药技术。如何针对不同的随行方案,合理、有效地控制随行装药火药的点火时间,是目前仍须研究的一个课题。

6.2.3　高燃速火药技术

作为一种理想的随行装药方案是在弹丸底部黏结端面燃烧的圆柱形火药。在采用了点火延迟时间控制技术以后,为保证随行装药火药在膛内燃完,通常需要随行装药火药的燃速是目前制式火药燃速的 100～200 倍。目前,高燃速火药的主要方案是采用硼氢复合火药。

硼氢复合火药是一种以硼氢基为主要成分,包含了氧化剂、黏结剂的高燃速混合火药,燃速最高可达 500 m/s,其燃速特性特别适合用做随行装药火药。目前,对高燃速火药配方的研究已取得了一定进展,并已将它用于随行装药的内弹道试验。

6.3　固体随行装药经典内弹道模型

6.3.1　内弹道过程的物理描述

图 6.5 所示为典型的固体随行装药结构示意图。

一般说来,随行装药火炮的膛内射击过程可以这样来描述:射击过程从击发开始,通常是利用机械作用使火炮的击针撞击药筒底部的底火,使底火火帽中的火药(通常是雷汞、氯酸钾和硫化锑的混合物)着火,并进一步使底火中的点火药(通常是

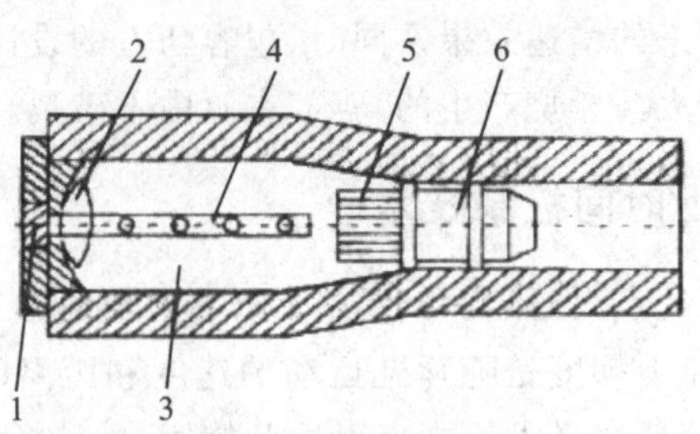

1—底火；2—底部点火药包与消焰剂；3—主装药；
4—中心传火管；5—随行装药火药；6—弹丸

图6.5　典型的随行装药结构示意图

黑火药或多孔性硝化棉火药)燃烧,产生高温、高压的气体和炽热的固体小粒子,这些粒子通过底火孔喷进装有点火药(黑火药或苯纳药条)的传火管,使传火管内的点火药着火燃烧。当传火管内的压力大于传火管的破孔压力时,高温、高压的火药气体夹杂着一些炽热的固体粒子从传火孔中喷射出来,通过对流和辐射换热的方式加热主装药火药。当火药的表面温度达到它的着火温度时,使一部分靠近点火源的火药药粒开始燃烧。然后,火药气体和点火药气体混合在一起,逐次而又迅速地点燃整个主装药床。弹后的高温、高压气体推动弹丸向前运动,因弹丸的弹带直径略大于炮膛直径,所以在弹丸开始运动时,弹带是逐渐挤进炮膛膛线的,前进的阻力也随之不断增加。在弹带全部挤进时,阻力也达到了最大值,以后弹丸的阻力将迅速下降。随着火药的继续燃烧,不断产生具有很大作功能力的高温、高压气体。在气体的作用下,弹丸运动速度不断增加。弹后空间加大,弹后压力将在某一时刻出现峰值,随后气体压力开始下降。在弹丸向前运动的同时,随行装药火药紧随弹丸一起向前运动。当膛内气体压力达到一定程度时或者说达到点火延迟装置的破膜压力时,火药气体将冲破随行装药的点火延迟控制装置,随行装药火药被点燃。随行装药火药燃烧生成的气体不断加入弹后空间,弥补弹丸加速运动形成的弹后压力降。当全部火药燃完以后,火药气体将膨胀作功,一直到整个弹丸飞出炮口。

随行装药与一般普通装药在内弹道过程中的主要区别有以下两点：

① 由于随行装药火药随弹丸一起运动,因此膛内火药气体推动的不仅是弹丸,还包括了随行装药火药。如将随行火药与弹丸看成一个整体,则是一个变质量的运动问题。同时,推动这一整体运动的不仅是膛内的火药气体,还有随行装药火药燃烧释放出的火药气体所产生的推力。

② 膛内的火药气体有两部分:一部分是主装药燃烧释放出的火药气体,它可以认为是充满整个弹后空间的;另一部分是随行火药燃烧产生的火药气体,它是由弹丸的尾部加入到弹后空间的。因此,膛内火药气体的压力分布不同于一般的普通装药结构。

6.3.2　固体随行装药经典内弹道模型

从对随行装药结构的火炮射击过程的描述可以清楚地看到，整个射击过程是相当复杂的，它包含了多种运动形式。在膛内结构和装填条件都一定的情况下，各种运动形式都不是孤立的，而是互相依存又互相制约的。为了建立反映膛内压力变化规律和弹丸运动规律的经典内弹道模型，就必须抓住主要因素，忽略一些次要因素，再利用实际射击结果进行修正，达到理论模型反映实际规律的目的。

（1）火药形状函数

$$\psi_B=\begin{cases}\chi_B z_B(1+\lambda_B z_B+\mu_B z_B^2), & z_B<1\\ \chi_s \dfrac{z_B}{z_k}\left(1+\lambda_s \dfrac{z_B}{z_k}\right), & 1\leqslant z_B<z_k\end{cases}\tag{6.1}$$

$$\psi_T=\chi_T z_T(1+\lambda_T z_T+\mu_T z_T^2),\quad t\geqslant t_D\tag{6.2}$$

式中：t_D 为随行装药火药点火延迟时间；下标 B、T 分别表示主装药和随行装药；χ_s、λ_s、z_k 为多孔火药分裂时的特征参量。

（2）燃速公式

$$\frac{dz_B}{dt}=\frac{u_{1B}}{e_{1B}}p^{n_B}\tag{6.3}$$

$$\frac{dz_T}{dt}=\frac{u_{1T}}{e_{1T}}p^{n_T},\quad t\geqslant t_D\tag{6.4}$$

（3）弹丸运动方程

$$Sp=\varphi\frac{d}{dt}\left[m+\omega_T(1-\psi_T)\right]v\tag{6.5}$$

（4）内弹道基本方程

$$Sp(l+l_\psi)=f_B\omega_B\psi_B+f_T\omega_T\psi_T-\frac{\theta}{2}\varphi\left[m+\omega_T(1-\psi_T)\right]v^2\tag{6.6}$$

式中：

$$l_\psi=\alpha_B l_0\left[1-\frac{\Delta}{\rho_p}-\Delta\left(\alpha-\frac{1}{\rho_p}\right)\psi_B\right]+\alpha_T l_0\left[1-\frac{\Delta}{\rho_p}-\Delta\left(\alpha-\frac{1}{\rho_p}\right)\psi_T\right]$$

其中：α_B、α_T 分别为主装药和随行装药占总装药的质量份数，因此有 $\alpha_B+\alpha_T=1$。

6.4　液体随行装药内弹道一维两相流模型

6.3.2 小节中建立的随行装药经典内弹道模型是一种集总参数模型（Lumped Parameter Model），它描述了内弹道参量在弹后空间平均值的变化规律。而在实际的射击过程中，由于火药气体和正在燃烧的火药颗粒的高速运动、气相和固相的相互作用、主装药与随行装药燃烧生成的气体在膛内的相互影响等现象的存

在,显著地影响着膛内的内弹道过程,经典内弹道理论已不能准确描述这种复杂的运动。因此,采用两相流体力学的观点来研究随行装药的内弹道过程是完全必要的。

6.4.1 物理模型

本小节讨论的液体随行装药结构如图6.6所示。底火被击发后,逐步点燃主装药区中的固体发射药,生成的燃气携带火药颗粒一起运动,形成膛内气固两相流动和燃烧过程。随着主装药的全面着火,膛压将逐渐上升。当膛压产生的推力足以克服弹丸的挤进阻力时,随行装药将与弹丸一起开始运动。随行装药着火是由点火延迟装置来调节和控制的,保证随行装药在最大膛压形成之后再开始燃烧,从而达到随行的目的。对于随行液体药,我们在这里采用喷射燃烧模型,即随行药在腔体内燃烧产生的气体通过喷孔进入主装药区,提高弹底的局部压力。

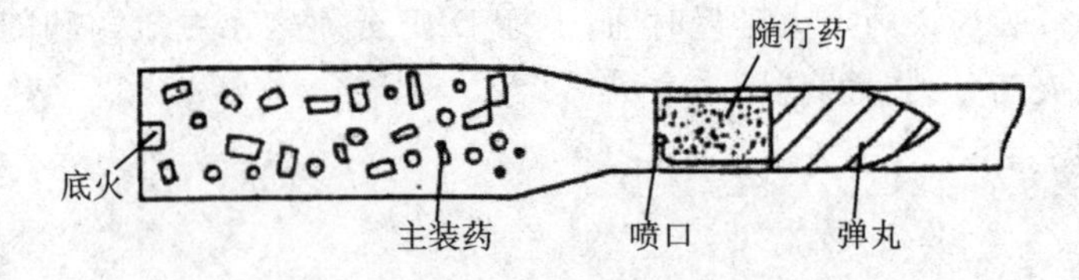

图6.6 液体随行装药结构示意图

6.4.2 数学模型

1. 主装药区两相流模型

气相质量守恒方程

$$\frac{\partial \phi\rho A}{\partial t}+\frac{\partial \phi\rho A u}{\partial x}=\frac{1-\phi}{1-\psi}\rho_{\mathrm{p}}A\frac{\mathrm{d}\psi}{\mathrm{d}t}+\dot{m}_{\mathrm{ign}}A \tag{6.7}$$

气相动量守恒方程

$$\frac{\partial \phi\rho A u}{\partial t}+\frac{\partial \phi\rho A u^{2}}{\partial x}+\phi A\frac{\partial p}{\partial x}=\frac{1-\phi}{1-\psi}\rho_{\mathrm{p}}A u_{\mathrm{p}}\frac{\mathrm{d}\psi}{\mathrm{d}t}-DA+\dot{m}_{\mathrm{ign}}u_{\mathrm{ign}}A \tag{6.8}$$

气相能量守恒方程

$$\frac{\partial \phi\rho A\left(e+\frac{1}{2}u^{2}\right)}{\partial t}+\frac{\partial \phi\rho A u\left(e+\frac{1}{2}u^{2}\right)}{\partial x}+\frac{\partial \phi p A u}{\partial x}+pA\frac{\partial \phi}{\partial t}=$$
$$\frac{1-\phi}{1-\psi}\rho_{\mathrm{p}}A\left(\frac{f}{\gamma-1}+\frac{1}{2}u_{\mathrm{p}}^{2}\right)\frac{\mathrm{d}\psi}{\mathrm{d}t}-DAu_{\mathrm{p}}-QA+\dot{m}_{\mathrm{ign}}H_{\mathrm{ign}}A \tag{6.9}$$

固相质量守恒方程

$$\frac{\partial(1-\phi)A}{\partial t}+\frac{\partial(1-\phi)Au_{\mathrm{p}}}{\partial x}=-\frac{1-\phi}{1-\psi}A\frac{\mathrm{d}\psi}{\mathrm{d}t} \tag{6.10}$$

固相动量守恒方程

$$\frac{\partial(1-\phi)Au_{\mathrm{p}}}{\partial t}+\frac{\partial(1-\phi)Au_{\mathrm{p}}^{2}}{\partial x}+\frac{(1-\phi)A}{\rho_{\mathrm{p}}}\frac{\partial p}{\partial x}=-\frac{1-\phi}{1-\psi}Au_{\mathrm{p}}\frac{\mathrm{d}\psi}{\mathrm{d}t}+\frac{DA}{\rho_{\mathrm{p}}} \tag{6.11}$$

火药颗粒表面温度方程

$$\frac{\partial T_{\mathrm{ps}}}{\partial t}+u_{\mathrm{p}}\frac{\partial T_{\mathrm{ps}}}{\partial x}=\frac{q}{\lambda_{\mathrm{p}}}\sqrt{\frac{a_{\mathrm{p}}}{\pi t}},\quad T_{\mathrm{ps}}\leqslant T^{*} \tag{6.12}$$

2. 随行装药喷射模型

从液体随行装药结构可以看出，腔体内的液体药是在定容状态下燃烧的，同时伴随着燃气流出。假设燃气的流动为一维等熵流动，且流出的仅仅是火药气体，液体药仍保持在腔体内随弹丸一起运动。从随行装药腔体内流出的燃气在喷口处的喷射速度，是由喷口形状和弹底压力（背压）与腔体内的压力之比决定的。燃气的流动状态有亚声速和声速两种情况。

在随行药燃烧的开始阶段，腔体内的压力较低，使得弹底压力与腔体内压力之比 $\frac{p_{\mathrm{b}}}{p_{\mathrm{i}}}>\left(\frac{2}{\gamma+1}\right)^{\frac{\gamma}{\gamma-1}}$（$\gamma$ 为随行液体药的绝热指数），此时燃气的流动状态为亚声速流动，其喷射速度为

$$v_{0}=\sqrt{\frac{2\gamma}{\gamma-1}f_{\mathrm{L}}\left[1-\left(\frac{p_{\mathrm{b}}}{p_{\mathrm{i}}}\right)^{\frac{\gamma-1}{\gamma}}\right]} \tag{6.13}$$

式中：f_{L} 为随行液体药的火药力。由喷口流出的燃气的质量流量为

$$\dot{m}_{\mathrm{L}}=\rho_{\mathrm{b}}A_{0}v_{0}=\rho_{\mathrm{i}}\left(\frac{p_{\mathrm{b}}}{p_{\mathrm{i}}}\right)^{\frac{1}{\gamma}}A_{0}v_{0}=\frac{p_{\mathrm{i}}A_{0}}{\sqrt{f_{\mathrm{L}}}}\sqrt{\frac{2\gamma}{\gamma-1}\left[\left(\frac{p_{\mathrm{b}}}{p_{\mathrm{i}}}\right)^{\frac{2}{\gamma}}-\left(\frac{p_{\mathrm{b}}}{p_{\mathrm{i}}}\right)^{\frac{\gamma+1}{\gamma}}\right]} \tag{6.14}$$

式中：A_{0} 为喷口截面积。

随着液体药的燃烧，腔体内的燃气压力不断增加，喷口处的气流速度也在增加，当弹底压力与腔体内压力之比 $\frac{p_{\mathrm{b}}}{p_{\mathrm{i}}}\leqslant\left(\frac{2}{\gamma+1}\right)^{\frac{\gamma}{\gamma-1}}$ 时，燃气的流动达到临界状态，此时燃气的喷射速度达到声速，质量流量不再受外界压力的影响，只取决于腔体内的压力，其表达式为

$$v_{0}=\sqrt{\frac{2\gamma}{\gamma+1}f_{\mathrm{L}}} \tag{6.15}$$

$$\dot{m}_{\mathrm{L}}=\frac{p_{\mathrm{i}}A_{0}}{\sqrt{f_{\mathrm{L}}}}\sqrt{\gamma\left(\frac{2}{\gamma+1}\right)^{\frac{\gamma+1}{\gamma-1}}} \tag{6.16}$$

腔体内的压力 p_{i} 可由随行液体药定容燃烧的状态方程给出，即

$$p_{\mathrm{i}}=\rho_{\mathrm{i}}RT_{1}=\rho_{\mathrm{i}}f_{\mathrm{L}} \tag{6.17}$$

式中：ρ_{i} 为腔体内燃气的密度，

$$\rho_{\mathrm{i}}=\frac{\omega_{\mathrm{L}}\psi_{\mathrm{L}}-m_{\mathrm{L}}}{V_{\mathrm{L}}-\dfrac{\omega_{\mathrm{L}}(1-\psi_{\mathrm{L}})}{\rho_{\mathrm{L}}}} \tag{6.18}$$

其中:V_{L} 为腔体容积;ρ_{L} 为液体药的密度。

设 η 为燃气从腔体内流出的质量百分数,即 $\eta=\dfrac{m_{\mathrm{L}}}{\omega_{\mathrm{L}}}$,则式(6.18)可改写为

$$\rho_{\mathrm{i}}=\frac{\omega_{\mathrm{L}}(\psi_{\mathrm{L}}-\eta)}{V_{\mathrm{L}}-\dfrac{\omega_{\mathrm{L}}(1-\psi_{\mathrm{L}})}{\rho_{\mathrm{L}}}} \tag{6.19}$$

将式(6.19)代入式(6.17),得

$$p_{\mathrm{i}}\left[V_{\mathrm{L}}-\frac{\omega_{\mathrm{L}}(1-\psi_{\mathrm{L}})}{\rho_{\mathrm{L}}}\right]=f_{\mathrm{L}}\omega_{\mathrm{L}}(\psi_{\mathrm{L}}-\eta) \tag{6.20}$$

3. 弹丸运动方程

由于随行液体药与弹丸一起运动,因此是一个变质量的运动问题,同时还应考虑随行液体药燃烧生成的燃气在弹后喷射增加的推力,其运动方程可表示为

$$\varphi[m+\omega_{\mathrm{L}}(1-\psi_{\mathrm{L}})+\omega_{\mathrm{L}}(\psi_{\mathrm{L}}-\eta)]\frac{\mathrm{d}v}{\mathrm{d}t}=pA+\dot{m}_{\mathrm{L}}v_{0}$$

即

$$\varphi[m+\omega_{\mathrm{L}}(1-\eta)]\frac{\mathrm{d}v}{\mathrm{d}t}=pA+\dot{m}_{\mathrm{L}}v_{0} \tag{6.21}$$

6.4.3 数值模拟

对流动问题进行数值模拟的第一步是对求解区域离散化,即对空间上连续的计算区域进行分割,将其划分成许多个子区域,并确定每个区域中的节点,这个过程称为网格生成。第二步是对控制方程离散化,即在分割的离散网格上构造差分格式,也就是将描写流动过程的偏微分方程转化成各个网格节点上的代数方程组。第三步是在给定的初始条件和边界条件下进行迭代求解,获得流动参量在时空上的分布规律。

1. 解域离散化

所谓解域离散化实质上就是用一组有限个离散的点来代替原来的连续空间,这些离散的点称为节点。解域离散化的一般实施过程是,将计算区域用一系列与坐标轴相应的直线或曲线簇划分成许多个互不重叠的子区域,然后确定每个子区域中的节点位置及该节点所代表的控制体积。根据节点在子区域中位置的不同,可以把解域离散后形成的网格系分成外节点网格系与内节点网格系两大类。

在外节点网格系中,节点位于划分子区域的直线或曲线簇上,子区域不是控制体积。为了确定各节点的控制体积,需要在相邻两节点的中间位置上作界面线,由这些界面线构成各节点的控制体积。从实施过程的先后顺序来看,一般会先规定节点再确定相应的界面,是一种先节点后界面的方法,称为外节点法。在内节点网格系中,节点位

于子区域的中心，这时子区域就是控制体积，划分子区域的直线或曲线簇就是控制体积的界面线。就实施过程而言，一般会先规定界面位置而后确定节点，是一种先界面后节点的方法，称为内节点法。图 6.7 所示为二维情况下三种坐标系中上述两种离散网格系示意图，图中用实线分割而成的是子区域，用虚线分割而成的是控制体积，黑点表示节点。

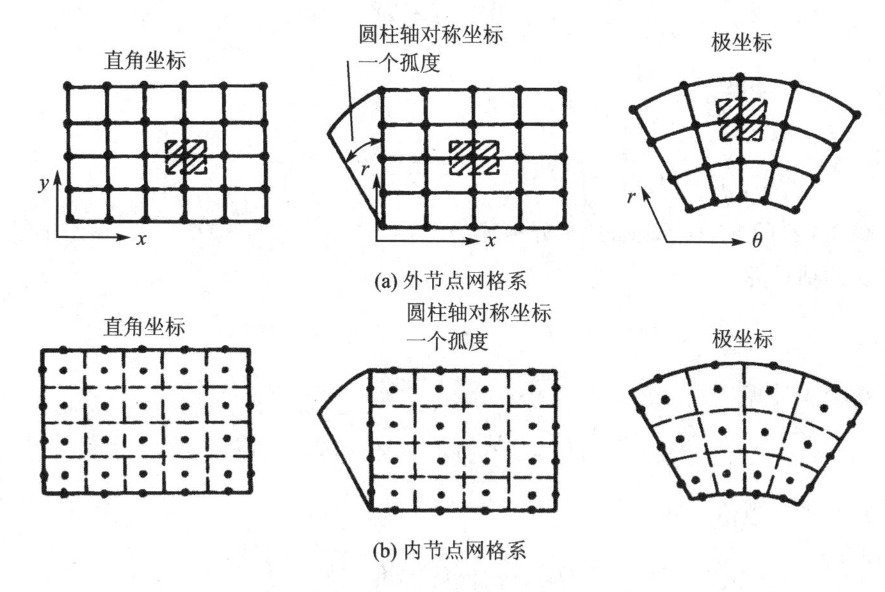

图 6.7　三种坐标系中的两种离散网格系

2. 差分方程

关于一维非定常两相流动的数值求解方法主要有差分法和特征线法。内弹道流场求解一般主要采用差分方法，目前比较常用的差分方法有 MacCormack、Lax - Wendroff、Beam - Warming 等二阶精度的格式。本节采用二阶精度的 MacCormack 预估校正二步格式模拟随行装药一维两相流内弹道过程。在给出差分方程之前，先将一维两相流内弹道守恒方程组写为矩阵形式：

$$\frac{\partial \boldsymbol{U}}{\partial t}+\frac{\partial \boldsymbol{F}}{\partial x}=\boldsymbol{H} \tag{6.22}$$

式中：

$$\boldsymbol{U}=\begin{bmatrix}\phi\rho A\\ \phi\rho Au\\ \phi\rho A\left(e+\dfrac{1}{2}u^2\right)\\ (1-\phi)\rho_{\mathrm{p}}A\\ (1-\phi)\rho_{\mathrm{p}}Au_{\mathrm{p}}\end{bmatrix},\quad F=\begin{bmatrix}\phi\rho Au\\ \phi\rho A\left(u^2+\dfrac{p}{\rho}\right)\\ \phi\rho Au\left(e+\dfrac{1}{2}u^2+\dfrac{p}{\rho}\right)\\ (1-\phi)\rho_{\mathrm{p}}Au_{\mathrm{p}}\\ (1-\phi)\rho_{\mathrm{p}}A\left(u_{\mathrm{p}}^2+\dfrac{p}{\rho_{\mathrm{p}}}\right)\end{bmatrix}$$

$$\boldsymbol{H}=\begin{bmatrix}\dfrac{1-\phi}{1-\psi}\rho_{\mathrm{p}}A\ \dfrac{\mathrm{d}\psi}{\mathrm{d}t}+\dot{m}_{\mathrm{ign}}A\\ \dfrac{1-\phi}{1-\psi}\rho_{\mathrm{p}}Au_{\mathrm{p}}\ \dfrac{\mathrm{d}\psi}{\mathrm{d}t}-DA+p\ \dfrac{\partial\phi A}{\partial x}+\dot{m}_{\mathrm{ign}}Au_{\mathrm{ign}}\\ \dfrac{1-\phi}{1-\psi}\rho_{\mathrm{p}}A\left(\dfrac{f}{\gamma-1}+\dfrac{1}{2}u_{\mathrm{p}}^{2}\right)\dfrac{\mathrm{d}\psi}{\mathrm{d}t}-pA\ \dfrac{\partial\phi}{\partial t}-DAu_{\mathrm{p}}-QA+\dot{m}_{\mathrm{ign}}AH_{\mathrm{ign}}\\ -\dfrac{1-\phi}{1-\psi}\rho_{\mathrm{p}}A\ \dfrac{\mathrm{d}\psi}{\mathrm{d}t}\\ -\dfrac{1-\phi}{1-\psi}\rho_{\mathrm{p}}Au_{\mathrm{p}}\ \dfrac{\mathrm{d}\psi}{\mathrm{d}t}+DA+p\ \dfrac{\partial(1-\phi)A}{\partial x}\end{bmatrix}$$

方程式(6.22)的 MacCormack 差分格式为

① 预估计算

$$\boldsymbol{U}_j^{\bar{n}}=\boldsymbol{U}_j^n-\frac{\Delta t}{\Delta x}(\boldsymbol{F}_{j+1}^n-\boldsymbol{F}_j^n)+\Delta t\boldsymbol{H}_j^n \tag{6.23}$$

② 校正计算

$$\boldsymbol{U}_j^{\overline{n+1}}=\boldsymbol{U}_j^{\bar{n}}-\frac{\Delta t}{\Delta x}(\boldsymbol{F}_j^{\bar{n}}-\boldsymbol{F}_{j-1}^{\bar{n}})+\Delta t\boldsymbol{H}_j^{\bar{n}} \tag{6.24}$$

③ 物理量数值更新

$$\boldsymbol{U}_j^{n+1}=\frac{1}{2}(\boldsymbol{U}_j^n+\boldsymbol{U}_j^{\overline{n+1}}) \tag{6.25}$$

3. 初始条件

初始时刻为火炮开始射击时刻,此时气固两相速度均为零。压力、温度、密度这 3 个物理量只须给出其中 2 个即可,第 3 个由状态方程确定。一般情况下,取压力为常压,温度为环境温度,密度由状态方程确定,空隙率可根据火炮装填条件确定。如果考虑火药颗粒初始时刻在膛内均匀分布,则初始条件为

$$\begin{cases}u(x,0)=0\\ u_{\mathrm{p}}(x,0)=0\\ p(x,0)=p_0\\ T(x,0)=T_0\\ \rho(x,0)=\dfrac{p_0}{\alpha p_0+RT_0}\\ \phi(x,0)=\phi_0\end{cases} \tag{6.26}$$

4. 边界条件

(1) 膛底边界条件

若不考虑后坐,可把膛底当作静止的固壁处理,即

$$u(0,t)=u(0,0)=0$$

$$u_{\mathrm{p}}(0,t)=u_{\mathrm{p}}(0,0)=0$$

对于这一类边界可利用反射法将边界点化为内点，从而通过差分方程确定各参量的值。本节采用内节点网格系中的反射法确定随行装药的膛底边界条件，即

$$\begin{cases} w_0 = -w_1, & w = u, u_p \\ q_0 = q_1, & q = \phi, \rho, p, T \end{cases} \tag{6.27}$$

(2) 弹底边界条件

当弹底压力大于启动压力时，弹丸将沿身管开始运动，膛内两相流场的解域不断扩大，此时弹底边界成为移动边界。对于这类边界，采用控制体方法并对弹底处控制体应用质量、动量和能量守恒定律，可以建立弹底处气固两相各物理量满足的守恒关系，确定出弹底边界条件。

由图 6.8 所示的弹底控制体示意图可以看出，t^n 时刻控制体的长度为 $\Delta x = x_J^n - x_{J-1}^n$，经过 Δt 时间后，由于弹丸的运动 x_J^n 移动到 x_J^{n+1} 处，移动的距离为 $\Delta l = v\Delta t$。因此，在 t^{n+1} 时刻弹底控制体的长度为 $\Delta x' = x_J^{n+1} - x_{J-1}^{n+1} = \Delta x + \Delta l$。对此控制体应用守恒定律，即可得到气相质量守恒方程、气相动量守恒方程、气相能量守恒方程、固相质量守恒方程以及固相动量守恒方程。

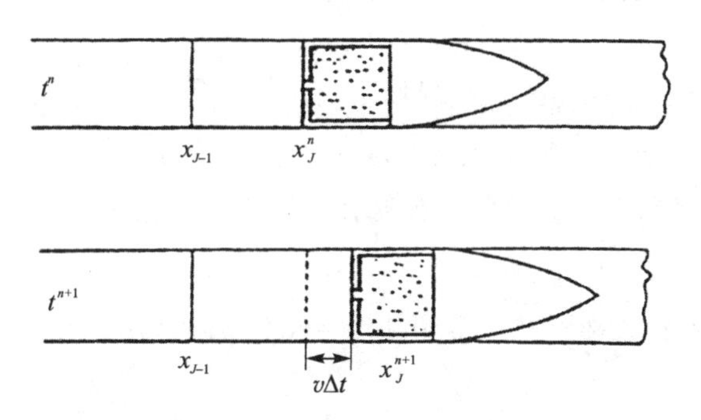

图 6.8　弹底控制体示意图

1) 气相质量守恒方程

① t^n 时刻控制体内的气相质量：

$$m_J^n = \phi_J^n \rho_J^n A_J \Delta x$$

② Δt 时间内通过 $J-1$ 界面流入的气相质量：

$$\Delta m = \phi_{J-1}^n \rho_{J-1}^n A_{J-1} u_{J-1}^n \Delta t$$

③ Δt 时间内固相燃烧生成的气相质量：

$$\Delta m_c = \frac{1-\phi_J^n}{1-\psi_J^n} \rho_p A_J \left(\frac{d\psi}{dt}\right)_J^n \Delta x \Delta t + \frac{1-\phi_{J-1}^n}{1-\psi_{J-1}^n} \rho_p A_{J-1} (u_p)_{J-1}^n \left(\frac{d\psi}{dt}\right)_{J-1}^n \frac{\Delta t^2}{2}$$

式中：等号右边两项分别为 t^n 时刻控制体内的固相燃烧生成的气相质量和 Δt 时间内通过 $J-1$ 界面流入的固相燃烧生成的气相质量。

④ Δt 时间内随行装药燃气喷入控制体中的质量：

$$\Delta m_L = \dot{m}_L \Delta t$$

t^{n+1} 时刻控制体内的气相质量为 $m_J^{n+1}=\phi_J^{n+1}\rho_J^{n+1}A_J\Delta x'$，根据质量守恒定律，有

$$m_J^{n+1}=m_J^n+\Delta m+\Delta m_c+\Delta m_L$$

因此，t^{n+1} 时刻控制体内的气相密度为

$$\rho_J^{n+1}=\frac{m_J^n+\Delta m+\Delta m_c+\Delta m_L}{\phi_J^{n+1}A_J\Delta x'} \tag{6.28}$$

2）气相动量守恒方程

① t^n 时刻控制体内的气相动量：

$$I_J^n=\phi_J^n\rho_J^nA_Ju_J^n\Delta x$$

② Δt 时间内通过 $J-1$ 界面流入的气相动量：

$$\Delta I=\phi_{J-1}^n\rho_{J-1}^nA_{J-1}(u^2)_{J-1}^n\Delta t$$

③ Δt 时间内固相燃烧生成的气体携带的动量：

$$\Delta I_c=\frac{1-\phi_J^n}{1-\psi_J^n}\rho_pA_J(u_p)_J^n\left(\frac{d\psi}{dt}\right)_J^n\Delta x\Delta t+\frac{1-\phi_{J-1}^n}{1-\psi_{J-1}^n}\rho_pA_{J-1}(u_p^2)_{J-1}^n\left(\frac{d\psi}{dt}\right)_{J-1}^n\frac{\Delta t^2}{2}$$

④ Δt 时间内相间阻力对控制体中气相的冲量：

$$\Delta I_d=D_J^nA_J\Delta x\Delta t$$

⑤ Δt 时间内控制体所受 $J-1$ 界面上的压力冲量及 J 界面上的压力冲量：

$$\Delta I_f=\phi_{J-1}^np_{J-1}^nA_{J-1}\Delta t-(p_J^nA_J+\dot{m}_Lv_0)\Delta t$$

⑥ Δt 时间内随行装药燃气喷入控制体中携带的动量：

$$\Delta I_L=\dot{m}_L(v_0-v)\Delta t$$

t^{n+1} 时刻控制体内的气相动量为 $I_J^{n+1}=\phi_J^{n+1}\rho_J^{n+1}A_Ju_J^{n+1}\Delta x'$，根据动量守恒定律，有

$$I_J^{n+1}=I_J^n+\Delta I+\Delta I_c-\Delta I_d+\Delta I_f+\Delta I_L$$

因此，t^{n+1} 时刻控制体内的气相速度为

$$u_J^{n+1}=\frac{I_J^n+\Delta I+\Delta I_c-\Delta I_d+\Delta I_f+\Delta I_L}{\phi_J^{n+1}\rho_J^{n+1}A_J\Delta x'} \tag{6.29}$$

3）气相能量守恒方程

① t^n 时刻控制体内的气相能量：

$$E_J^n=\phi_J^n\rho_J^nA_J\left(e+\frac{1}{2}u^2\right)_J^n\Delta x$$

② Δt 时间内通过 $J-1$ 界面流入的气相能量：

$$\Delta E=\phi_{J-1}^n\rho_{J-1}^nA_{J-1}u_{J-1}^n\left(e+\frac{1}{2}u^2\right)_{J-1}^n\Delta t$$

③ Δt 时间内固相燃烧生成的气相释放的能量：

$$\Delta E_c=\frac{1-\phi_J^n}{1-\psi_J^n}\rho_pA_J\left(\frac{f}{\gamma-1}+\frac{1}{2}u_p^2\right)_J^n\left(\frac{d\psi}{dt}\right)_J^n\Delta x\Delta t+\frac{1-\phi_{J-1}^n}{1-\psi_{J-1}^n}$$

$$\rho_{\mathrm{p}} A_{J-1}(u_{\mathrm{p}})_{J-1}^{n}\left(\frac{f}{\gamma-1}+\frac{1}{2} u_{\mathrm{p}}^{2}\right)_{J-1}^{n}\left(\frac{\mathrm{d} \psi}{\mathrm{d} t}\right)_{J-1}^{n} \frac{\Delta t^{2}}{2}$$

④ Δt 时间内控制体中气相克服相间阻力消耗的功：

$$\Delta E_{\mathrm{d}}=-D_{J}^{n} A_{J}(u_{\mathrm{p}})_{J}^{n} \Delta x \Delta t$$

⑤ Δt 时间内通过 $J-1$ 界面流入的气相作功及控制体中气相对弹丸作功：

$$\Delta E_{\mathrm{f}}=\phi_{J-1}^{n} p_{J-1}^{n} A_{J-1} u_{J-1}^{n} \Delta t-p_{J}^{n} A_{J} v \Delta t$$

⑥ Δt 时间内由于空隙率的增加，气相消耗的膨胀功：

$$\Delta E_{\mathrm{e}}=(\phi_{J}^{n}-\phi_{J}^{n+1}) p_{J}^{n} A_{J} \Delta x$$

⑦ Δt 时间内相间换热消耗的气相能量：

$$\Delta E_{\mathrm{q}}=-Q_{J}^{n} A_{J} \Delta x \Delta t$$

⑧ Δt 时间内随行装药燃气喷入控制体中释放的能量：

$$\Delta E_{\mathrm{L}}=\dot{m}_{\mathrm{L}}\left[\frac{f_{\mathrm{L}}}{\gamma-1}+\frac{1}{2}(v-v_{0})^{2}\right] \Delta t$$

t^{n+1} 时刻控制体内的气相能量为 $E_{J}^{n+1}=\phi_{J}^{n+1} \rho_{J}^{n+1} A_{J}\left(e+\frac{1}{2} u^{2}\right)_{J}^{n+1} \Delta x'$，根据能量守恒定律，有

$$E_{J}^{n+1}=E_{J}^{n}+\Delta E+\Delta E_{\mathrm{c}}+\Delta E_{\mathrm{d}}+\Delta E_{\mathrm{f}}+\Delta E_{\mathrm{e}}+\Delta E_{\mathrm{q}}+\Delta E_{\mathrm{L}}$$

因此，t^{n+1} 时刻控制体内的气相内能为

$$e_{J}^{n+1}=\frac{E_{J}^{n}+\Delta E+\Delta E_{\mathrm{c}}+\Delta E_{\mathrm{d}}+\Delta E_{\mathrm{f}}+\Delta E_{\mathrm{e}}+\Delta E_{\mathrm{q}}+\Delta E_{\mathrm{L}}}{\phi_{J}^{n+1} \rho_{J}^{n+1} A_{J} \Delta x'}-\frac{1}{2}(u^{2})_{J}^{n+1} \tag{6.30}$$

4）固相质量守恒方程

① t^{n} 时刻控制体内的固相质量：

$$(m_{\mathrm{p}})_{J}^{n}=(1-\phi_{J}^{n}) \rho_{\mathrm{p}} A_{J} \Delta x$$

② Δt 时间内通过 $J-1$ 界面流入的固相质量：

$$\Delta m_{\mathrm{p}}=(1-\phi_{J-1}^{n}) \rho_{\mathrm{p}} A_{J-1}(u_{\mathrm{p}})_{J-1}^{n} \Delta t$$

③ Δt 时间内燃烧掉的固相质量：

$$\Delta m_{\mathrm{c}}=\frac{1-\phi_{J}^{n}}{1-\psi_{J}^{n}} \rho_{\mathrm{p}} A_{J}\left(\frac{\mathrm{d} \psi}{\mathrm{d} t}\right)_{J}^{n} \Delta x \Delta t+\frac{1-\phi_{J-1}^{n}}{1-\psi_{J-1}^{n}} \rho_{\mathrm{p}} A_{J-1}(u_{\mathrm{p}})_{J-1}^{n}\left(\frac{\mathrm{d} \psi}{\mathrm{d} t}\right)_{J-1}^{n} \frac{\Delta t^{2}}{2}$$

t^{n+1} 时刻控制体内的固相质量为 $(m_{\mathrm{p}})_{J}^{n+1}=(1-\phi_{J}^{n+1}) \rho_{\mathrm{p}} A_{J} \Delta x'$，根据质量守恒定律，有

$$(m_{\mathrm{p}})_{J}^{n+1}=(m_{\mathrm{p}})_{J}^{n}+\Delta m_{\mathrm{p}}-\Delta m_{\mathrm{c}}$$

因此，t^{n+1} 时刻控制体内的空隙率为

$$\phi_{J}^{n+1}=1-\frac{(m_{\mathrm{p}})_{J}^{n}+\Delta m_{\mathrm{p}}-\Delta m_{\mathrm{c}}}{\rho_{\mathrm{p}} A_{J} \Delta x'} \tag{6.31}$$

5) 固相动量守恒方程

① t^n 时刻控制体内的固相动量：

$$(I_{\mathrm{p}})_J^n=(1-\phi_J^n)\rho_{\mathrm{p}}A_J(u_{\mathrm{p}})_J^n\Delta x$$

② Δt 时间内通过 $J-1$ 界面流入的固相动量：

$$\Delta I_{\mathrm{p}}=(1-\phi_{J-1}^n)\rho_{\mathrm{p}}A_{J-1}(u_{\mathrm{p}}^2)_{J-1}^n\Delta t$$

③ Δt 时间内燃烧掉的固相带走的动量：

$$\Delta I_{\mathrm{c}}=\frac{1-\phi_J^n}{1-\psi_J^n}\rho_{\mathrm{p}}A_J(u_{\mathrm{p}})_J^n\left(\frac{\mathrm{d}\psi}{\mathrm{d}t}\right)_J^n\Delta x\Delta t+\frac{1-\phi_{J-1}^n}{1-\psi_{J-1}^n}\rho_{\mathrm{p}}A_{J-1}(u_{\mathrm{p}}^2)_{J-1}^n\left(\frac{\mathrm{d}\psi}{\mathrm{d}t}\right)_{J-1}^n\frac{\Delta t^2}{2}$$

④ Δt 时间内相间阻力对控制体中固相的冲量：

$$\Delta I_{\mathrm{d}}=D_J^nA_J\Delta x\Delta t$$

⑤ Δt 时间内控制体两端界面上压力对固相的冲量：

$$\Delta I_{\mathrm{b}}=(1-\phi_{J-1}^n)p_{J-1}^nA_{J-1}\Delta t-(1-\phi_J^n)p_J^nA_J\Delta t$$

t^{n+1} 时刻控制体内的固相动量为 $(I_{\mathrm{p}})_J^{n+1}=(1-\phi_J^{n+1})\rho_{\mathrm{p}}A_J(u_{\mathrm{p}})_J^{n+1}\Delta x'$，根据动量守恒定律，有

$$(I_{\mathrm{p}})_J^{n+1}=(I_{\mathrm{p}})_J^n+\Delta I_{\mathrm{p}}-\Delta I_{\mathrm{c}}+\Delta I_{\mathrm{d}}+\Delta I_{\mathrm{b}}$$

因此，t^{n+1} 时刻控制体内的固相速度为

$$(u_{\mathrm{p}})_J^{n+1}=\frac{(I_{\mathrm{p}})_J^n+\Delta I_{\mathrm{p}}-\Delta I_{\mathrm{c}}+\Delta I_{\mathrm{d}}+\Delta I_{\mathrm{b}}}{(1-\phi_J^{n+1})\rho_{\mathrm{p}}A_J\Delta x'}\tag{6.32}$$

6.4.4 计算结果及分析

采用一维两相流模型对35 mm随行装药内弹道过程进行了数值模拟。在150 g主装药和48 g随行液体药的装填条件下，计算结果表明可使250 g的弹丸达到1 272 m/s的初速，而相同情况下常规装药计算的初速为1 182 m/s。因此可以看出，在装填条件相同的情况下，采用随行装药技术可使弹丸的初速提高7.6%，同时保持最大膛压不变。图6.9所示为计算得到的随行装药压力分布。从图中可以看出，7.05 ms时弹底处的压力出现突然跃升，说明随行液体药开始燃烧。随着时间的推移，由随行液体药燃烧形成的弹底高压区以波动的形式逐渐向膛底移动。图中的虚线代表弹底压力，与常规装药不同，在弹底压力上出现了第二个压力峰值，这点与图6.10所示的常规装药压力分布中的虚线相比较即可明显看出。第一个峰值是由主装药燃烧形成的最大压力，第二个峰值则是由随行的液体药燃烧产生的，显然有效地补充了最大压力以后的压力下降，增大了膛压曲线的示压面积，从而提高了弹丸的推进效率。这就是随行装药发射技术的优势所在。

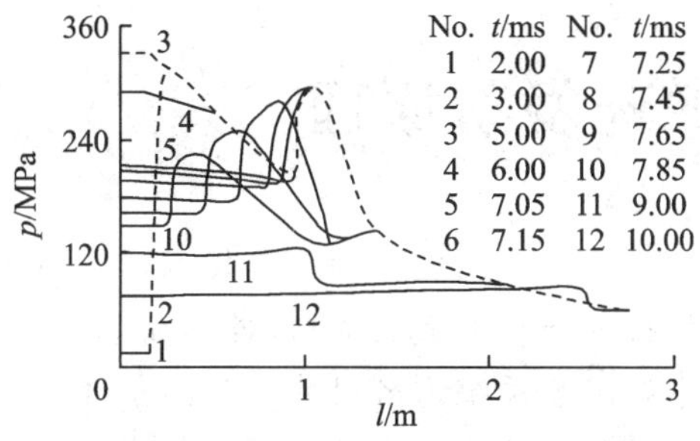
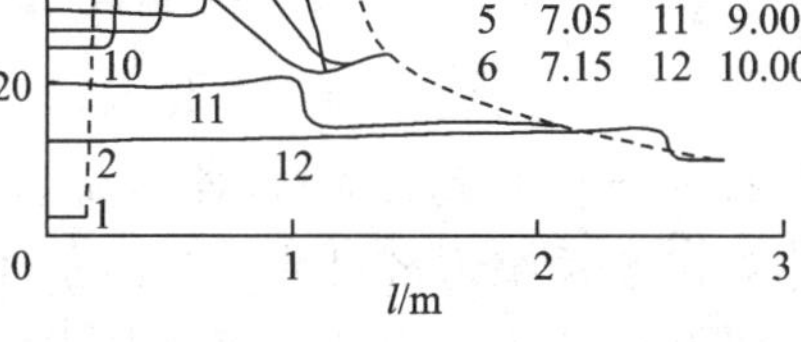

图 6.9　随行装药的压力分布曲线

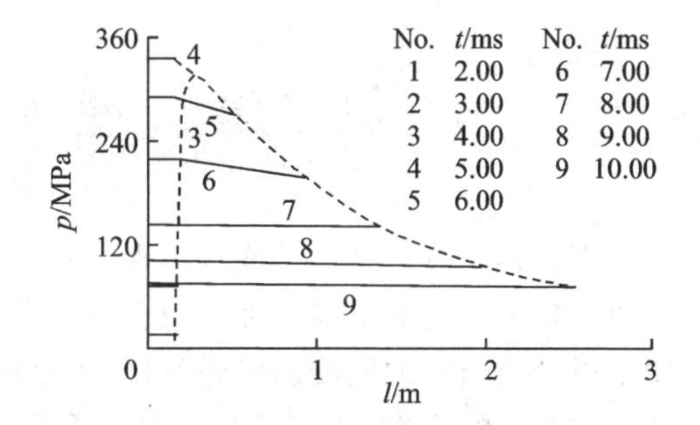

图 6.10　常规装药的压力分布曲线

图 6.11 和图 6.12 所示分别为随行装药和常规装药的气相速度分布曲线，而图 6.13 和图 6.14 所示分别为随行装药和常规装药的固相速度分布曲线。从随行装药的气相速度和固相速度分布图上都可以看出随行液体药燃烧后气流从弹底向膛底的流动过程，这与压力分布曲线(图 6.9)反映的流动规律是一致的。

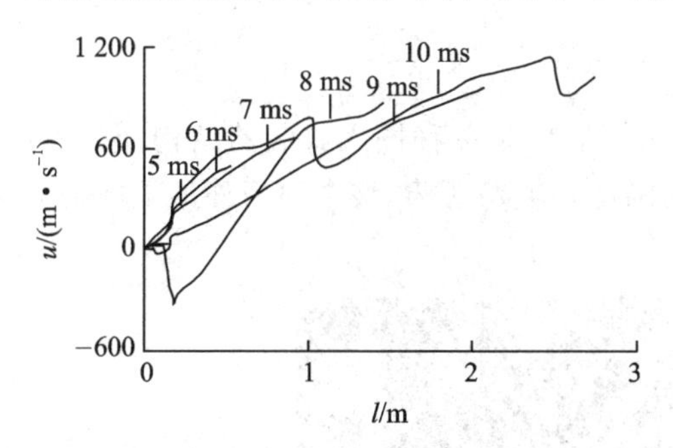

图 6.11　随行装药的气相速度分布曲线

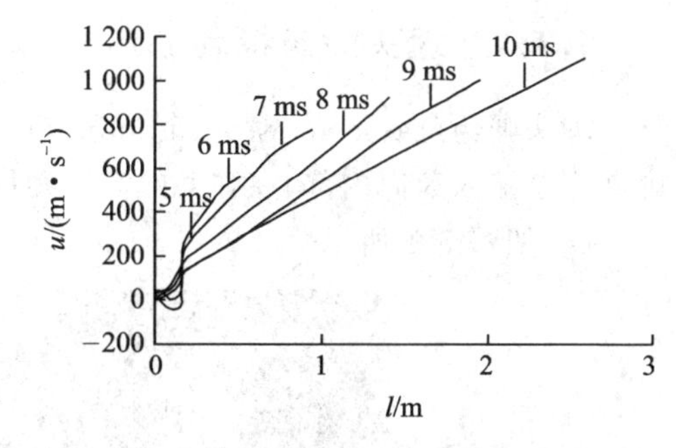

图 6.12　常规装药的气相速度分布曲线

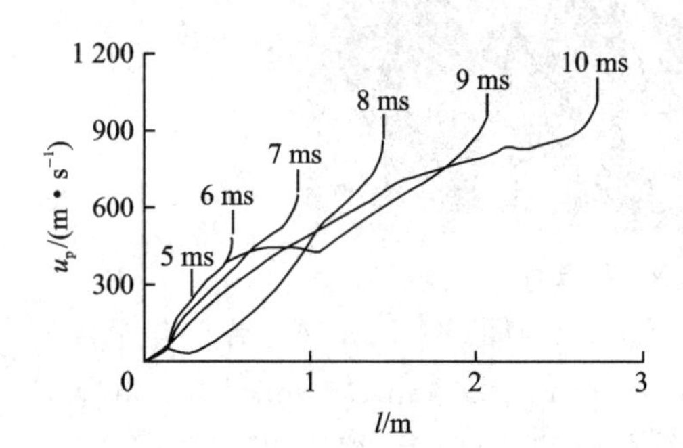

图 6.13　随行装药的固相速度分布曲线

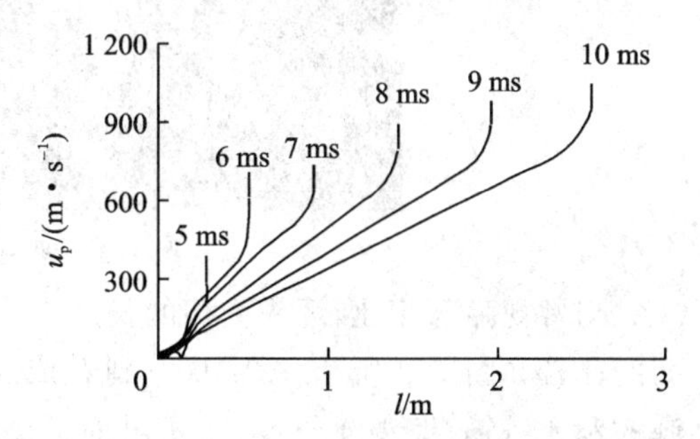

图 6.14　常规装药的固相速度分布曲线

第7章 埋头弹药发射原理

埋头弹药技术是一种能有效提高步兵战车、装甲武器威力的装药技术。它与常规装药技术最大的不同是弹丸完全缩在药筒内，弹药长度大大缩短，外形简单规则，便于设计结构更加紧凑的供弹机构，可以在原有武器系统炮塔尺寸不变的条件下换装较大口径的火炮，从而提升原有武器系统的威力。同时，由于埋头弹药技术的使用仅更换发射系统，原有装甲武器的车体、底盘、履带等无须改变，因此也节约了武器系统更新换代的成本。

7.1 埋头弹药基本概念

7.1.1 埋头弹药特点

埋头弹药（cased telescoped ammunition，CTA）是一种嵌入式装药结构，它是将弹丸完全缩入药筒内部，在弹丸的后方和周围都装填发射药，整个弹药外形呈规则的圆柱状，如图7.1所示。

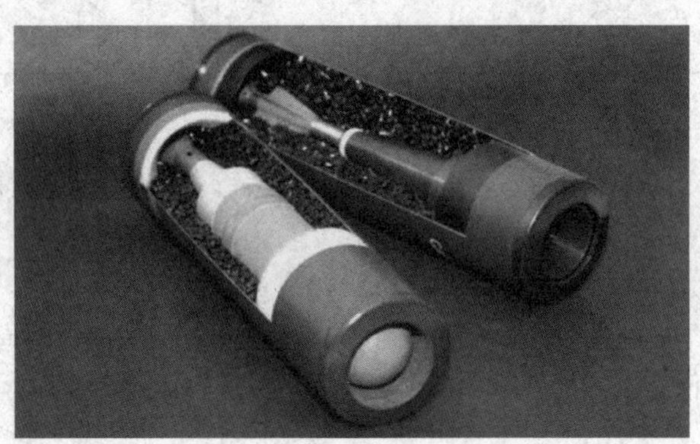

图7.1 埋头弹药示意图

与常规弹药相比，埋头弹药的长度大大缩短，典型的40 mm埋头弹药与常规弹药的比较如图7.2所示，图中从左到右依次为25 mm、30 mm、35 mm、40 mm常规弹药和40 mm埋头弹药，可以看出埋头弹药的全弹长度大大缩短，且外形简单、规则。埋头弹药的这种特点使其在使用中具有许多明显的优势。弹药长度缩短，与常规弹药相比节省了弹药储存空间，可使装甲武器系统携带更多的弹药；形状规则，有利于设计出结构更加紧凑的供弹机构，同时可以利用旋转药室和“推抛式”工作原理提高火炮的射速。这些新机构、新技术和新原理的应用，使得可以在原有武器系统炮塔尺寸不变的条件下换装较大口径的火炮，从而提升原有武器系统的威力。

图 7.2　40 mm 埋头弹药与常规弹药比较

7.1.2　埋头弹药研究发展状况

在埋头弹药的开发研制方面，国外已有多年的研究历史。美国在这方面的研究最早，已有40多年历史，投入了大量的人力物力，到20世纪90年代，总投入已超过21 300多万美元。其陆军、空军、海军和海军陆战队都对此进行了研究，涉及的口径系列繁多，包括12.7 mm、20 mm、25 mm、30 mm、45 mm和76 mm，但一直没有开发出成熟的产品。

在埋头弹技术研究上比较成功的是法国和英国，已经开发出了可用于武器装备的成熟产品。法国地面武器公司(GIAT)于1996年开发出45M911型快速发射45 mm埋头弹火炮，图7.3所示为配装有80倍口径45 mm CTA火炮的装甲战车。图7.4所示为英法埋头弹联合国际公司(CTAI)于1997年开发的低重心轻型武器发射平台——40 mm CTWS(cased telescoped weapon system)的外形图。该炮已于1999年11月通过了列装于美国布雷德利步兵战车(代替25 mm Bushmaster)的全部考核试验，后来又有英国武士战车、美英联合开发的新型侦察车(战术侦察装甲战斗装备TRACER/未来侦察骑兵系统FSCS)等的列装计划。

埋头弹药的使用，可以使火炮的尺寸和体积更为紧凑，这一点可以从图7.5所示的40 mm CT 2000型埋头弹火炮与25 mm和35 mm Bushmaster火炮对比图上清楚地看出。虽然40 mm CT 2000比25 mm Bushmaster口径大了许多，但是其发射

图 7.3 配装有 80 倍口径 45 mm CTA 火炮的装甲战车

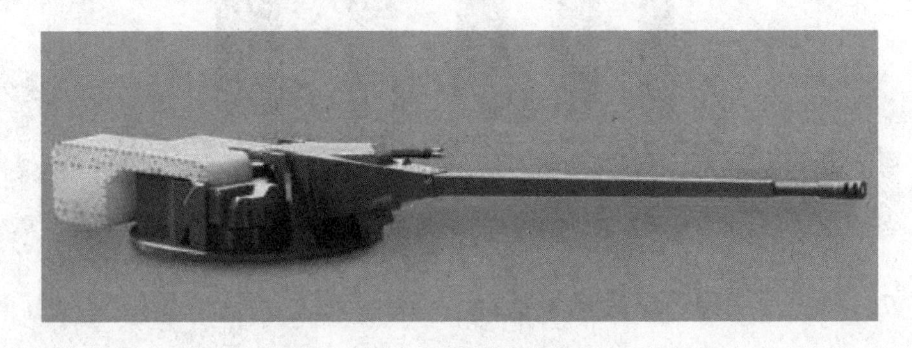

图 7.4 40 mm CTWS 外形示意图

机构部分的尺寸并没有增加,因此可以在配置 25 mm Bushmaster 火炮系统的装甲战车上换装较大口径的 40 mm CT 2000,从而大幅提高现有装甲战车的威力。这正是埋头弹技术的优势所在。表 7.1 列出了国外研制过的埋头弹火炮与同口径常规弹火炮的主要技术参数对比。

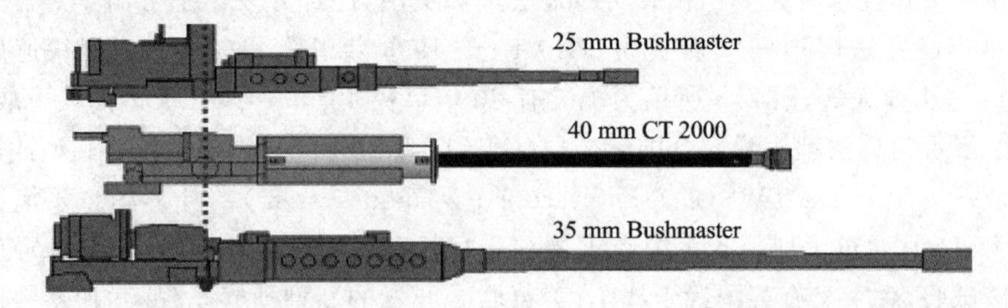

图 7.5 40 mm CT 2000 埋头弹火炮与 25 mm 和 35 mm Bushmaster 火炮对比图

表 7.1　埋头弹火炮与常规弹火炮主要技术参数对比

口　径	项　目	药筒尺寸/(mm×mm)	药筒容积/cm^3	全弹质量/g	发射药量/g	飞行弹重/g	初速/($m \cdot s^{-1}$)	类　别	国　别
12.7 mm	Various	20.3×138.4	44.9	118	15	46	853	常规弹	美国
12.7 mm	Ares (IRAD)	25.4×88.9	45.1	122	32.5	45	1 097	埋头弹	
20 mm (M56A3)	Vulcan	30×168	118.5	256	38	101	1 030	常规弹	美国
20 mm	空军先进火炮计划	42×140	195	453	112	90.7	1 524	埋头弹	
25 mm (M791)	Bushmaster	38.1×223	254	463	98	136	1 345	常规弹	美国
25 mm (M919)	Bushmaster	38.1×223	254	455	97	132	1 429	常规弹	
25 mm	空军通用	46.2×152.4	256		179	149	1 524	埋头弹	
30 mm (穿甲弹)	GAU-8	44×290	439	440	152	427	988	常规弹	美国
30 mm	陆军战车计划	54×209	473	1 043	304	245	1 463	埋头弹	
40 mm (L70)	CV90	65×487.7	1 686	2 300	550	700	1 470	常规弹	美国
40 mm (穿甲弹)	CTAI	65×255	746	1 800	500	450 (250)	1 640	埋头弹	英、法
40 mm (榴弹)	博福斯	×365		2 510	470	960	1 005	常规弹	瑞典
40 mm (榴弹)	CTAI	65×255	746	2 200	475	1 000	1 000	埋头弹	英、法
45 mm	俄罗斯舰炮			2 200	360	1 450	970	常规弹	俄罗斯
45 mm	美国陆军战车计划	70×307	1 178	3 175	615	755	1 350	埋头弹	美国
45 mm (穿甲弹)	CTAI	70×304.4	1 171	2 900	632	754 (421)	>1 600	埋头弹	英、法
45 mm (榴弹)	CTAI	70×304.4	1 171	2 600	596	1 095	>1 100	埋头弹	英、法
76 mm	Navy Mark75	114×900		12 300		6 400	914	常规弹	美国
76 mm	海军陆战队	132×483	6 612	12 655	3 488	3 052	1 463	埋头弹	

7.2 埋头弹药发射原理

埋头弹药的外形呈圆柱状,形状较规则。利用这个特点,将火炮的药室设计成可以360°旋转的部件,利用“推抛式”工作原理,将供弹和退壳动作一次完成,缩短了射击时间间隔,从而提高了火炮射速。因此,埋头弹药的发射方式与常规弹药不同,其发射过程如图7.6~图7.10所示。首先,药室旋转90°至与身管垂直,供弹机装填弹药;然后药室旋转90°与身管重合,进入发射状态;击发射击;发射完成后,药室继续旋转;旋转90°后,供弹机装填新弹药,同时将前一发的药筒顶出,抛至另外一侧,完成一次射击循环。

图7.6 旋转药室打开,装填弹药

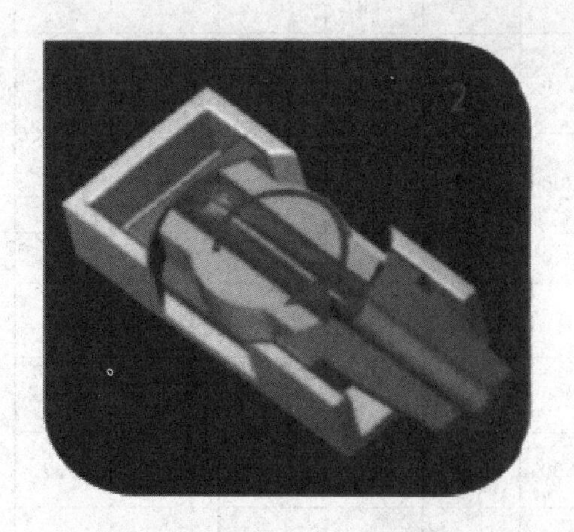

图7.7 旋转药室关闭,准备发射

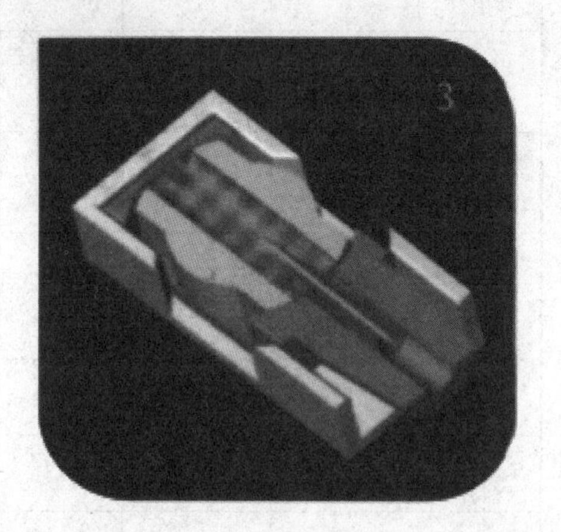

图7.8 弹药发射

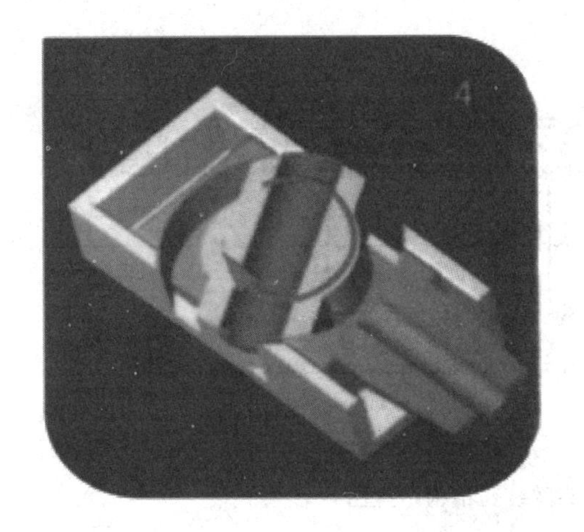

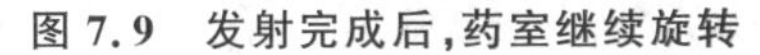
图 7.9　发射完成后，药室继续旋转

图 7.10　旋转 90°后，装填新弹药并退壳

7.3　埋头弹药关键技术

埋头弹药是一项很有发展潜力的装药技术，各国的弹道工作者围绕埋头弹药的理论和试验开展了广泛深入的研究工作。尤其是英法，在这方面取得了新的研究成果，已经接近装备使用阶段。从埋头弹药的研究过程中可以发现，二次点火技术、旋转药室技术和高压动态密封技术是埋头弹药的三大关键技术。

7.3.1　二次点火技术

埋头弹药是一种嵌入式装药结构，如图 7.11 所示。从图中可以看出，在发射前，整个弹丸都嵌入在药筒内部。这就要求发射药在全面燃烧之前，弹丸先要通过导向管滑动至火炮身管膛线处，否则火药燃气就会从弹丸前方通过身管泄漏出去，使火药能量不能得到有效充分的利用，导致弹道效率的下降。二次点火技术就是先利用底火击发后产生的燃气射流点燃中心传火管内的附加点火药，两部分火药燃气将弹丸推至膛线起始处，然后再全面点燃发射药。

二次点火技术的另一个重要作用是控制内弹道过程稳定。我们知道，埋头弹药在发射前，整个弹丸都嵌入在药筒内部。因此，发射过程中弹丸在挤进膛线之前，有一个在药筒中导向管内的滑动过程。这个滑动过程的一致性直接影响整个内弹道过程的一致性。采用二次点火技术，通过调整附加点火药的药量、药形及点传火结构，使火药燃气的生成速率和弹丸在导向管内的滑动距离合理匹配，控制弹丸在导向管内滑动过程的随机性，从而保证内弹道过程的稳定。

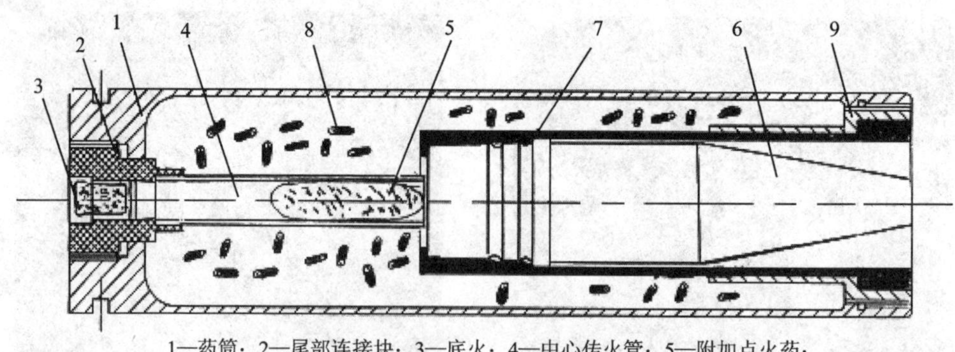

1—药筒；2—尾部连接块；3—底火；4—中心传火管；5—附加点火药；
6—弹丸；7—导向管；8—主装药；9—支撑管

图7.11　典型的埋头弹装药结构示意图

7.3.2　旋转药室技术

从埋头弹药的发射原理可以看出,旋转药室利用了埋头弹外形规则的特点,可以使供弹和退壳动作一次完成,从而能够提高火炮射速。因此,旋转药室技术是增强埋头弹火炮威力的一项关键技术。该技术必须保证在发射循环过程中,药室的旋转、供弹、闭锁、密封和退壳功能可靠。同时,还应使旋转药室的动作与供弹机联动,做到动作协调一致,有效缩短射击时间间隔,这样才能真正达到提高埋头弹火炮射速的目的。

7.3.3　高压动态密封技术

与传统火炮相比,埋头弹火炮在结构和技术上发生了重大变化。由于供弹时药室需要旋转,在火炮结构上,旋转药室成为一个独立的部件,与身管之间不再像传统火炮那样设计为一个整体。这就存在一个在发射过程中旋转药室与后端炮尾发射机构和前端身管连接处的高压动态密封问题。我们知道,在火炮射击期间,膛内压力可以高达400 MPa,而通常工程中采用的密封技术最高只能适应几十兆帕的压力,因此动态条件下的高压密封问题是埋头弹火炮需要解决的一项关键技术。目前使用的一个解决方案是,采用浮动密封原理设计一种组合自紧式密封结构,利用组合密封环在火药燃气作用下的径向膨胀,阻止燃气从旋转药室两端的间隙流出,实现火药燃气的动态密封。

7.4　埋头弹药经典内弹道模型

7.4.1　埋头弹药内弹道过程的主要特点

与传统弹药不同,埋头弹药的弹丸完全缩入药筒中,这种装药结构的内弹道过程可作如下描述。底火被击发后形成的底火射流进入中心传火管,点燃附加点火药,底

火射流与附加点火药燃烧生成的火药燃气作用于弹丸底部，推动弹丸沿导向管滑动直至弹带到达身管膛线起始处。然后，主装药燃烧继续推动弹丸挤进膛线并沿身管运动直至到达炮口。从上面的分析可以看出，埋头弹药的内弹道过程与传统弹药的区别主要在内弹道循环的前期，即弹丸运动到膛线起始处之前。弹丸挤进膛线后的运动过程与传统的内弹道过程基本相同。这种区别需要在内弹道模型中给予考虑，主要包括：

① 弹丸在导向管内的自由滑动过程。在传统火炮中，弹丸挤进膛线时的速度很小，而采用埋头弹药时，弹丸通过在导向管内的运动，抵达膛线起始处时已具有一定的速度，因此应考虑弹丸的动态挤进过程。

② 埋头弹药的二次点火过程，即底火射流与附加点火药燃烧生成的火药燃气首先将弹丸推到膛线起始处，然后主装药开始燃烧。

7.4.2　基本假设

针对上述埋头弹药内弹道过程的特点，若要全面描述发射中的膛内过程，在模型中将各种因素都考虑进去，需要采用比较复杂的理论模型，即一维两相流模型甚至两维两相流模型进行描述。为了建立埋头弹药集总参数模型，就必须对膛内气体流动过程进行适当简化，抓住反映埋头弹药内弹道过程的主要因素。为此，提出以下基本假设：

① 将埋头弹药内弹道过程划分为两个时期。第一时期为弹丸挤进膛线之前的时期，在这一时期弹丸在导向管内自由滑动，直到弹带抵达膛线为止。第二时期为弹丸在身管内运动时期。

② 在第一时期即弹带挤进膛线之前，弹丸在导向管内作自由滑动，即不考虑与管壁的摩擦。

③ 假设第一时期只有底火射流与附加点火药燃烧生成的火药燃气推动弹丸作功，主装药未燃烧。

④ 在第二时期考虑弹丸的动态挤进过程。

⑤ 假设在第二时期附加点火药已经燃完，只有主装药在燃烧。

⑥ 底火射流、附加点火药和主装药燃气具有相同的参量，即火药力、比热比、余容和气体常数等物理参量相等。

7.4.3　数学模型

1. 第一时期数学模型

附加点火药形状函数

$$\psi_b = \chi_b z_b (1 + \lambda_b z_b + \mu z_b^2) \tag{7.1}$$

附加点火药燃速方程

$$\frac{dz_b}{dt} = \frac{u_{1b}}{e_{1b}} p^{n_b} \tag{7.2}$$

弹丸运动方程

$$Sp = m\frac{\mathrm{d}v}{\mathrm{d}t} \tag{7.3}$$

内弹道基本方程

$$Sp(l+l_{\psi}) = (\omega_{\mathrm{b}}\psi_{\mathrm{b}} + m_{\mathrm{ign}})f - \frac{\theta}{2}mv^2 \tag{7.4}$$

式中:$l_{\psi} = l_0\left[1-\frac{\Delta_{\mathrm{b}}}{\rho_{\mathrm{p}}}-\Delta_{\mathrm{b}}\left(\alpha-\frac{1}{\rho_{\mathrm{p}}}\right)\psi_{\mathrm{b}}-\alpha\frac{m_{\mathrm{ign}}}{V_0}\right]$,其中 m_{ign} 为底火射流的质量,V_0 为中心点火管的体积。

2. 第二时期数学模型

主装药形状函数

$$\psi = \chi z(1+\lambda z+\mu z^2) \tag{7.5}$$

主装药燃速方程

$$\frac{\mathrm{d}z}{\mathrm{d}t} = \frac{u_1}{e_1}p^n \tag{7.6}$$

弹丸运动方程

$$Sp = \varphi m\frac{\mathrm{d}v}{\mathrm{d}t} + F_{\mathrm{r}} \tag{7.7}$$

式中:F_{r} 为弹丸挤进阻力,可用分段线性函数表示为

$$F_{\mathrm{r}} = \begin{cases} c_1 x, & x_0 < x \leqslant x_1 \\ c_1 x_1 + c_2(x-x_1), & x_1 < x \leqslant x_2 \\ c_3, & x_2 < x \leqslant x_{\mathrm{g}} \end{cases} \tag{7.8}$$

式中:c_1、c_2 和 c_3 为系数;x_0、x_1、x_2 和 x_{g} 分别为弹带挤进点、最大挤进阻力点、弹带变形结束点及弹带出炮口点的弹丸行程。

内弹道基本方程

$$Sp(l+l_{\psi}) = (\omega\psi + \omega_{\mathrm{b}} + m_{\mathrm{ign}})f - \frac{\theta}{2}\varphi mv^2 \tag{7.9}$$

式中:$l_{\psi} = l_0\left[1-\frac{\Delta}{\rho_{\mathrm{p}}}-\Delta\left(\alpha-\frac{1}{\rho_{\mathrm{p}}}\right)\psi-\alpha\frac{\omega_{\mathrm{b}}+m_{\mathrm{ign}}}{W_0}\right]$,其中 W_0 为药室的初始体积。

7.5 埋头弹药内弹道两相流模型

7.5.1 物理模型及基本假设

从埋头弹药的结构特点可以看出,与传统发射方式相比,埋头弹发射方式在结构和技术上都有较大变化,导致火药燃气在膛内呈现复杂的流动状态,因此研究埋头弹在膛内的运动过程及弹后空间的流场变化规律具有重要意义。本节建立埋头弹两维

内弹道模型描述膛内高温燃气的流动现象，为此提出如下基本假设：

① 弹丸在导向管内的运动为无摩擦自由滑动。

② 膛内的火药燃烧及产生的高温燃气流动为非稳态轴对称两维两相流动过程。

③ 底火射流、附加点火药和主装药燃气具有的热物性参量均为常数且相同。

7.5.2　数学模型

1. 气相质量守恒方程

$$\frac{\partial \phi\rho}{\partial t}+\frac{\partial \phi\rho u_x}{\partial x}+\frac{\partial \phi\rho u_r}{\partial r}+\frac{\phi\rho u_r}{r}=\dot{m}_c+\dot{m}_b+\dot{m}_d \tag{7.10}$$

式中：ϕ、ρ、u 分别为气相空隙率、密度和速度；下标 x、r 表示轴向和径向分量；$\dot{m}_c$、$\dot{m}_b$ 和 $\dot{m}_d$ 分别为主装药、附加点火药和可燃导向管燃气生成速率。

2. 气相动量守恒方程

轴向：
$$\frac{\partial \phi\rho u_x}{\partial t}+\frac{\partial \phi\rho u_x^2}{\partial x}+\frac{\partial \phi\rho u_x u_r}{\partial r}+\frac{\phi\rho u_x u_r}{r}+\phi\frac{\partial p}{\partial x}=-D_x+(\dot{m}_c+\dot{m}_b)u_{px} \tag{7.11}$$

径向：
$$\frac{\partial \phi\rho u_r}{\partial t}+\frac{\partial \phi\rho u_x u_r}{\partial x}+\frac{\partial \phi\rho u_r^2}{\partial r}+\frac{\phi\rho u_r^2}{r}+\phi\frac{\partial p}{\partial r}=-D_r+(\dot{m}_c+\dot{m}_b)u_{pr} \tag{7.12}$$

上两式中：p 为压力；D_x、D_r 分别为气固相间阻力 $\boldsymbol{D}$ 在轴向和径向上的分量；$\boldsymbol{u}_p$ 为固相(颗粒相)速度。

3. 气相能量守恒方程

$$\frac{\partial \phi\rho E}{\partial t}+\frac{\partial \phi\rho u_x\left(E+\frac{p}{\rho}\right)}{\partial x}+\frac{\partial \phi\rho u_r\left(E+\frac{p}{\rho}\right)}{\partial r}+\frac{\phi\rho u_r\left(E+\frac{p}{\rho}\right)}{r}+p\frac{\partial \phi}{\partial t}=$$
$$\dot{m}_c H_c+\dot{m}_b H_b+\dot{m}_d H_d-D u_p-Q_s \tag{7.13}$$

式中：$E=e+(u_x^2+u_r^2)/2$；H_c、H_b 和 H_d 分别为主装药、附加点火药和可燃导向管材料的燃烧焓；Q_s 为相间热交换。

4. 固相质量守恒方程

$$\frac{\partial(1-\phi)\rho_p}{\partial t}+\frac{\partial(1-\phi)\rho_p u_{px}}{\partial x}+\frac{\partial(1-\phi)\rho_p u_{pr}}{\partial r}+\frac{(1-\phi)\rho_p u_{pr}}{r}=-\dot{m}_c-\dot{m}_b-\dot{m}_d \tag{7.14}$$

式中：ρ_p 为固相密度。

5. 固相动量守恒方程

轴向：
$$\frac{\partial(1-\phi)\rho_p u_{px}}{\partial t}+\frac{\partial(1-\phi)\rho_p u_{px}^2}{\partial x}+\frac{\partial(1-\phi)\rho_p u_{px}u_{pr}}{\partial r}+\frac{(1-\phi)\rho_p u_{px}u_{pr}}{r}+$$
$$(1-\phi)\frac{\partial p}{\partial x}+(1-\phi)\frac{\partial \tau_p}{\partial x}=D_x-(\dot{m}_c+\dot{m}_b)u_{px} \tag{7.15}$$

径向：
$$\frac{\partial(1-\phi)\rho_p u_{pr}}{\partial t}+\frac{\partial(1-\phi)\rho_p u_{px}u_{pr}}{\partial x}+\frac{\partial(1-\phi)\rho_p u_{pr}^2}{\partial r}+\frac{(1-\phi)\rho_p u_{pr}^2}{r}+$$

$$(1-\phi)\frac{\partial p}{\partial r}+(1-\phi)\frac{\partial \tau_{\mathrm{p}}}{\partial r}=D_{r}-(\dot{m}_{\mathrm{c}}+\dot{m}_{\mathrm{b}})u_{\mathrm{pr}} \tag{7.16}$$

上两式中：τ_{p} 为颗粒之间的作用力。

6. 火药颗粒表面温度方程

$$\frac{\partial T_{\mathrm{ps}}}{\partial t}+u_{\mathrm{p}}\frac{\partial T_{\mathrm{ps}}}{\partial x}=\frac{q}{\lambda_{\mathrm{p}}}\sqrt{\frac{a_{\mathrm{p}}}{\pi t}},\quad T_{\mathrm{ps}}\leqslant T^{*} \tag{7.17}$$

式中：T_{ps}、T^{*} 分别为火药颗粒的表面温度和着火温度；a_{p}、λ_{p} 分别为火药的导温系数和导热系数；q 为单位时间内通过单位等温面传递的热量，可表示为 $q=h(T-T_{\mathrm{ps}})$，其中 h 为换热系数。

相关参量的辅助方程可参考前面章节，这里不再一一列出。

7.6 埋头弹药内弹道优化设计

7.6.1 内弹道优化设计过程

内弹道设计是根据所要求的内弹道性能与火炮系统的设计指标，利用内弹道控制方程组，确定火炮系统构造诸元及弹药装填条件的过程，是武器系统设计的基础。以往主要采取传统的内弹道工程设计方法确定装填条件及射击诸元，该方法所确定的方案只能保证是可行的，但不一定为最优方案。现在采用内弹道优化设计的方法，选定出的方案更科学合理，可在缩短设计周期的同时，提高设计的质量。本小节主要介绍目前应用较为广泛的三种优化方法在埋头弹药内弹道优化设计中的应用，即模式搜索法、模拟退火算法和遗传算法。

1. 建立优化设计模型

前两节建立的埋头弹药内弹道模型给出了火炮构造诸元和装填条件与内弹道性能的关系，内弹道优化设计的对象为内弹道过程，即在满足内弹道各项性能指标的前提下，寻求设计目标函数的结构诸元及装填条件。目标函数一般可根据需要优化的参数来构造，这里以弹丸初速为例介绍埋头弹药的内弹道优化过程，即将弹丸初速作为优化的目标，寻求初速最大的装填条件，因此可采用前两节建立的埋头弹药内弹道控制方程组作为优化模型。

2. 确定设计变量

在内弹道优化设计问题中，待定参数即为设计变量。埋头弹药内弹道优化设计时涉及的参数很多，如弹丸行程长、药室容积及附加速燃药和主装药的火药弧厚和装药量等，其中有的参数对埋头弹药内弹道性能的影响较大，有的则是影响较小的次要参数；有的参数为变量，有的参数则为相对固定的常量；有的参数相互独立，有的参数相互间存在一定的依赖性。所以，在这些参数中，需要确定哪些是内弹道优化的设计变量，赋予初值并作为优化结果计算出来；哪些是设计参数，在优化设计时只需要赋

予某一确定值。确定优化问题的设计变量时，一般需遵循以下三条基本原则：

① 所选取的设计变量相互独立，在应用任何优化方法优化求解时都必须要求设计变量相互独立。

② 设计变量对目标函数应该有着较大并且相互矛盾的影响。因为这样才能使目标函数存在明显的极值，问题才有优可寻。

③ 设计变量取值范围应有限。在优化设计问题中，每个设计变量的取值都有其确定的区间范围，不可能是无限的。设计变量取值区间由设计条件所确定的设计变量边界值来确定，在区间内的点代表了设计方案。

总之，设计变量的选择没有严格的规律可循，需根据具体问题的性质和以往的经验而定。由参数变化对埋头弹药内弹道性能的影响可以知道，药室容积 V_0 和主装药装药量 ω 是相互独立、有确定取值范围，并且对目标函数有着较大影响的变量，因此，可将这两个变量作为埋头弹药内弹道优化问题的设计变量。

3. 建立约束条件

约束条件是检验所选设计方案是否合理的标准，是对内弹道优化过程中各种参数取值的限制，是针对内弹道优化问题本身所提出来的限制条件，一般由火炮使用条件、弹药因素和现有技术储备等决定。通常情况下，约束条件主要有以下几项：

（1）最大压力 p_m

最大压力 p_m 的确定不仅需要考虑火炮内弹道性能，还要考虑到火炮身管的材料性能、引信的作用和弹体强度等因素。

（2）最大药室容积 V_0

如果火炮药室容积过大，不仅会占据较大的空间，还会相应地增加自动装填机构的自由空间，对车辆内部空间的合理使用造成影响。

（3）最大装填密度 Δ

最大装填密度 Δ 一般由药室结构、火药形状及密度、装填方式和药室内所附加的元件数量等决定。

（4）最大身管长 L_{sh}

武器系统机动性是进行内弹道设计时需要考虑的一个重要指标，对身管长度的合理限制不仅会增加火炮武器系统机动性，同时也降低了平衡系统的设计难度。

4. 确定目标函数

一般情况下，满足约束条件的可行设计方案有很多个，但可行方案并不能保证为最优方案。所以，进行内弹道优化设计时，不仅要建立问题的约束条件，还需要确定评价可行方案优劣的标准，即目标函数，其具体形式为数学关系式。既可以只选择一个目标函数，也可以同时选择多个目标函数；但是，所有目标函数都应是关于所选定设计变量的函数。通常，可将弹丸出炮口初速 v_g、装药利用系数 η_g 和有效功率 γ_g 等作为内弹道优化设计的目标函数。本节建立埋头弹药的单目标函数内弹道优化设计模型，所选择的目标函数为：$\max v_g$。

综上所述,埋头弹药内弹道优化设计问题为

$$\left.\begin{aligned}&\max v_{\mathrm{g}}(V_0,\omega)\\&p_{\mathrm{m}}(V_0,\omega)\leqslant p_{\mathrm{m0}}\\&V_0\in[a,b]\\&\omega\in[c,d]\end{aligned}\right\}\tag{7.18}$$

7.6.2 模式搜索法

1. 模式搜索法的基本思想

模式搜索法是Jeeves和Hooke于1961年基于坐标搜索法提出的,简称为H-J算法,由于其通过改进迭代步长加速算法的收敛,因此又称为步长加速法。作为一种直接搜索法,该算法能用来直接求解许多非线性的优化问题,简单且易于实现。该算法从选定的初始点开始,执行的若干次迭代由两种类型的移动构成:探测搜索和模式搜索。探测搜索是为了在参考点的周围寻找更好的解,其目的是探求有利的前进方向;模式搜索的目的是力图使迭代沿着有利方向加速进行。探测搜索和模式搜索这两种移动形式交替进行,使迭代逐渐朝着设计结果方向靠拢,具体的交替进行情况如下。

假设目标函数为 $f(x), x\in\mathbf{R}^n$。坐标方向为

$$\boldsymbol{e}_j=(0,\cdots,0,1,0,\cdots,0)^{\mathrm{T}}, j=1,\cdots,n\tag{7.19}$$

任取初始点 $x^{(1)}$ 为第1个基准点,设定初始步长 δ 和加速因子 β,第 j 个基准点表示为 $x^{(j)}$。每次进行探测搜索时,$y^{(j)}$ 表示自变量,即 $y^{(j)}$ 为沿 $\boldsymbol{e}_j$ 方向探测的出发点,这样,$y^{(1)}$ 为沿 $\boldsymbol{e}_1$ 方向探测的出发点,$y^{(n)}$ 为沿 $\boldsymbol{e}_n$ 方向的探测出发点。

首先,令 $y^{(1)}=x^{(1)}$,沿 $\boldsymbol{e}_1$ 方向进行探测搜索。

如果 $f(y^{(1)}+\delta e_1)<f(y^{(1)})$,则沿 $\boldsymbol{e}_1$ 方向探测成功,令

$$y^{(2)}=y^{(1)}+\delta e_1\tag{7.20}$$

如果 $f(y^{(1)}+\delta e_1)\geqslant f(y^{(1)})$,则沿 $\boldsymbol{e}_1$ 方向探测失败。继续沿 $-\boldsymbol{e}_1$ 方向探测,如果 $f(y^{(1)}-\delta e_1)<f(y^{(1)})$,则沿 $-\boldsymbol{e}_1$ 方向探测成功,此时令

$$y^{(2)}=y^{(1)}-\delta e_1\tag{7.21}$$

否则,沿 $-\boldsymbol{e}_1$ 方向也探测失败。此时,令

$$y^{(2)}=y^{(1)}\tag{7.22}$$

再从 $y^{(2)}$ 出发,采用同样的方法沿 $\boldsymbol{e}_2$ 方向进行探测搜索,得到 $y^{(3)}$ 点,按同样的方式依次探测直至沿 n 个坐标方向都探测完毕得到 $y^{(n+1)}$ 点。

如果 $f(y^{(n+1)})<f(x^{(1)})$,则可将 $y^{(n+1)}$ 作为新基点,即

$$x^{(2)}=y^{(n+1)}\tag{7.23}$$

从而,可以判断 $d=x^{(2)}-x^{(1)}$ 是否为函数值减小的方向。

然后,沿 $x^{(2)}-x^{(1)}$ 方向进行模式搜索,令新的 $y^{(1)}$ 为

$$y^{(1)}=x^{(2)}+\beta(x^{(2)}-x^{(1)})\tag{7.24}$$

该模式移动后，以新的 $y^{(1)}$ 为基点继续沿坐标轴方向进行探测搜索，直至移动完毕得到新的点 $y^{(n+1)}$。

如果 $f\,(y^{(n+1)}) < f\,(x^{(2)})$，则模式搜索成功，可将新的基点取为

$$x^{(3)} = y^{(n+1)} \tag{7.25}$$

并沿 $x^{(3)} - x^{(2)}$ 方向进行模式搜索。

如果 $f\,(y^{(n+1)}) \geqslant f\,(x^{(2)})$，则说明此次模式搜索及随后的探测搜索均失败，需要减小步长 δ，搜索退回至基点 $x^{(2)}$，重新按原来的探测搜索方式依次移动，直到步长 δ 小于已设定好的某个小的正数 ε，即满足精度要求为止。

由上述描述可知，模式搜索法通过探测移动及模式移动达到最优定位。模式搜索法的关键在于基点和移动方向的确定，能在不同方向同时探测，并沿着两个基点连线的矢量方向移动，因此能克服不同自由度间存在的交叉耦合影响。算法简单、直观，而且不需要求解函数导数，可用于设计变量不多和复杂目标函数的优化问题，是一种可靠的直接搜索法。

2. 模式搜索法实现流程

模式搜索法具体实现流程如图 7.12 所示。

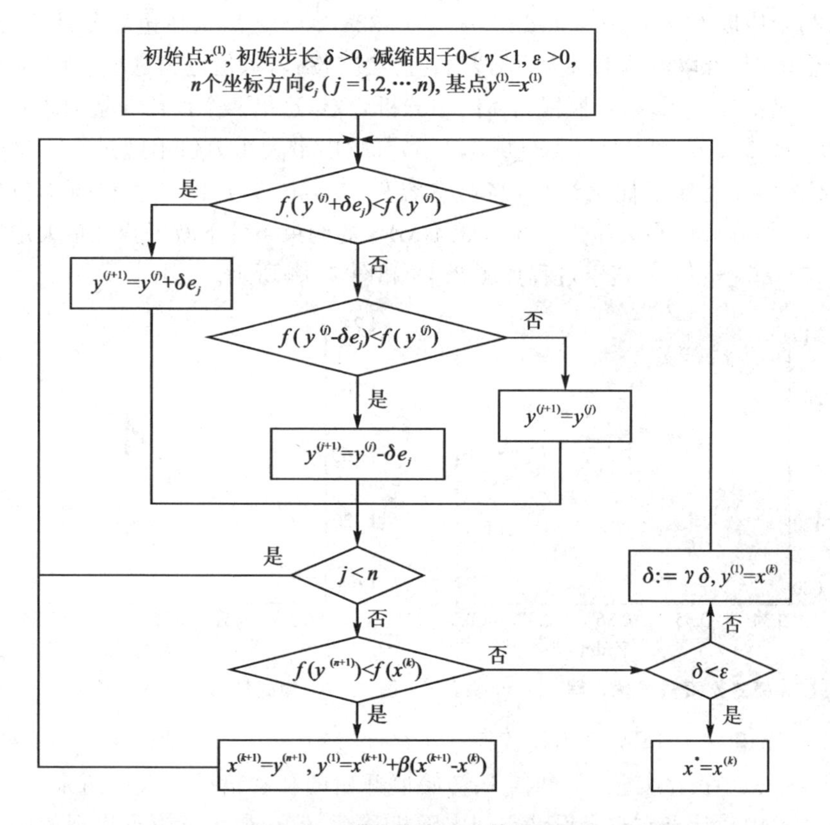

图 7.12　模式搜索法计算流程图

① 选定初始点 $x^{(1)}\in\mathbf{R}^n$,初始步长 δ,加速因子 $\beta\geqslant1$,允许误差 $\varepsilon>0$,缩减率 $\gamma\in(0,1)$,n 个坐标方向 $e_1,e_2,\cdots,e_n$,设置 $y^{(1)}=x^{(1)}$,$k=1$,$j=1$。

② 探测搜索:

如果 $f(y^{(j)}+\delta e_j)<f(y^{(j)})$,则 $y^{(j+1)}=y^{(j)}+\delta e_j$,转至第③步;否则,如果 $f(y^{(j)}-\delta e_j)<f(y^{(j)})$,则 $y^{(j+1)}=y^{(j)}-\delta e_j$,转至第③步;否则,$y^{(j+1)}=y^{(j)}$,继续执行第③步。

③ 若 $j<n$,则令 $j:=j+1$,转至第②步;否则,继续执行第④步。

④ 模式搜索:

如果 $f(y^{(n+1)})<f(x^{(k)})$,则 $x^{(k+1)}=y^{(n+1)}$,$y^{(1)}=x^{(k+1)}+\beta(x^{(k+1)}-x^{(k)})$,转至第②步;否则,继续执行第⑤步。

⑤ 判断优化终止条件:

若 $\delta<\varepsilon$,则迭代停止,得到最优解 $x^*=x^{(k)}$;否则,减小步长重新探测,即令 $\delta:=\gamma\delta$,并设置 $y^{(1)}=x^{(k)}$,$k:=k+1$,$j=1$,转至第②步。

3. 内弹道优化设计结果及分析

采用模式搜索法进行优化设计时,两个设计变量的计算初始点对结果影响很大,这里将初始值取为 $V_0=0.356\ \mathrm{dm}^3$,$\omega=0.326\ \mathrm{kg}$。之后选择边界条件,即设计变量的取值范围,若取值范围过大,则搜索速度会变慢;若取值范围过小,则会对全局搜索能力造成影响。所以,应根据具体问题分析确定,这里两个设计变量的边界条件为 $V_0\in[0.000\ 342,0.000\ 38]$,$\omega\in[0.3,0.35]$;膛内最大压力值不超过 324 MPa。经过 59 步迭代寻找到了优化结果:当药室容积 $V_0=0.359\ \mathrm{dm}^3$,主装药装药量 $\omega=0.326\ \mathrm{kg}$ 时,在膛内最大压力不超过 324 MPa 的约束条件下获得弹丸最大炮口速度 $v_g=1\ 178.265\ \mathrm{m/s}$,其搜索过程如图 7.13 和图 7.14 所示。

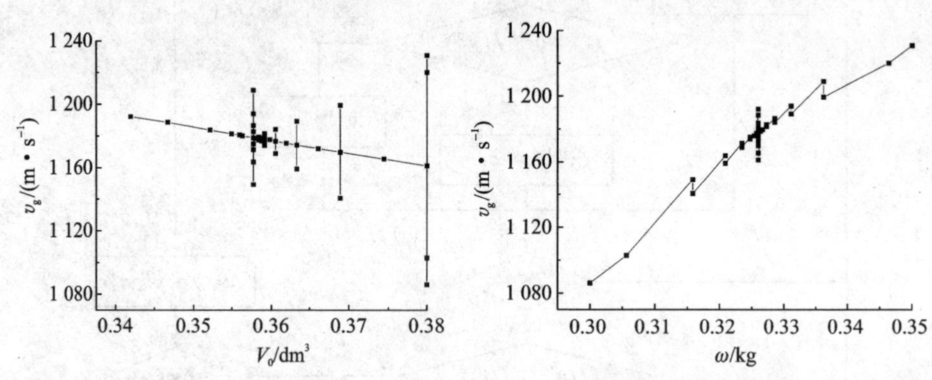

图 7.13 模式搜索法寻优过程 v_g-V_0 曲线　　**图 7.14 模式搜索法寻优过程 $v_g-\omega$ 曲线**

图 7.13 和图 7.14 分别为模式搜索法寻优过程中 v_g-V_0 曲线和 $v_g-\omega$ 曲线,描述了搜索过程中设计变量 V_0 和 ω 从初始值开始的移动情况。由这两张图可知,虽然搜索过程中设计点在整个设计空间内随机移动,但在最优解附近出现的概率明显高于其他区域。为了更直观地了解模式搜索法在优化设计过程中的搜索情况,绘制

了设计变量 V_0 和 ω、优化目标 v_g 及约束条件 p_m 随搜索迭代次数的变化曲线，如图 7.15、图 7.16、图 7.17 和图 7.18 所示。由图 7.15～图 7.18 可以看出，在计算初期，设计变量和目标函数在搜索过程中存在较大振荡，算法在整个解空间内随机移动；随着迭代次数的增加，搜索点逐渐集中在最优解附近，振荡也逐渐趋于平缓，最后经过 59 步迭代搜索到最优解。尽管模式搜索法在迭代过程中没有一定的规律性，但是该方法能够经过较少的迭代次数逐渐收敛至所寻求的优化结果。

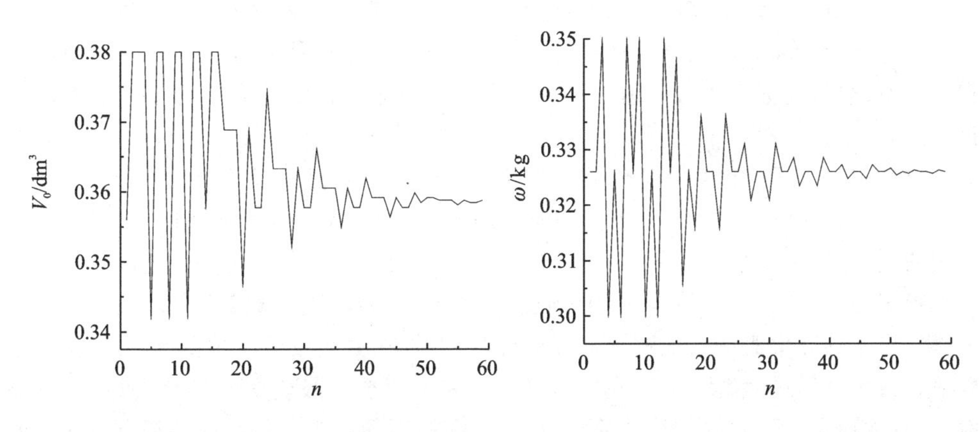

图 7.15　模式搜索法 V_0 收敛历程　　图 7.16　模式搜索法 ω 收敛历程

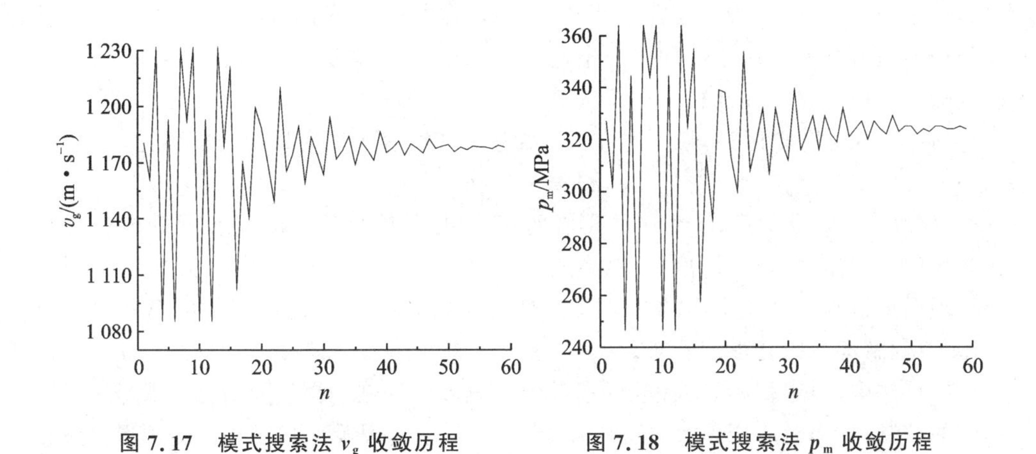

图 7.17　模式搜索法 v_g 收敛历程　　图 7.18　模式搜索法 p_m 收敛历程

7.6.3　模拟退火算法

1. 模拟退火算法基本思想

原始的模拟退火算法最早于 1953 年由 Metropolis 等人在研究二维相变时提出，当时没有引起人们的广泛关注，直至 20 世纪 80 年代初，Kirkpatrick 等应用现代模拟退火算法解决了复杂的大规模组合优化问题，才开始引起科学工作者的关注。

目前,模拟退火算法已经广泛应用于工程实际中。

作为一种启发式随机搜索算法,模拟退火算法的基本思想来源于物理上的固体金属退火原理。将固体金属充分加热到一定高的温度,组成固体金属的所有分子随着温度的升高及内能的增大逐渐变成无序状态,直至在状态空间做自由运动,之后让其自行冷却。在固体金属自行冷却的过程中,随着温度的缓慢下降,分子运动渐渐趋于有序,在每个温度点都能达到对应的平衡状态,最终于常温点达到基态,此时内能降低为最小值。这种由高温逐渐向低温降温的热处理物理过程即为退火过程。退火过程中,随着温度降低,固体金属系统的熵逐渐减小,渐渐从高能无序态转换为低能有序晶态,能量逐渐趋于最小值。一个退火过程通常由加温过程、等温过程和冷却过程组成。

科学工作者利用组合优化问题与固体金属退火过程间的相似性,并采用 Metropolis 准则作为优化过程中的搜索策略,即适当地控制温度下降过程,实现退火过程的模拟,避免了陷入局部最优解,最终寻求到所优化问题的全局最优解。

根据马尔科夫(Markov)过程的理论,模拟退火算法在搜索过程中以一种时变且最终趋于零的几率概率性地跳出局部最优解,最终在温度较低的情况下,以 100%的概率收敛于全局最优解。由于模拟退火算法在求解全局最优解时具有鲁棒性、可靠性高、收敛稳定、适用性广、算法简单且便于实现,因而科学工作者对其进行了深入的研究,并广泛应用于工程实际中。

但是,模拟退火算法也存在一些缺陷,如对参数较敏感,运行时间长以及算法性能与初始值有关等。在之后的研究中,科研人员对退火算法不断进行改进和完善,如改进的遗传退火算法和并行退火算法等。

Metropolis 准则认为,粒子群在某一温度 T 时,趋于平衡状态的概率为

$$\exp\left[-\Delta E/(kT)\right]$$

其中:k 为玻耳兹曼常量;E 为粒子群在温度 T 时所具有的内能,ΔE 是粒子群的内能改变量。在用模拟退火算法解决优化问题时,将固体温度 T 模拟为控制参数 t,将物理退火过程中固体金属的状态及其对应内能 E 模拟为优化问题的解和目标函数,则最优解即为内能最低状态。

在算法中,设定初始高温、进行基于 Metropolis 准则的搜索及对温度参数 t 下降速度的控制,分别对应于退火过程中加温过程、等温过程及冷却过程。物理退火过程与优化问题求解过程两者间的对应关系如表 7.2 所列。由优化问题初始解 i 及控制参数 t 初始值开始,不断地对当前解重复进行“产生新的解→计算目标函数值之差→判断接受与否→接收或者舍弃该解”的迭代操作,并且逐渐衰减控制参数 t 的值,模拟退火算法终止时刻的当前解就是优化所得的近似最优解,根据冷却进度表控制固体退火过程,控制的参数包括温度参数 t 的初始值及其对应的衰减因子 Δt、每一个温度参数 t 值时刻对应的迭代次数 L 及算法终止条件 S。

表 7.2　物理退火过程与优化问题间的对应关系

物理退火过程	优化问题
状态	解
能量函数	目标函数
最低能量状态	最优解
加温过程	设定初始高温
等温过程	基于 Metropolis 准则的搜索
冷却过程	温度参数 t 下降速度的控制

2. 模拟退火算法构成要素

模拟退火算法计算过程中，对关键技术的设计优劣在很大程度上影响着算法的性能，而算法实现的效果取决于对控制参数的选择。在模拟退火算法的实现中包括四个要素：状态表达、邻域的定义和移动、热平衡达到及降温过程的控制。

(1) 状态表达

状态表达是描述系统所处能量状态的一种数学表达形式，在模拟退火算法中，一个确定的状态对应所优化问题的一个解，而状态下的能量函数对应于所优化问题的目标函数。状态表达直接决定了邻域的构造与大小，是模拟退火算法的基础工作，合理的状态表达方法会改善算法的性能，使计算复杂性大大减小。常用的状态表达方法有实数编码表示法、自然数编码表示法和 0－1 编码表示法。这里采用 0－1 二进制编码表示法进行状态表达。

(2) 邻域的定义和移动

模拟退火算法是基于邻域的搜索，邻域出发点应保证其中的解能尽量散布于整个解空间，邻域的定义方式一般由所求解问题的性质决定。定义一个解的邻域后，就要确定从当前解向邻域中一个新解移动的方法。模拟退火算法采用 Metropolis 准则进行邻域的移动，即根据一定概率确定当前解是否向新解移动。邻域的移动方式有两种：有条件移动与无条件移动。若新解目标函数值比当前解目标函数值小（映射至退火过程的热力学系统即为新状态的能量值比当前状态的能量值小），则无条件移动；否则，按照一定概率进行有条件的移动，具体情况如下。

设当前解为 i 及其邻域内的一个解 j，对应的目标函数值分别是 $f(i)$ 和 $f(j)$，则目标函数值的增量 $\Delta f=f(j)-f(i)$。如果 $\Delta f<0$，则模拟退火算法无条件地从 i 移动至 j；如果 $\Delta f>0$，则模拟退火算法根据概率函数 P_{ij} 确定是否从 i 移动至 j，其中 $P_{ij}=\exp\left(-\dfrac{\Delta f}{kT}\right)$。

邻域移动方式的引入保证了算法能够跳出局部最优解进而搜索全局最优解，是实现全局搜索的关键。当温度 T 很高时，P_{ij} 趋于 1，此时算法会移动至邻域内任何解，进行广域搜索。但当温度 T 很低时，P_{ij} 趋于 0，此时算法则只接受邻域中的较好解,进行局部搜索。

(3) 热平衡达到

热平衡达到是指在某一给定温度 T 下,模拟退火算法进行基于 Metropolis 准则的随机搜索,最终达到该温度条件下平衡态的过程,对应于物理退火中的等温过程。这一过程是模拟退火算法的内循环过程,需将内循环次数设置得足够大来保证平衡态的达到。循环次数的选取与实际问题规模大小有关,一般可由经验公式获得。具体处理时可将内循环次数设为一常数,即在每一温度条件下,进行相同次数的内循环迭代。

(4) 降温过程的控制

模拟退火算法的一个主要特点就是,利用温度的下降实现对算法迭代的控制。控制温度下降是模拟退火算法的外循环过程。通常采用降温函数表征温度下降的控制方式。温度高低决定了模拟退火算法进行的搜索是局部搜索还是广域搜索,在温度很高时,算法几乎接受当前邻域内的所有解,进行广域搜索;而随着温度逐渐降低,当前邻域内将会有愈来愈多的解被拒绝,算法进行局部搜索。如果温度下降过快,模拟退火算法将很快从广域搜索转换为局部搜索,这样可能导致陷入局部最优解。因此,需要对温度的下降过程加以控制,合理选择降温函数。

此外,初始温度与终止温度的选取也会对模拟退火算法的性能有很大影响。一般情况下,初始温度要足够高,以保证算法开始时处于平衡态;而终止温度要足够低,以保证有足够的时间获得全局最优解。初始温度一般根据以往经验来确定,而终止温度则可根据降温函数由外循环次数和初始温度来确定。

3. 模拟退火算法数学模型

固体退火过程是一个加热至充分高温度的物体缓慢降温,直至所有分子的能量都达到最低状态的过程,随着温度的降低,固体分子逐渐在不同的状态趋于平衡,当温度降至最低值时,所有分子将以一定的结构重新排列。假定该热力学系统 D 中存在 n 个不同状态,这些状态是离散且有限的,在温度降低至 T 后,固体金属经过一段时间达到这一状态下的热平衡,这时分子停留在状态 r 的概率满足玻耳兹曼概率分布,即玻耳兹曼方程

$$P\{\bar{E}=E(r)\}=\frac{1}{Z(T)}\exp\left[-\frac{E(r)}{kT}\right] \tag{7.26}$$

$$Z(T)=\sum_{s\in D}\exp\left[-\frac{E(s)}{kT}\right] \tag{7.27}$$

式中:$\bar{E}$ 为所有分子能量的随机变量;$E(r)$ 为状态 r 下的分子能量;$Z(T)$ 是概率分布标准化因子;k 是玻耳兹曼常量。

根据式(7.26),任意两个状态 r_1 和 r_2 对应的能量状态为 E_1 和 E_2,假定 $E_1<E_2$,在同一温度 T 的情况下,有

$$P\{\bar{E}=E_1\}-P\{\bar{E}=E_2\}=\frac{1}{Z(T)}\exp\left(-\frac{E_1}{kT}\right)\left[1-\exp\left(-\frac{E_2-E_1}{kT}\right)\right] \tag{7.28}$$

因为 $E_2 - E_1 > 0$，故有

$$\exp\left(-\frac{E_2 - E_1}{kT}\right) < 1, \forall T > 0 \tag{7.29}$$

所以必有

$$P\{\bar{E} = E_1\} > P\{\bar{E} = E_2\}, \forall T > 0 \tag{7.30}$$

由式(7.30)可知，在固体退火过程的热力系统状态空间 D 中，分子处于较小能量状态的概率大于较大能量状态的概率，即在同一温度情况下，分子在某状态停留的概率会随着该状态能量的减小而增大，两者变化规律呈现反向变化特征。

玻耳兹曼方程即式(7.26)，描述了退火过程热力学系统 D 在给定温度条件下，处于某一热力学状态的概率分布。可根据该方程对状态概率随温度的变化规律进行分析。

首先，求解 $P\{\bar{E} = E(r)\}$ 对温度的导数，有

$$\frac{\partial P\{\bar{E} = E(r)\}}{\partial T} = \frac{\exp\left[-\frac{E(r)}{kT}\right]}{kT^2 \cdot Z(T)}\left[E(r) - \frac{\sum\limits_{s \in D} E(s)\exp\left(-\frac{E(s)}{kT}\right)}{Z(T)}\right] \tag{7.31}$$

设 $r_{\min}$ 是退火过程热力学状态空间 D 中最低能量状态，则有

$$\frac{\partial P\{\bar{E} = E(r_{\min})\}}{\partial T} < 0, \forall T > 0 \tag{7.32}$$

故 $P\{\bar{E} = E(r_{\min})\}$ 关于温度 T 单调递减，又有

$$P\{\bar{E} = E(r_{\min})\} = \frac{\exp\left[-\frac{E(r_{\min})}{kT}\right]}{\sum\limits_{s \in D}\exp\left[-\frac{E(s)}{kT}\right]} = \frac{1}{\sum\limits_{s \in D}\exp\left[-\frac{E(s) - E(r_{\min})}{kT}\right]} \tag{7.33}$$

根据式(7.33)，当 $T \to 0$ 时，分两种情况讨论 $P\{\bar{E} = E(r_{\min})\}$ 的计算方法。

当热力学系统状态空间只存在一个能量的最低状态时，即所求解问题的解空间中有且仅有一个全局最优解，当 $T \to 0$ 时，对于 $\forall s \notin r_{\min}$，有

$$E(s) - E(r_{\min}) > 0 \Rightarrow -\frac{E(s) - E(r_{\min})}{kT} \to -\infty \Rightarrow$$
$$\exp\left[-\frac{E(s) - E(r_{\min})}{kT}\right] = 0 \tag{7.34}$$

则有

$$P\{\bar{E} = E(r_{\min})\} = \frac{1}{\sum\limits_{s \in D}\exp\left[-\frac{E(s) - E(r_{\min})}{kT}\right]} =$$
$$\frac{1}{\exp\left[-\frac{E(r_{\min}) - E(r_{\min})}{kT}\right]} = 1 \tag{7.35}$$

当热力学状态系统 D 中存在的最低能量状态有 n_0 个时，相当于在问题的解空间内存在的全局最优解有若干个，假定 $r_{\min}$ 是其中一个能量最低状态。同样可推导得出，当 $T \to 0$ 时，有

$$P\{\bar{E}=E(r_{\min})\}=\frac{1}{\sum_{s\in D}\exp\left[-\frac{E(s)-E(r_{\min})}{kT}\right]}=\frac{1}{n_0} \tag{7.36}$$

由式(7.36)可知，当 $T \to 0$ 时，热力学状态空间 D 处于状态 $r_{\min}$ 的概率为 $1/n_0$，而状态空间 D 中存在的最低能量状态有 n_0 个，因此，当 $T \to 0$ 时，系统以100%的概率处于最低能量状态。

所以，根据式(7.35)及式(7.36)可知，当 $T \to 0$ 时，系统处于最低能量状态的概率趋于1。

当温度升高至一定值时，有

$$\frac{E(r_{\min})}{kT} \to 0$$

由式(7.26)可知，

$$P\{\bar{E}=E(r_{\min})\}\approx\frac{1}{n_0} \tag{7.37}$$

说明当温度很高时，退火过程的热力学系统处于各个能量状态的概率几乎相等。在采用模拟退火算法进行优化设计的过程中，开始阶段进行的是广域随机搜索。随着退火过程中温度的下降，系统处于最低能量状态的概率差别逐渐变大，当 $T \to 0$ 时，有

$$\frac{E(r_{\min})}{kT} \to 0$$

可见，在这一阶段内两种不同状态间的微小差距将会引起停留概率的剧烈变化。

4. 模拟退火算法优化设计流程

针对内弹道优化问题，模拟退火算法计算步骤主要包括：

① 初始化。通过随机方式，在埋头弹内弹道优化问题的解空间内任意选定初始解 $V_0 \in [a,b]$ 与 $\omega \in [c,d]$，给算法设置初始温度 T_0，令退火次数即迭代指标 $k=0$。

② 在邻域中随机产生一个邻域解 V_0' 和 ω'，进行埋头弹火炮的内弹道计算。

③ 若 $p_m \leqslant p_{m0}$ 且 $v_g(V_0',\omega') > v_g(V_0,\omega)$，则算法将用邻域解 V_0' 和 ω' 取代当前解 V_0 和 ω；若 $p_m \leqslant p_{m0}$ 且 $v_g(V_0',\omega') < v_g(V_0,\omega)$，则产生一个(0,1)区间范围内的随机数 ξ，当 $\exp\{[v_g(V_0',\omega')-v_g(V_0,\omega)]/(kT)\} > \xi$ 时，算法将用邻域解 V_0' 和 ω' 取代当前解 V_0 和 ω。

④ 判断是否达到热平衡状态，即判断内循环次数 k 是否大于设定的内循环最大次数；若没有达到平衡状态，则返回②，否则执行⑤。

⑤ 采用降温函数降低温度 T，判断是否达到终止温度，若当前温度高于终止温度，则返回②继续迭代运算，直至当前温度降低至终止温度时，算法停止，输出结果。

针对上述用于埋头弹药内弹道优化设计的模拟退火算法及其主要步骤，将算法

的基本搜索过程绘制为如图 7.19 所示的流程图。

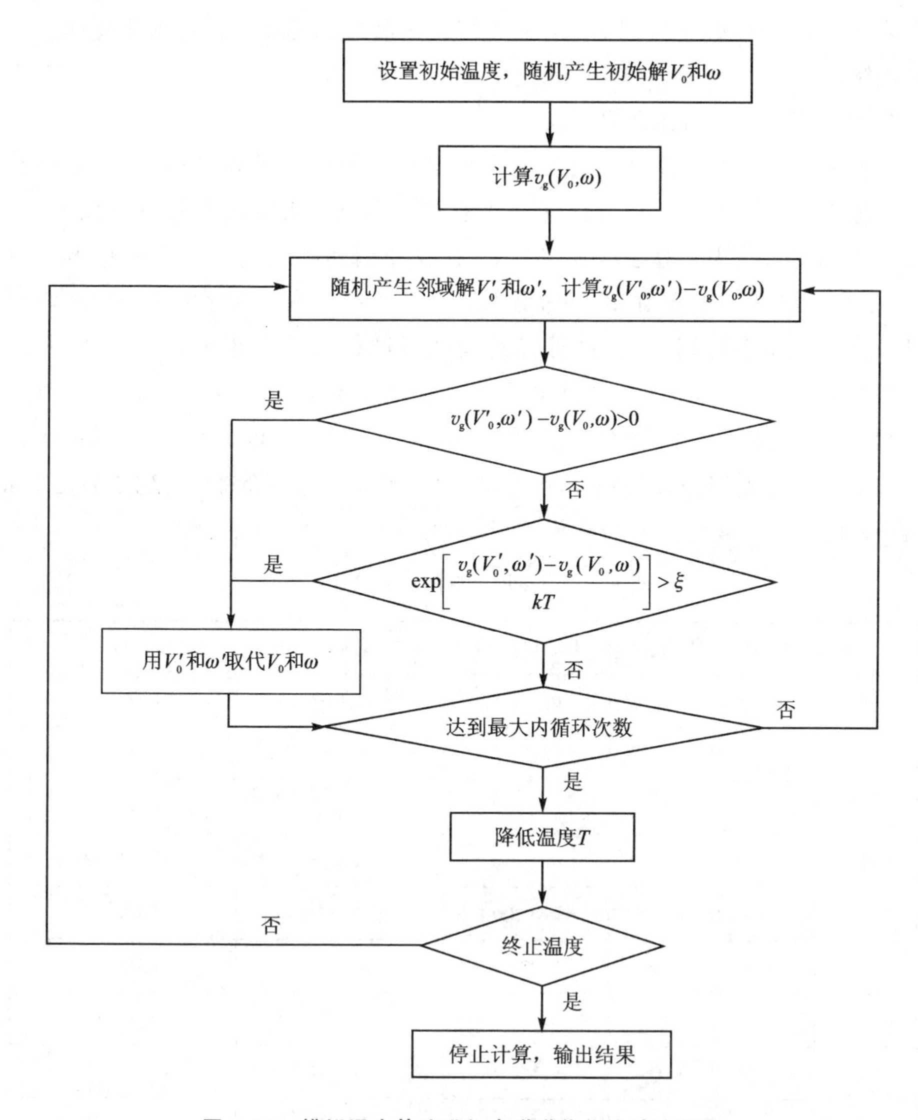

图 7.19　模拟退火算法进行内弹道优化设计流程图

根据该算法主要步骤中的第③步可知，模拟退火算法将是否满足压力约束条件 $p_m(V_0,\omega)\leqslant p_{m0}$ 作为第一个评价指标，即采用模拟退火算法进行埋头弹火炮内弹道优化设计时，可直接处理该优化问题中的压力约束问题。如果在优化设计当前解周围随机出现的一个邻域解不满足压力约束条件 $p_m(V_0',\omega')\leqslant p_{m0}$，则舍弃这个邻域解，重新进行搜索。在满足压力约束的条件下，继续进行炮口速度的比较。如果在当前解邻域内随机出现的一个解对应的炮口初速大于当前解，则用该邻域解替换当前解；如果对应的炮口初速小于当前解，在一定的随机概率下，也可以接受该邻域解，将算法从当前解移动至邻域解。采用这种无条件移动和有条件移动的方式保证了搜索不会陷入局部最优解,使模拟退火算法可以稳定收敛到埋头弹内弹道优化问题的全局最优解。

5. 内弹道优化设计结果及分析

以埋头弹药内弹道模型及模拟退火算法数学模型为基础,编制基于模拟退火算法的埋头弹药内弹道优化设计程序并求解。模拟退火算法参数设置如下:内循环次数为30次,认为该算法能在经过30次搜索后达到当前温度下的热力平衡状态;搜索初始温度设置为10 K,终止温度设置为0.001 K。程序中采用的降温函数为$T_{k+1}=T_k/(n+1)$,其中n是寻优过程中所进行的外循环次数;药室容积的搜索范围为0.3~0.38 dm^3,主装药装药量的搜索范围为0.28~0.36 kg。从得到的一系列结果中,选取了10个较好的结果,如表7.3所列。可以看出,所选取优化结果的炮口初速相差很小,不同的药室容积与主装药装药量组合都能达到1 185.5 m/s左右的速度。

表7.3 模拟退火算法优化设计结果

序号	药室容积V_0/dm^3	装药量ω/kg	最大压力p_m/MPa	初速$v_g/(m\cdot s^{-1})$
1	0.377 7	0.333 8	323.97	1 185.37
2	0.377 3	0.333 4	323.39	1 185.09
3	0.377 5	0.333 2	322.68	1 183.98
4	0.377 6	0.333 6	323.58	1 185.52
5	0.378 1	0.332 9	321.31	1 182.73
6	0.377 8	0.333 6	323.36	1 185.24
7	0.377 2	0.333 3	323.25	1 184.81
8	0.377 9	0.333 5	323.01	1 184.67
9	0.376 8	0.333 4	323.92	1 184.95
10	0.377 4	0.333 5	323.54	1 185.38

采用模拟退火算法优化过程中,退火过程中每个温度下的最优药室容积V_0、主装药装药量ω、膛内最大压力p_m及弹丸炮口初速v_g随温度下降的变化曲线如图7.20~图7.23所示。由这四张曲线图可以看出,模拟退火算法在运算前期振荡较大,随着算法的不断运行逐渐收敛,直至获得一个稳定的最大炮口初速,这也表明模拟退火算法解决埋头弹火炮内弹道优化问题的收敛性和可行性。

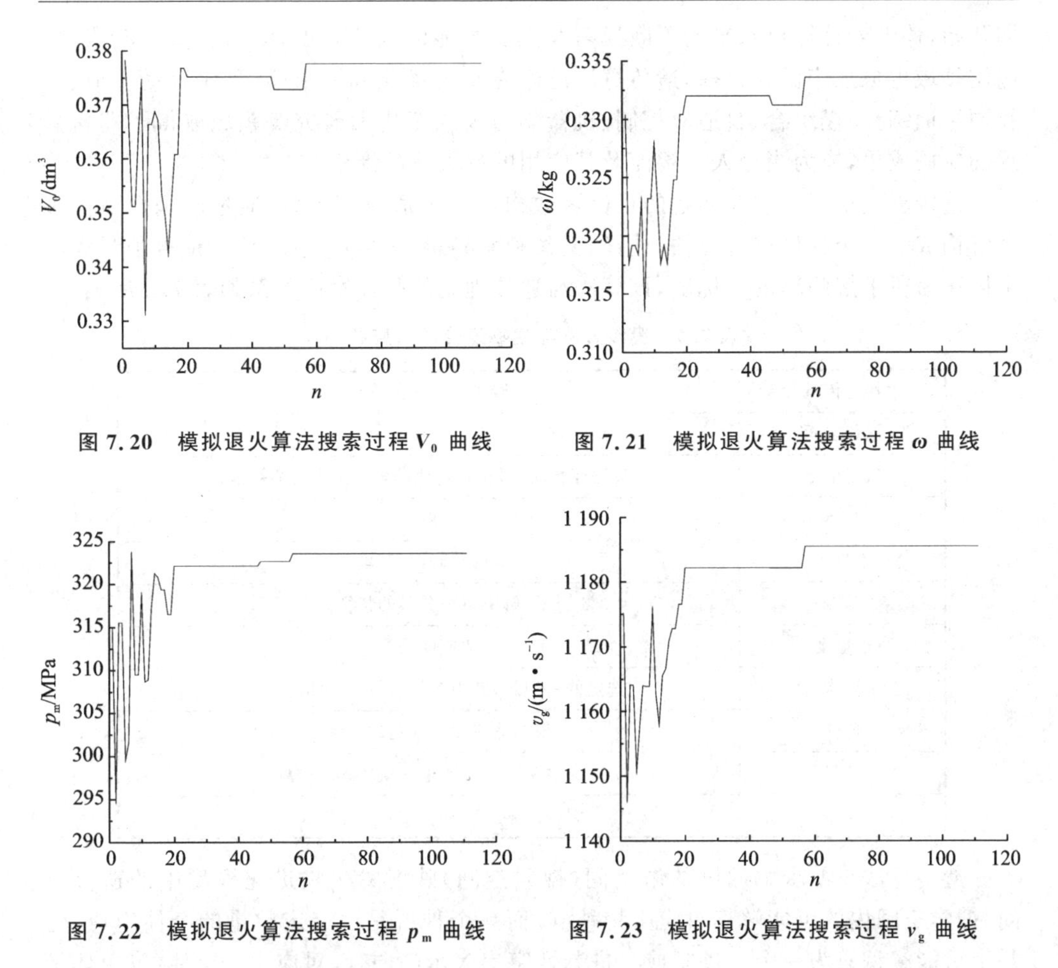

图 7.20　模拟退火算法搜索过程 V_0 曲线

图 7.21　模拟退火算法搜索过程 ω 曲线

图 7.22　模拟退火算法搜索过程 p_m 曲线

图 7.23　模拟退火算法搜索过程 v_g 曲线

7.6.4　遗传算法

1. 遗传算法的基本思想

生物在演化过程中，通过遗传、变异及自然选择来改善自身条件，适应外界环境，实现优胜劣汰的自然界演化发展。遗传算法基于达尔文生物进化论的适者生存、优胜劣汰自然进化规则，通过在计算机上对生物进化机制进行模拟来搜索计算结果和求解问题，是目前最普遍的一种进化算法，是人工智能的重要新分支。1967 年，Bagley 最先在其博士论文中提出了遗传算法的概念，并对遗传算法中的基因操作进行了讨论；1971 年，Hollstien 提出了采用遗传算法控制数字反馈的思想，第一次将遗传算法用于函数的优化之中；1975 年，Holland 运用基于生物遗传和进化的机制优化某复杂系统，并取得了较满意的效果；随后，Holland 对遗传算法的基本思想与方法进行了系统的说明，虽然当时没有引起学术界的关注，但其发展了一套较完整的模拟生物自适应系统的理论，为遗传算法奠定了一定的数学基础。自 20 世纪 80 年代中期开始,伴随着计算机水平的不断提高及人工智能的快速发展,遗传算法日渐成熟,应用领域也愈加广泛。目前,遗传算法已经在组合优化问题求解、程序自动生成、神经网络训练、积极组合、自适应控制、机器学习及人工生命研究等领域取得了非常满意的应用成果,成为当今人工智能及其应用的一大热门课题。

遗传算法根据所求解问题的目标函数构造一个适应度函数,通过该函数对由多个解构成的一个种群进行评估、选择、交叉和变异,经过多代繁殖,将适应度值最大的个体作为所求解问题的最优解,该算法与遗传理论的具体对应关系如表7.4所列。

表7.4　遗传算法与生物遗传的对应关系

生物遗传概念	遗传算法中的作用
遗传空间	解空间
适者生存	在算法停止时,最优目标值的解有最大可能被留住
个体	解
染色体	解的编码(字符串)
基因	解中每一分量的特征
适应度	适应度函数
群体	选定的一组解(其中解的个数为群体的规模)
种群	根据适应度值选定的一组解
交配	通过交叉操作产生一组新解的过程
变异	编码的某一个分量发生变化的过程

遗传算法将所求解问题的解空间(搜索空间)映射为生物进化模型中的遗传空间,搜索空间内的可能解集对应生物种群,而一个种群是由一定数量的个体组成,将每个可能解编码为一个十进制或二进制数字串表示的向量,对应生物个体(染色体带有特征的实体);该向量中每个元素对应染色体的基因。遗传算法首先随机产生由一定数量个体组成的初始种群作为所求解问题的初始解,按照预定的评价指标(如工程项目费用最低、路径最短、商业经营利润最大等)对初始种群内每个个体进行评价,计算适应度;然后按照优胜劣汰和适者生存原理,根据个体适应度大小对种群中个体进行选择,适应度低的个体被淘汰,适应度高的个体被选择;最后对种群中个体进行交叉、变异等遗传操作,得到新的种群。经过这个过程后,新的种群继承了父代种群的优良特性,是父代中的优秀者,故新种群总体上明显比父代优秀,环境适应性更强。遗传算法就是通过这样反复不断地迭代,循环执行上述操作,逐渐向最优解的方向进化,直至达到预定的指标。对末代种群中的个体进行解码,作为所求解问题的最优或近似最优解。

与启发式算法、搜索算法和枚举法等传统优化算法相比,遗传算法有着显著的特点和优势。首先,遗传算法能在进化过程中自行组织搜索,具有自适应性和自学习性,可解决某些复杂的非结构化问题。其次,遗传算法使用概率转换规则而非确定性

转换规则来指导搜索，因而能在有噪声的离散高峰值复杂空间进行搜索，适用于大规模甚至超大规模的复杂优化问题，获得确定的运行结果。再次，遗传算法搜索的是一个种群数目的点，并非单个点，具有本质并行性，可通过较少的计算获得较大的效益。不仅如此，遗传算法对所求解问题本身的目标函数限制极少，既可以是连续性函数，又可以是离散型函数，也不要求函数可微，且不需要其他先决条件或辅助信息；既可以是映射矩阵，又可以是数学表达式等显式函数，甚至可以是神经网络等隐式函数，应用范围非常广。

2. 遗传算法的构成要素

遗传算法的构成要素主要有种群和种群大小、编码方法、选择策略及遗传算子。下面分别对这些构成要素进行具体说明。

(1) 种群和种群大小

种群由一定数量个体(即染色体)构成，每个染色体对应着所求解问题的一个解，种群则对应着问题的一个解集。一般情况下，遗传算法种群越大越好，但种群的增大势必造成搜索周期延长，通常将种群大小设置为 20～150 之间的一个常数。在某些特殊情况下，可将种群大小设为与算法遗传代数相关的变量来获得更好的优化结果。

(2) 编码方法

在遗传算法中，编码方法决定了染色体与所优化问题的解之间的对应方式，正确对染色体编码表示优化问题的解是遗传算法的一项重要基本工作。

(3) 选择策略

选择是从当前种群中选择适应性强的个体，生成交配池的过程。该过程体现自然演化理论中“适者生存，优胜劣汰”的准则。

(4) 遗传算子

遗传算子模拟了父代繁殖后代的过程，包括交叉和变异两种操作，是遗传算法精髓所在。

3. 遗传算法的实现流程

遗传算法的一般流程如图 7.24 所示。

由图 7.24 可以看出，遗传算法基本流程包括六个步骤：①确定编码方式，产生初始种群；②构造适应度函数，计算适应度值；③根据适应度大小挑选优秀个体；④确定并执行交叉操作；⑤确定并执行变异操作；⑥根据终止准则，决定继续迭代或者停止搜索。对遗传算法各步骤的具体说明如下：

① 确定编码方式，随机产生一定个体数目的初始种群，对每个个体进行染色体的基因编码。

遗传算法中初始种群的产生是随机的，其具体产生方式依赖于所选取的编码方法。编码是遗传算法基本步骤，编码方式不仅决定了种群中个体染色体的排列形式，还决定了种群中个体从搜索空间型变换至解空间内表现型的解码方式，应根据具体的问题选择最佳的编码方式。遗传算法有多种编码方式，如二进制编码、实数编码、

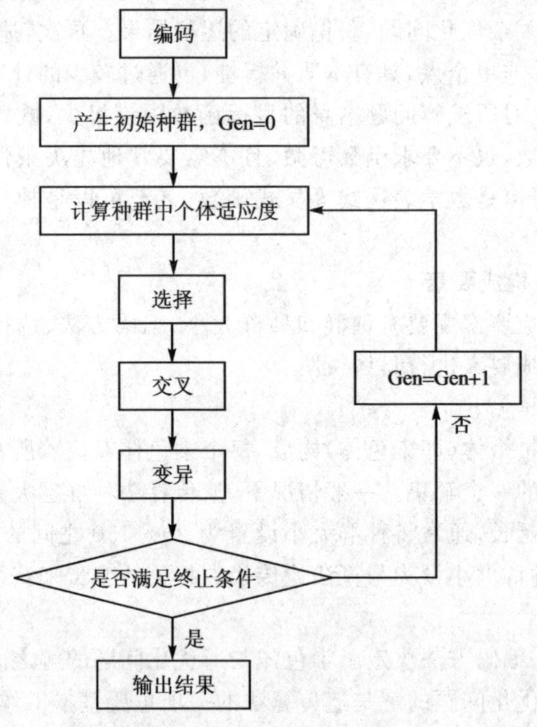

图7.24 遗传算法流程图

灰色编码、格雷码编码、有序串编码及动态编码等。在此选用二进制编码，该编码方式的编码和解码操作简单，交叉和变异等遗传操作也便于实现。二进制编码通过编码符号0和1将实际问题的变量及解或十进制数转换为二进制形式，长度由变量的精度和取值范围确定。

设变量$x\in(a,b)$，且要求精确到n位小数，若有整数L使得

$$2^{L-1}\leqslant 10^{n}(b-a)\leqslant 2^{L} \tag{7.38}$$

则该变量的二进制编码串长至少需要L位。

编码后，采用以下方法将二进制串$(c_{L-1}c_{L-2}\cdots c_0)_2$映射为区间$(a,b)$内相对应的实数$x$：

$$x=a+\left(\sum_{i=0}^{L-1}c_i 2^i\right)\frac{b-a}{2^L-1} \tag{7.39}$$

式中：$\sum\limits_{i=0}^{L-1}c_i 2^i$为二进制串$(c_{L-1}c_{L-2}\cdots c_0)_2$对应的十进制数。

在编码方式确定后，随机产生一个初始种群。初始种群的个体数由计算复杂程度及计算机计算能力共同决定，一般取20～150。

② 确定目标函数到个体适应度的转换规则，即选择个体适应度的量化评价方法，计算个体适应度，判断个体是否符合优化设计的准则。

选择是模拟生物界在自然选择中去劣存优现象的基本运算，又称为复制运算。遗传算法在选择个体时以适应度大小为依据，适应度越高，个体被选择的概率越大，反之亦然；其中用来评价个体适应度大小的函数称为适应度函数。由于遗传算法进行搜索时仅以种群中个体适应度值的大小为依据，故适应度函数的选择将直接关系到遗传算法能否搜索到最优解及其收敛速度。适应度函数一般由目标函数经过变换而来，可采用界限构造法来确定适应度函数。

若目标函数是最大值问题，$h_{\min}$ 是 $f(x)$ 的最小值估计，则

$$\mathrm{Fit}[f(x)]=\begin{cases}f(x)-h_{\min}, & f(x)>h_{\min}\\ 0, & f(x)\leqslant h_{\min}\end{cases} \tag{7.40}$$

若目标函数是最小值问题，$h_{\max}$ 是 $f(x)$ 的最大值估计，则

$$\mathrm{Fit}[f(x)]=\begin{cases}h_{\max}-f(x), & f(x)<h_{\max}\\ 0, & f(x)\geqslant h_{\max}\end{cases} \tag{7.41}$$

适应度函数确定后，则进行适应度计算。计算适应度的常用方法有基于排序的适应度计算和按比例的适应度计算。

a. 基于排序的适应度计算

设首先按适应度函数值从小到大的顺序对种群中个体排序，并按照该顺序从 1 到 N 逐个标号，此时第 i 个个体的选择概率为

$$p_i=\frac{i}{\sum_{i=1}^{N} i},i=1,2,\cdots,N \tag{7.42}$$

b. 按比例的适应度计算

设种群规模为 N，f_i 为个体 i 的适应度函数值，则个体 i 的选择概率为

$$p_i=\frac{f_i^k}{\sum_{i=1}^{N} f_i^k},i=1,2,\cdots,N \tag{7.43}$$

式中：k 为比例参数，且 $k\geqslant1$。

③ 根据个体适应度挑选再生个体，个体的适应度越高，被选中的概率越大，反之，适应度越低，个体被淘汰的概率越大。

根据适应度选择父代个体有轮盘选择、锦标赛选择、截断选择、局部选择及随机遍历抽样等方法。如果采用轮盘选择法挑选父代个体，则可按照以下步骤进行：

a. 计算种群中每个个体的适应度值 f_i；

b. 将所有个体的适应度值逐个累加，记录对应每个个体的中间累加值 g_i，以及所有个体适应度值的总和 $\mathrm{sum}=\sum f_i$；

c. 随机产生一个数字 w，且满足 $0<w<\mathrm{sum}$；

d. 挑选满足条件 $g_{i-1}<w<g_i$ 的个体 i 作为父代个体；

e. 重复步骤 c 和 d，直至父代种群中包含足够多的个体为止。

④ 确定交叉运算的具体操作方法,按照一定的交叉概率,生成新的个体。

交叉是根据给定的交叉概率随机选择两个配对的父代个体,按照选定方式交换部分基因,形成新个体的运算。交叉操作能使种群在继承父代基因的同时不完全等同父代,提高了产生更优秀个体的可能性,避免了过早收敛和陷入局部最优解的发生,使搜索向全局最优解靠近。交叉概率决定了交叉运算的频率,过大的交叉概率会增加个体被破坏的可能性,使适应度高的个体很快就被破坏,而交叉概率过小,则会导致搜索进程缓慢,甚至停滞不前,应合理选择其取值大小。一般在调试程序的过程中确定其取值大小,通常在0.4~0.9之间取值。二进制交叉方法有单点交叉、均匀交叉、多点交叉、缩小代理交叉及洗牌交叉等。可以采用随机单点交叉产生新个体,即在1~L间随机选取一非固定交叉点,虽然单点交叉进化速度较慢,但进化较稳定。

⑤ 确定变异运算的具体操作方法,按照一定的变异概率,生成新的个体。

变异是指以较小的概率改变个体编码串中的一个或若干个基因的值,对于二进制编码来说,就是在选中位置点反转基因的值,0转变为1,1转变为0。选择与交叉操作都只能为个体提供新的基因串,不能为个体提供新基因,若种群中所有基因串在某位置基因都相同,则该基因所表征的特征不会因为选择和交叉操作而改变,所有必须引入变异操作。变异不依赖于父代基因,使种群更容易产生新个体,保证了种群多样性,使搜索空间尽可能大,避免过早收敛,提高了搜索全局最优解的概率。但变异概率若取值过大则会造成收敛不稳定,所以搜索初期的变异概率不能太高,一般在0.001~0.1取值。对于变异运算,可采用随机点变异方式,即在编码串中随机选取一点执行变异操作。

⑥ 经过选择、交叉及变异后得到下一代种群,判断该种群是否符合算法终止条件,如果符合则搜索停止,否则返回至第②步继续搜索,直至符合终止条件。

遗传算法中优化准则的确定方式因问题的不同而异。一般情况下,常采用以下三个准则之一作为终止条件的判断:

① 所运算的种群世代数超过预先设定值。

② 种群中个体适应度的最大值超过预先设定值。

③ 种群中个体的平均适应度值超过预先设定值。

由遗传算法一般流程可知,应用遗传算法求解问题时,编码方式的选择和遗传算子的设计是需要考虑的两个主要问题,也是执行遗传算法过程中的两个关键步骤。两者与所求解问题的具体情况密切相关,因此对具体问题的理解程度是能否成功应用遗传算法的关键,应针对不同优化问题的特点选取不同的编码方式及不同操作的遗传算子。

4. 优化结果

种群大小、染色体的长度、最大进化代数、交叉及变异概率等基本参数极大地影响了遗传算法的性能。一般情况下,种群数目越大,可同时并行处理的解的数量也越多,因而更容易找到问题的全局最优解,但是,种群数目增大势必造成算法迭代时间

增加，通常种群大小取值在 20～100 之间。染色体长度由所求解问题的精度决定，问题要求的精度愈高，所需染色体长度就愈长，搜索空间也就愈大。如代表药室容积的染色体长度为 16，搜索范围为 0.31～0.38 dm^3，代表装药量的染色体长度为 10，其搜索范围为 0.28～0.36 kg。需要指出的是，搜索空间的确定同时还受埋头弹药的其他相关参数或条件的制约，如火药的取值范围应确保能在膛内完全燃烧等。最大进化代数可作为算法的终止条件，一般在 100～500 之间取值，应根据所解决的具体问题确定取值大小。

以埋头弹药内弹道模型及遗传算法原理为基础，采用遗传算法进行内弹道优化设计并计算求解，得到在满足最大膛压条件下最大炮口速度的最优设计点为：$V_0 = 0.369\ dm^3$，$\omega = 0.33$ kg，优化后的埋头弹初速 $v_g = 1\ 182.853$ m/s。其中，遗传算法基本参数设置如表 7.5 所列。

表 7.5　遗传算法基本参数

种群大小	30
染色体长度	16
最大进化代数	60
交叉概率	0.7
变异概率	0.001

遗传算法历代收敛状况如图 7.25～图 7.28 所示。从图中可以看出，遗传算法中历代设计变量 V_0 和 ω、约束条件 p_m 及目标函数 v_g 在搜索前期振荡较大，随着算法的进行，振荡逐渐减小至某个较小范围，最后收敛到问题的最优解。在收敛过程中，由于算法所执行的变异操作偶尔会出现振荡，但这并不影响优化结果的收敛性。

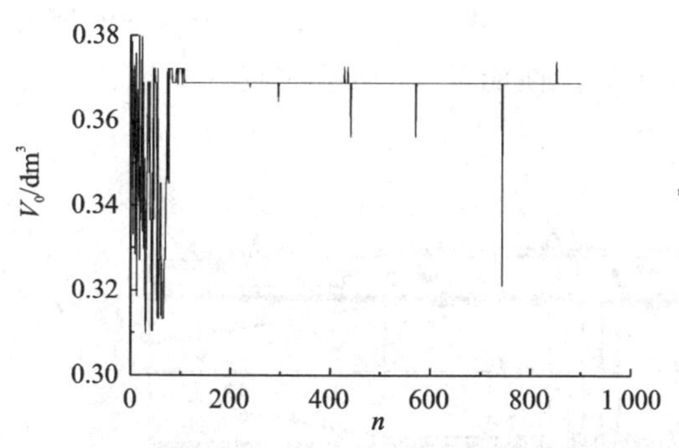

图 7.25　遗传算法历代个体 V_0 曲线

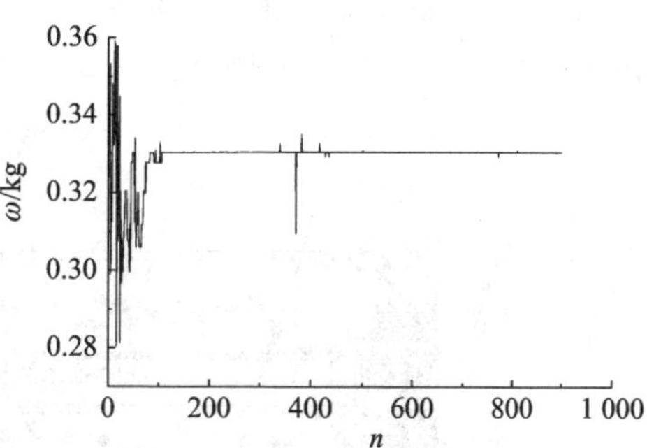

图 7.26　遗传算法历代个体 ω 曲线

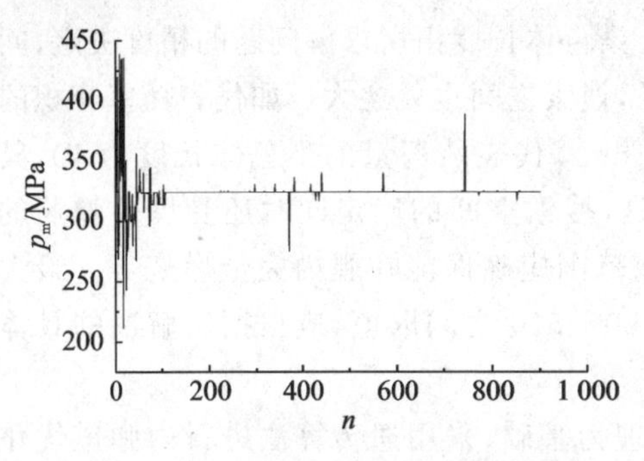

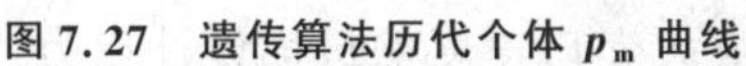

图 7.27　遗传算法历代个体 p_m 曲线

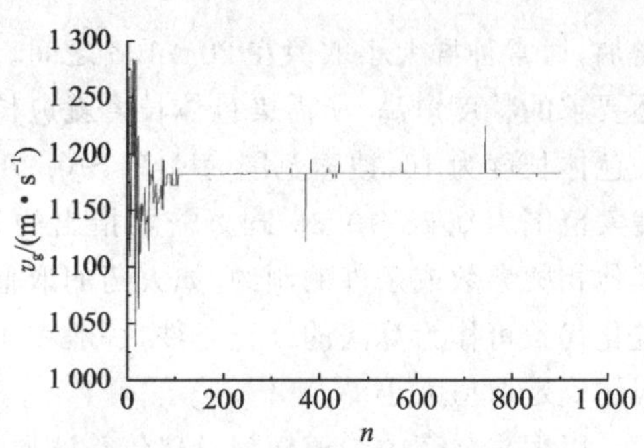

图 7.28　遗传算法历代个体 v_g 曲线

7.7　埋头弹药结构设计

7.7.1　装药结构设计

由于埋头弹药的嵌入式结构特点,要求发射药在全面燃烧之前,弹丸先要通过导向管滑动至火炮身管膛线处,否则发射药的能量就不能得到有效充分的利用,导致弹道效率的下降。因此,在发射药全面燃烧前,需要底火击发后产生的少部分火药燃气先将弹丸推至膛线起始处,然后再全面点燃发射药,这一过程称为二次点火和程序燃烧。埋头弹装药结构研究的目的是保证二次点火和火药程序燃烧的一致性,从而可以有效地控制弹丸在导向管内滑动过程的随机性,实现整个内弹道过程的稳定。

为了从结构上实现二次点火和火药程序燃烧的一致性,通过对传火部件和导向部件的结构进行设计,使底部传火组件与可燃导向管组合匹配,保证火药燃气的生成速率和弹丸在导向管内的滑动距离合理匹配,实现二次点火和火药程序燃烧的一致性,有效地控制弹丸在导向管内滑动过程的随机性。图 7.29 所示为一个典型的埋头弹装药结构示意图。实弹射击试验证明此结构性能可靠,能够实现内弹道性能的稳定。

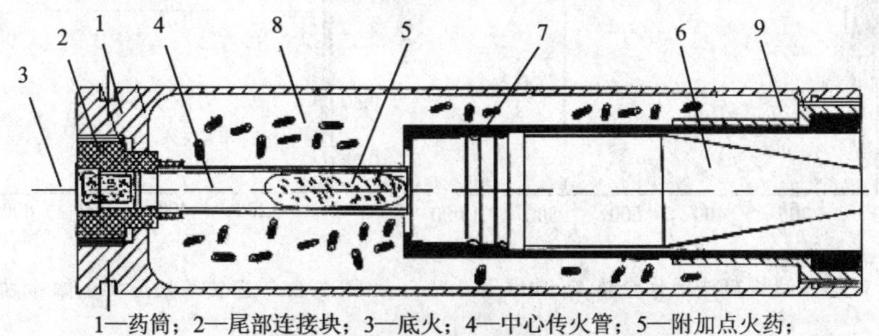

1—药筒；2—尾部连接块；3—底火；4—中心传火管；5—附加点火药；
6—弹丸；7—导向管；8—主装药；9—支撑管

图 7.29　埋头弹装药结构示意图

7.7.2　旋转药室结构设计

从埋头弹药的发射原理可以看出，采用旋转药室可将供弹和退壳动作一次完成，缩短了射击的时间间隔，从而提高了火炮射速。目前的旋转药室结构方案一般包括以下四种。

方案一

图7.30所示为方案一的结构示意图。这种方案类似于CTAI公司的旋转药室结构，可以实现侧向供弹或底部供弹。由于药室要旋转一定的角度才能装弹，因此轴向连接处必须预留一定的距离以便药室可以顺利转动，待弹药装填完毕、药室旋转到位之后，再推动炮闩进行密封。

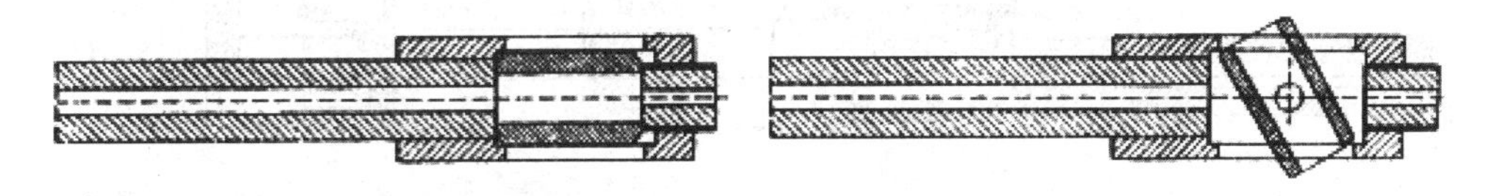

图7.30　方案一的结构示意图

方案二

图7.31所示为方案二的结构示意图。这个方案与方案一基本类似，但是从结构上看，只能采取底部垂直向上供弹，然而，当火炮采用高射角时会给退壳造成一定的困难。

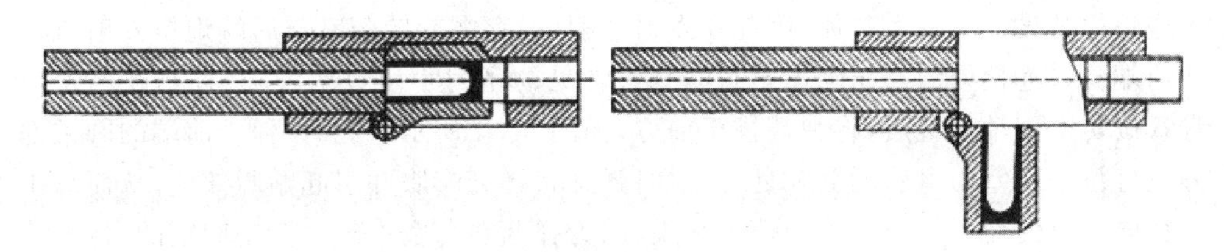

图7.31　方案二的结构示意图

方案三

图7.32所示为方案三的结构示意图。这种结构的药室在旋转时始终与火炮的身管平行，供输弹方式也与现有的火炮一致，因此可能给供输弹机构的设计带来方便。但由于换装了较大口径的火炮，原有的炮塔空间是否能够容纳这种供弹方式应是一个值得考虑的因素。另外，需要采用切向密封技术确保旋转药室的密封可靠。

方案四

图7.33所示为方案四的结构示意图。这种结构药室的工作方式与方案三相似，不同之处在于它是通过一个曲柄带动药室做上下运动。所以它不是严格意义上的“旋转”药室，可以称为活动药室。

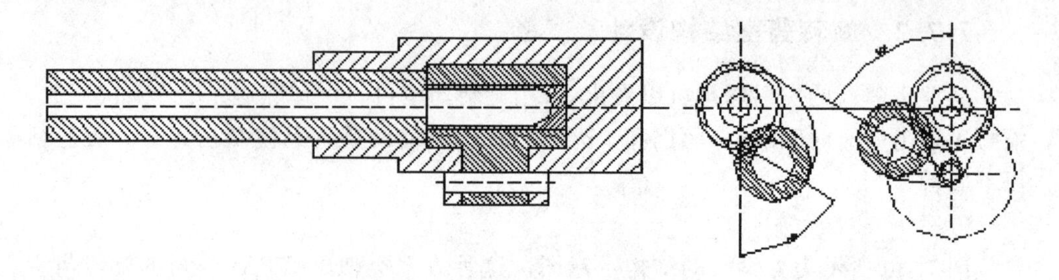

图7.32 方案三的结构示意图

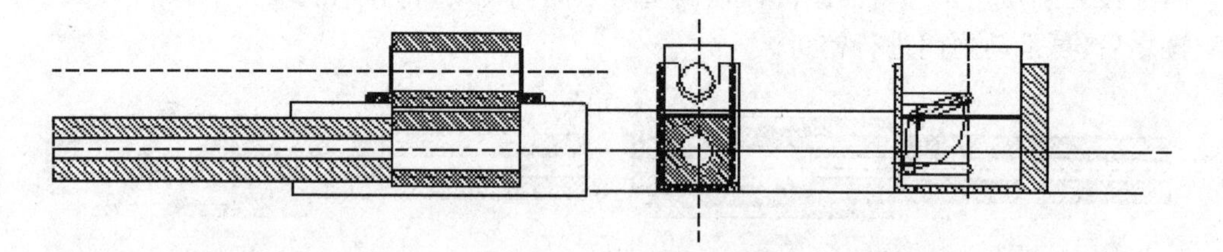

图7.33 方案四的结构示意图

7.7.3 高压动态密封结构设计

与传统火炮相比,埋头弹火炮在结构和技术上发生了重大变化。由于供弹时药室需要旋转,在火炮结构上,旋转药室成为一个独立的部件,与身管之间不再像传统火炮那样被设计为一个整体,因此在发射过程中,存在旋转药室与后端炮尾发射机构和前端身管连接处的高压动态密封问题。常见的密封手段有两种:一种是在药室或身管旋转至同轴位置后,将弹药推至前方,如图7.34所示。此时,弹壳前端的圆锥部分正好位于药室与身管的缝隙处,发射时弹丸将弹壳膨胀并引起贴膛效应,从而承担了径向密封使命。但对于旋转药室来说,因为弹药在药室中的位置是固定的,将弹药向前推动将使药室无法完成旋转动作,因此无法采用此技术。另一种常用的技术是密封环技术,如图7.35所示。这种结构必须在压力足够高而使密封环贴合时才起密封作用,低压时会出现气体泄漏的情况。

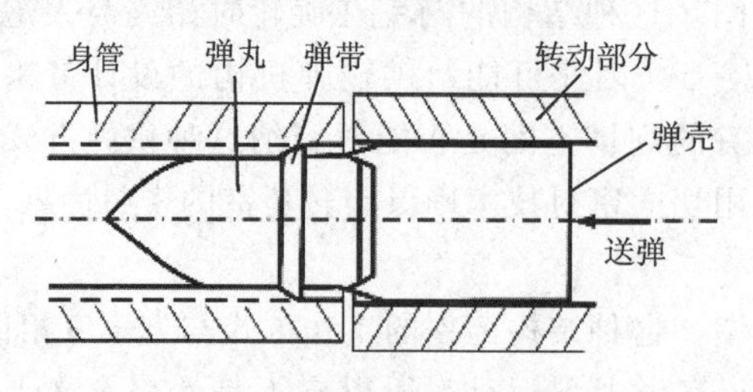

图7.34 转膛炮的密封原理

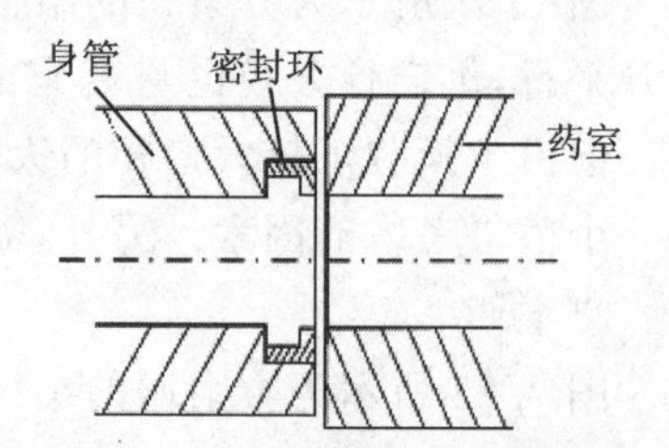

图7.35 密封环技术的密封原理

根据旋转药室的结构特点和动作要求，在进行密封结构设计时，需要充分考虑以下几个因素：

① 旋转药室与火炮身管是分体的，并需考虑频繁开闭，端部接触面的间隙可能产生漏气，而且由于尺寸公差及弹丸上膛的或然因素，此间隙的大小可能有随机性。

② 承受的压力很高，且压力是瞬态冲击型的，要求在几十毫秒内能承受至少 400 MPa 的压力，并要有足够的可靠性。

③ 由于膛压的变化是从零开始上升的，所以密封结构对于低压也应具有良好的密封效果。

④ 被密封的燃气是高温的，特别是在连续发射条件下热量不易迅速散发，密封结构的耐高温性能必须很好。

⑤ 具备密封元件的通用功能，如防蠕变、抗老化、易加工性、易装配性和经济性等。

考虑到上述因素，密封结构设计如图 7.36 所示，密封本体用螺纹紧固在炮身上，端面与旋转药室接触，A、B 两个区域分别承担径向和轴向的高低压密封任务。钢环 04、密封环 06 与密封环 05 过盈配合，其接合面上有三角槽，以供装配定位。

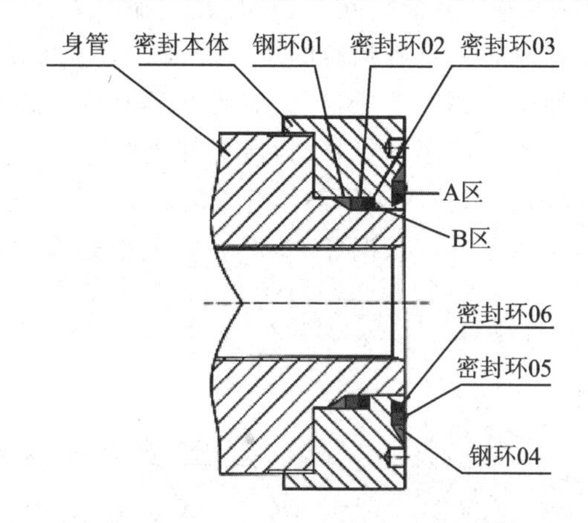

图 7.36　密封结构示意图

如图 7.37 所示，低压时的密封机理是，A 区密封环 05 装配时因钢环 04、密封环 06 的预紧力而向外突出，旋转药室进入发射位置后，在炮闩的轴向压紧力作用下，药室与密封本体端面基本贴合，轴向压紧力使密封环 05 再次产生弹性变形并紧密贴合在旋转药室端面上，从而在低压时起到密封作用；B 区密封环 02、03 在装配时有一定预紧力，从而产生弹性变形并贴紧间隙形成密封。

随着压力的迅速升高，在火药气体的作用下，间隙尺寸变大，如图 7.38 所示。当压力达到一定程度时，A 区密封环 06 产生径向膨胀，同时密封环 05 也有相应形变，推动钢环 04 径向膨胀并产生轴向位移，使钢环 04 类似于三角环向缝隙处进行自紧

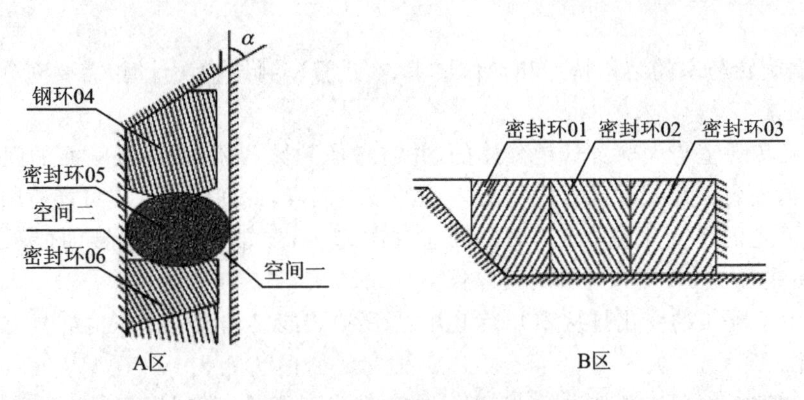

图 7.37 低压密封机理示意图

式楔入,压力越大,楔入越紧,密封效果越好。钢环 04 刚开始时承受的压力主要由密封环 05 传递,在钢环 04 与密封环 05 之间有一定空间(空间一和空间二),但由于没有气体流入,所以压力不大。当压力继续升高时,各环之间及各环与其他构件间由于压力引起变形从而产生一些微小缝隙,形成迷宫式密封,从而产生较强的压力降。因此,当气体流至空间一时,压力降已很大,难以形成泄漏,此时钢环 04 受的压力一方面由密封环 05 继续传递,另一方面空间一、二有燃气流入从而对钢环 04 产生一定压力。同理,密封环 05、06 之间也将有相应的压力升高。对于密封环 05、06 来说,内外压力差是有限的,因此使用聚四氟乙烯材料,弹性比钢环大,且有自润滑性能。而钢环 04 因要承受很高的压力而使用钢材料,为保证其变形时良好滑动,钢环 04 与密封本体的接触面应相对光滑。当膛压达到最高并下降时,迷宫的机理仍起作用,使空间一、二的压力下降滞后于膛压,因此,钢环 04 会一直紧密贴合,从而持续有效密封直至弹丸出膛。

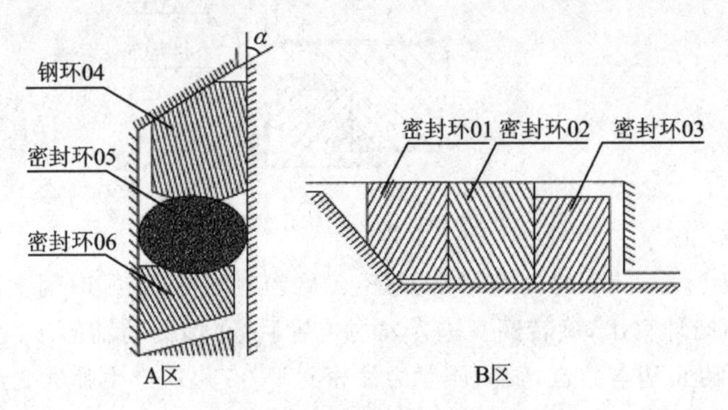

图 7.38 高压密封机理示意图

对于 B 区,首先 B 区与药室的轴向距离较长,气体通过缝隙时已有一定的压力损失,在气体压力的作用下,密封环 03 推动密封环 02 轴向运动,并使钢环 01 进行自紧式轴向楔入,达到应有的密封效果。

第8章　冲压加速发射原理

8.1　概　述

20世纪80年代中期，美国华盛顿大学的Hertzberg A.教授及其同事根据超声速吸气冲压发动机(Supersonic Airbreathing Ramjet)原理，提出了冲压加速器(Ram Accelerator)的概念。冲压加速推进技术是一种新概念的超高速推进技术，它利用弹丸后部激波系点燃混合气体形成高压，产生反作用力推动弹丸向前加速运动。作为一种新型发射装置，冲压加速器具有以下特点：

① 能够给大质量大尺寸的弹丸(或其他运载器)提供极高的速度。弹丸质量可从几克到几吨范围内变化，理论上速度可达12 km/s，实际可实现速度为3～7 km/s。

② 与现有其他超高速发射装置(如二级轻气炮、电磁炮和电热炮等)相比，总体尺寸小，发射费用低廉。

③ 发射过载小，不产生后座力。

④ 由于最大压力总在弹底附近，内弹道效率很高，可超过30%。

冲压加速推进技术作为一种新型发射技术，具有广泛的应用前景：

① 为超远程火炮提供技术。

② 为超高速穿甲效应机理研究提供能源。

③ 为超高速外弹道研究提供一种实验技术。

④ 可用做航天运载器的发射工具。

⑤ 可用于高能物理领域超高速碰撞研究。

⑥ 超高速航空航天气动力实验。

⑦ 研究成果可反过来应用到诸如巡航导弹的超声速冲压发动机上。

冲压加速器所具有的优良特点以及在兵器工程、航天工程与高能物理等领域潜在的应用前景，引起世界上发达国家的高度重视。目前，美国、法国、德国、英国、日本、俄罗斯、韩国及以色列等国家都建造了冲压加速实验装置，开展实验与理论研究。

美国建造了四座冲压加速器，其中华盛顿大学于1986年首次建成了一座口径为38 mm的冲压加速器，将弹丸加速到2.7 km/s；美国陆军弹道研究所(Army Ballistic Research Laboratory)于1992年建成了一座口径为120 mm的冲压加速器，弹丸加速到2.0 km/s以上；美国应用物理研究公司(Applied Physics Research Inc.)于1993年建造了一座口径为38 mm的冲压加速器；美国Eglin空军基地于1994年建造了一座口径为93 mm的冲压加速器。

法国与德国联合在法国的圣路易斯法-德研究所(The French-German Research Institute of Saint-Louis)建造了三座冲压加速器,其中1992年建成的口径为90 mm的冲压加速器已将弹丸加速到2.0 km/s,1994年建成了带导气槽的冲压加速器(阳膛直径为30 mm,阴槽直径为41 mm),1995年建成了口径为30 mm的冲压加速器,后两者主要用于基础研究。

日本已建成了三座冲压加速器,其中Tohoku大学于1996年建成了一座口径为25 mm的冲压加速器,其弹丸采用中心体与空心体两种形状;Hiroshima大学于1995年建造了一座长方管的冲压加速器,其内膛尺寸为15 mm×20 mm,弹丸也为相应的方形弹丸;Saitama大学于1997年开始建造另一座口径为20 mm的冲压加速器。

韩国在首尔建造了一座口径为22 mm的冲压加速器。英国国防研究署(Defense Research Agency)于1996年建造了一座口径为40~50 mm的冲压加速器。以色列Technion理工学院也于1996年建造一座口径为30 mm的冲压加速器。据报道,俄罗斯也已建成冲压加速器。

在20世纪90年代中期之前,国外对影响弹丸加速的因素进行了比较系统的研究。影响弹丸加速的因素主要有:弹丸的几何形状、预混气体的组成与配比、初始装填压力、弹丸入口速度及冲压管的几何形状等。实验结果表明,弹丸形状与尺寸对冲压加速过程的影响非常敏感。90年代中期以后,研究的重点从亚爆轰、跨爆轰模式转向超爆轰模式,其目标是利用超爆轰模式在20世纪末实现将大质量大尺寸弹丸加速到4.0 km/s。在超爆轰推进循环中,必须重点解决两个问题:①弹丸前部预点火导致弹丸减速的"非起动(unstart)"问题。②超高速弹丸在燃气中的烧蚀熔化问题。

在数值模拟方面,美国的华盛顿大学、斯坦福大学、马里兰大学、陆军弹道所、Eglin空军基地、计算物理与流体力学实验室及法-德研究所等单位的研究人员在20世纪90年代初期均已完成了非定常轴对称反应流数值模拟的计算机编码,计算结果与实验结果有较好的一致性。

南京理工大学在"九五"期间建造了一座30 mm口径的冲压加速器,并进行了冲压加速射击试验,获得冲压加速的实验数据。在数值模拟方面,首先建立了冲压加速一维准定常气动力模型,并编制了工程实用的软件系统;接着建立了冲压加速非反应流体力学模型与有限速率非平衡化学的反应模型,并编制了相应的软件,数值预测冲压加速过程流场的变化规律,为冲压加速器的实验提供理论指导。

本章对冲压加速器的工作原理、混合气体性质、冲压加速器工作过程理论建模及实验技术作了论述。

8.2 冲压加速原理及工作模式

固体发射药火炮和液体发射药火炮的发射循环是以发射药在火炮药室内预先点燃,生成的高温燃气以弹底压力为有效作用力推动弹丸向前运动,随着弹丸运动速度

增大,燃气有一部分能量用于自身气流的加速,导致弹底压力与最大压力的比值减小。冲压加速发射技术不同于固体发射药火炮或液体发射药火炮的推进循环工作方式,它不是在弹丸运动之前就预先点燃推进剂工质,也不存在弹底压力与最大压力比值随弹丸加速运动而减小。本节介绍冲压加速发射的原理及其三种推进循环工作模式。

8.2.1　冲压加速原理概述

冲压加速器的原理与吸气式冲压发动机原理相似,利用热力学推动循环来加速弹丸。图 8.1 所示为冲压加速装置的一种原理结构,它由预加速段、排气泄压段和加速段三部分组成。预加速段可采用常规固体发射药火炮或者轻气炮,用以提供弹丸的初始速度,一般要求初速为 700～1 400 m/s;排气泄压段是弹丸进入加速段之前,将预加速段中的气体排出管外,以消除预加速段残余燃气对冲压加速效果的影响。排气泄压管一般采用管壁多排开孔的身管;加速管中预先装填可燃的混合气体,通常由甲烷(或乙烯或氢气)、氧气与氮气按一定配比混合而成,管的两端用聚酯薄膜或聚氯乙烯薄膜密封。也可将整个加速段分隔成若干段,各段中混合燃气的组分根据加速需要给予不同的配比,形成多级加速。

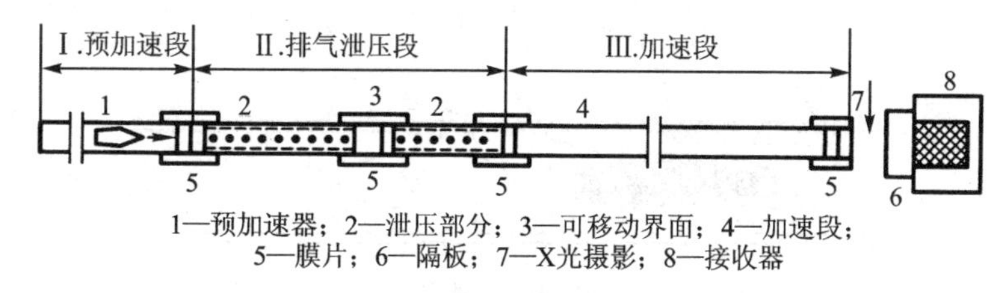

图 8.1　冲压加速实验装置

弹丸是带有前后锥的物体,典型的弹丸结构如图 8.2 所示,由两部分装配而成,即将空心的圆锥形弹头①通过螺纹与空心的带筋翼圆台弹体②连接。弹丸材料通常采用铝、镁或钛合金。在弹丸肩部的连接处嵌有一块环形的永久磁片,用于传送弹丸的运动轨迹信息。弹丸通常有 4～5 片的导向筋翼,其外径与加速管内径相同,起定位作用。

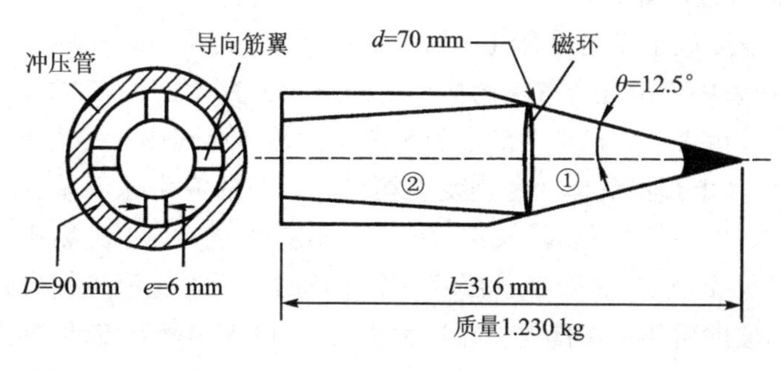

图 8.2　弹丸结构

当弹丸进入加速管后,与管壁形成收敛段、喉部和扩张段三段。如图 8.3 所示,弹丸头部锥角大小的确定原则是在收敛段的斜激波强度不致点燃预混气体,气体经过多道激波的加热加压后,由喉部下游反射激波中的一道激波点燃,释放出大量的热量,使下游燃气压力急剧增大,从而产生反作用力,推动弹丸加速。为了保证点火只发生在喉部下游区域,弹头的斜激波强度不能太强,否则将在上游点燃预混气体,产生阻力,达不到冲压加速的目的。由于甲烷、氧气和氮气组成的预混可燃气体为热不敏感气体,不易点着,为了实现在喉部下游点燃,其下游反射激波强度也不能太弱。在弹丸运动过程中,预混气体不断流过喉部以补充下游的燃烧,实现对弹丸连续加速推进。循环中的峰压总是靠近弹丸底部,因此对弹丸的加速效率很高。

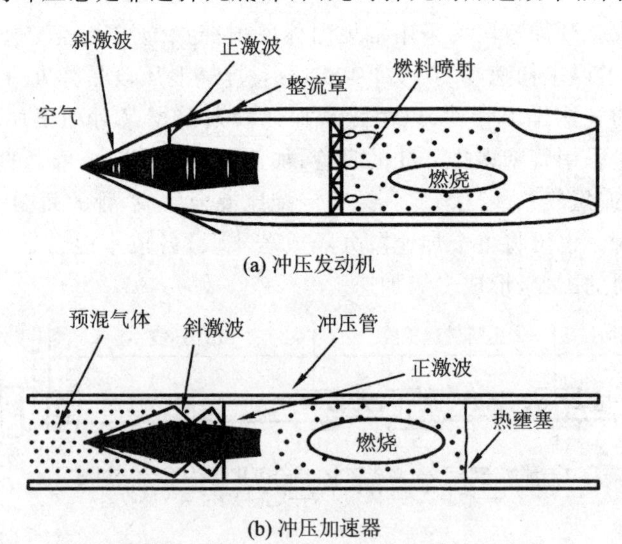

图 8.3 传统冲压发动机与冲压加速器的比较

8.2.2 冲压加速工作模式

根据稳定燃烧方式与相应的弹丸工作速度范围,冲压加速推进循环方式可分为三种模式,即亚爆速推进循环、跨爆速推进循环和超爆速推进循环,如图 8.4 所示。

1. 亚爆速推进循环

弹丸工作速度低于当地混合气体的 C-J(Chapman-Jouguet)爆轰速度,即亚爆轰速度范围,冲压管内弹前混合气流的典型马赫数 Ma 为 2.5～4,如图 8.4(a)所示,选择合适的弹头锥角大小以保证收敛段斜激波不点燃预混气体。一道正激波处于喉部下游弹体上,弹体上预混气体的燃烧发生在弹丸后部的亚声速区域。随着预混气体的燃烧反应,放出大量的热量,使亚声速气流速度增大,出现热壅塞现象,其中 $Ma=1$ 处称为热节制点,一般处于弹后一个弹长的位置上。该工作模式也称为亚声速燃烧热节制推进循环工作模式。在这种模式下,由于热壅塞流动,使正激波后亚声速气流压力陡升,维持正激波稳定在扩张段,推力是由弹体后半部正激波系形成的弹

底高压产生的。在该模式下，弹丸运动速度可加速到 2.7～3 km/s。

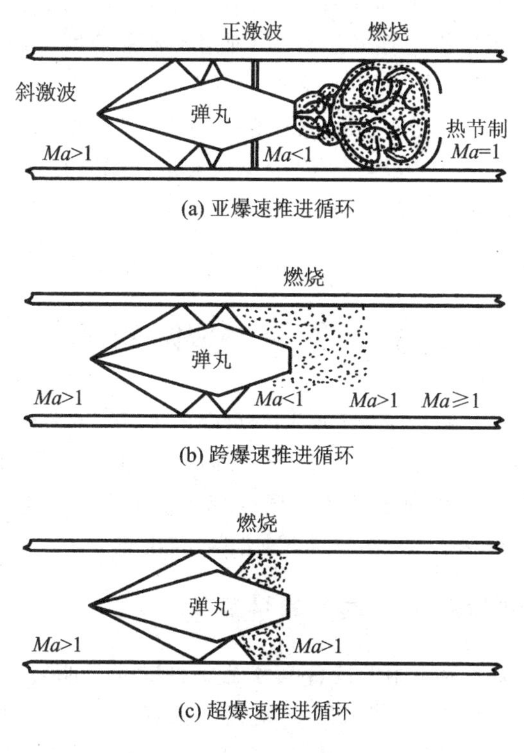

(a) 亚爆速推进循环

(b) 跨爆速推进循环

(c) 超爆速推进循环

图 8.4　冲压推进循环模式

2. 跨爆速推进循环

弹丸运动速度大于当地混合气体 C-J 爆轰速度的 85%时，可由同一配比的预混气体连续地加速到超过 C-J 爆轰速度，弹丸运动速度处于 C-J 速度的 85%～115%之间的推进循环称为跨爆速推动循环，此时冲压管内弹前预混气流的典型 *Ma* 为 4～6。在亚爆速推进循环时，正激波由于弹后热壅塞而维持在扩张段的弹体上。随着弹丸速度增大，正激波向扩张段的下游移动。当弹丸运动速度大于某个极限 *Ma* 时，正激波退化为斜激波并稳定在弹体后半部上，如图 8.4(b)所示。在跨爆速推进循环中，预混燃气的燃烧发生在扩张段及其弹后的区域，在跨声速条件下进行。该模式也称为跨声速燃烧方式的跨爆轰速度推进循环工作模式。在该模式下，弹丸运动速度可加速到 5 km/s。

3. 超爆速推进循环

弹丸运动速度大于当地混合气体的 C-J 爆轰速度，冲压管内弹前混合气流的典型 *Ma* 大于 6。如图 8.4(c)所示，在弹丸顶部产生一道斜激波，斜激波在管壁与弹体之间多次反射，形成多道激波系。预混气体每通过一道激波，都将被加热，预混气体将由扩张段中多道反射激波中的一道所点燃，燃烧是在超声速气流中进行的。该模

式也称超声速燃烧方式的超爆轰速度推动循环工作模式。预混气体超声速燃烧反应,释放出大量的热量,提高了弹丸后部的压力,当已反应的混合气体向后膨胀时,产生很大的推力。在超爆速推进循环过程中,理论上弹丸速度可加速到12 km/s。

以上简单讨论了三种推进循环模式中激波系及预混气体燃烧的主要特征,实际上冲压加速循环中不仅有激波系,还有爆轰波、压缩波、膨胀波和燃烧波等其他波系,而且这些波系与边界层、化学反应相互作用,其过程异常复杂,并且所发生的物理化学现象与弹丸的形状和尺寸、预混气体的组分和配比及装填压力密切相关。

8.3 混合气体工质

在冲压推进循环中,混合气体工质起着重要的作用,混合气体工质的组分和配比与热释放直接决定着C-J爆轰速度与声速,进而决定着推进循环的工作模式,而混合气体工质的成分与装填压力决定着边界层内部与激波前后的化学反应过程,尤其对不稳定燃烧起着决定性的作用,影响冲压加速的效果。

8.3.1 混合气体种类及热力学性质

目前,在冲压加速器上应用的混合气体主要有以下三种类型:①甲烷+氧气+稀释剂;②乙烯+氧气+稀释剂;③氢气+氧气+稀释剂。其中,稀释剂可为氮气、氦气、氩气或二氧化碳。稀释剂主要有三个作用:①调整混合气体C-J爆轰速度;②调整混合气体的声速;③调整混合气体的单位放热量。

在冲压加速推进循环的理论计算中,经常需要定压比热与标准焓。各组元气体的定压热容 c_{p_i} 可表示为温度的函数,即

$$c_{p_i}/R = A_1 + A_2 T + A_3 T^2 + A_4 T^3 + A_5 T^4 \tag{8.1}$$

而0 K,0.098 MPa(1 atm)时的标准焓可表示为无量纲的参数

$$\frac{H_R^0}{R} = A_6 \tag{8.2}$$

式中:A_1、A_2、A_3、A_4、A_5、A_6 为常数。

8.3.2 混合气体的燃烧实验

对甲烷、氧气和氮气组成的混合气体进行多种配比、多种装填压力的密闭爆发器实验,表8.1列出了部分实验结果。表中实验条件的点火压力为6.55 MPa。q 为预混气体燃烧过程的放热量,c_V 为预混气体的定容热容,T_1 为预混气体在爆发器内的初温,$q/(c_V T_1)$ 为无量纲放热量。

表8.1 密闭爆发器燃烧实验结果

实验条件		实验结果		参数改变
配 比	装填压力 p_1/MPa	最大压力 p_m/MPa	放热量$\frac{q}{c_V T_1}$	
$2.5CH_4+2O_2+5.5N_2$	2.0	19.40	5.43	装填压力
	3.0	26.80	5.75	
	4.0	35.90	6.34	
	5.0	57.60	9.21	
$2.83CH_4+1.67O_2+5.5N_2$	3.0	23.70	4.72	氧气配比
$2.17CH_4+2.33O_2+5.5N_2$		34.90	8.45	
$1.83CH_4+2.67O_2+5.5N_2$		39.30	9.92	
$1.5CH_4+3O_2+5.5N_2$		55.70	15.38	
$2.5CH_4+2O_2+3N_2$	3.0	39.30	9.92	氮气配比
$2.5CH_4+2O_2+10.5N_2$		20.50	3.65	

为了利用密闭爆发器测得的实验数据处理出燃烧过程的放热量，作了以下的简化假设：①预混气体及燃烧生成物为完全气体；②密闭爆发器热散失忽略不计；③比热容等热力特征量为常数。放热量

$$q=c_V(T_2-T_1)=c_V T_1\left(\frac{p_2}{p_1}-1\right)$$

$$\frac{q}{c_V T_1}=\frac{p_2}{p_1}-1 \tag{8.3}$$

式中：p_2 应为减去点火药分压后的最大压力，即 $p_2=p_m-p_{ign}$。经式(8.3)计算后即得表中的 $q/(c_V T_1)$ 的数据。

由表8.1可知，燃烧峰压 p_m、无量纲放热量 $q/(c_V T_1)$ 与装填压力和混合气体的组成有关，随着装填压力的增大而增大，在贫氧条件下随氧气含量的增大而增大，随氮气含量的增大而减小。压力时间曲线的前沿很陡，装填压力越高，燃烧时间越短。

8.3.3 混合气体的高压不稳定燃烧分析

根据以往对固体发射药与液体发射药为能源的推进技术的研究经验，在具体射击试验之前，必须对发射药不稳定燃烧规律进行分析，防止因发射药高压不稳定燃烧而导致灾难性事故发生。冲压加速器利用预混燃气作为推进剂，因此有必要对高压条件下这一新型推进剂的不稳定燃烧进行探索，为冲压加速弹丸发射试验提供依据。本小节通过对混合气体燃烧实验的 $p-t$ 曲线进行分析，讨论影响不稳定燃烧的因素。

1. 贫氧燃烧条件下不同装填压力的影响

预混燃气按 $2.5CH_4+2O_2+5.5N_2$ 的摩尔(molar)配比,该配比为贫氧燃烧。装填压力分别为2.0 MPa、3.0 MPa、4.0 MPa和5.0 MPa,图8.5所示为5.0 MPa的实验 $p-t$ 曲线。以装填压力为3.0 MPa的 $2.5CH_4+2O_2+5.5N_2$ 混合气体为基准。当装填压力达到5.0 MPa时,发生不稳定燃烧,$p-t$ 曲线波动很厉害。在冲压加速循环中,高装填压力可提高推力,但装填压力应小于5.0 MPa,否则极易出现高压异常现象。

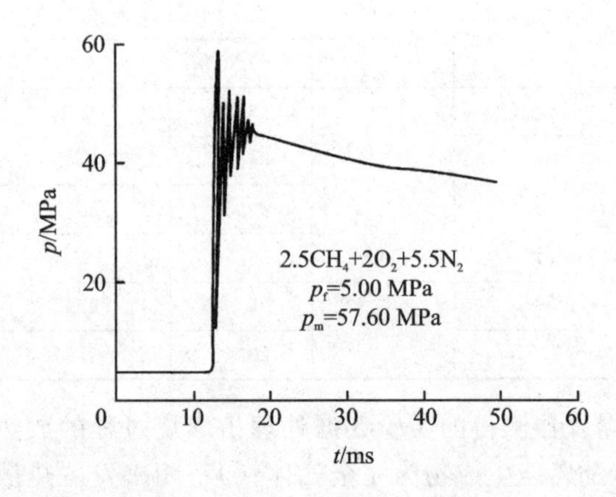

图8.5 预混燃气 $2.5CH_4+2O_2+5.5N_2$ 的 $p-t$ 曲线

2. 氧气配比的影响

当 N_2 配比不变,装填压力为3.0 MPa,而氧气配比增加时,出现明显的不稳定燃烧,曲线波动较大。当 O_2 与 CH_4 按反应 $CH_4+2O_2=CO_2+2H_2O$ 的化学当量配比时,$p-t$ 曲线振荡非常严重。可见,预混气体作为冲压加速器的推进剂,只能为贫氧配比。

3. 氮气配比的影响

当氧气配比不变,装填压力为3.0 MPa,减少氮气配比时,$p-t$ 曲线出现一处大的振荡。而氮气配比增加为 $2.5CH_4+2O_2+10.5N_2$ 时,曲线非常光滑。这说明氮气作为稀释剂以避免振荡燃烧是必不可少的。

8.3.4 频谱分析

1. 滤波与快速傅里叶频谱分析

压力曲线波动是一种瞬态非周期的振动波,可用频谱分析的方法,分析波动的主要频率成分及其对应的幅值分布,这种处理方法能体现整条压力曲线波动的物理特性。

在测定压力曲线时,由于测试系统多种随机因素的影响,测试结果会出现失真。因此在频谱分析前,应该进行滤波,将这些失真的高频分量滤掉,以减弱测试系统固

有频谱对测试结果的影响，便于频谱分析。这里滤波采用 10 阶 Butterworth 滤波器，频谱分析采用快速傅里叶(Fourier)变换方法。

2. 装填条件变化对压力曲线频谱的影响

由 8.3.3 小节可以看出，装填条件变化对 $p-t$ 曲线的振荡特性有显著的影响，用上述滤波与频谱分析的方法可以直观地给出这种影响的物理实质。图 8.6 为对应于图 8.5 的 $p-t$ 曲线的频谱分布曲线。图中 f_0 表示最大振幅分量的频率，它反映波动的固有频率；A_0 表示零频分量的振幅，反映波动的平动特征。图中 $f_0=0$ kHz，并且 A_0 值远大于其他非零频率的振幅，说明压力波动的平动特征是主要的，与低装填压力的频谱分布相比，增大装填压力后，在 0.078～2 kHz 的频段范围振幅较大，衰减也较慢，并且在 4～5 kHz 的高频段范围也存在较大振幅。可见，增大装填压力会引起低频段与高频段的振荡成分。

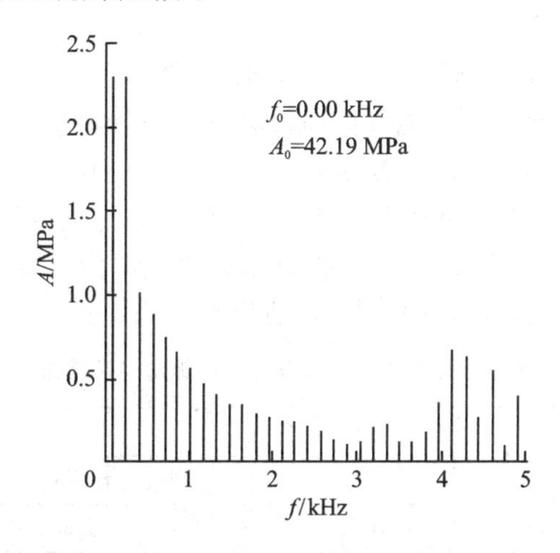

图 8.6　预混燃气 $2.5CH_4+2O_2+5.5N_2$ 的 $p-t$ 曲线频谱分布

当装填压力为 3.0 MPa，氧气配比由原来的 $2.5CH_4+2O_2+5.5N_2$ 增加到 $1.83CH_4+2.67O_2+5.5N_2$ 时，在 0～5 kHz 频率范围内相应的振幅都有所增加，尤其在 3～4.1 kHz 频段范围出现多次大的振幅。当氧气配比按化学反应当量配比($2O_2:1CH_4$)时，在 2～5 kHz 频段的振幅都有较大的增加。这说明增加氧气配比，会引起低频至高频振荡成分普遍增加，尤其高频振荡增加得更严重。

当装填压力为 3.0 MPa，氮气配比由原来的 $2.5CH_4+2O_2+5.5N_2$ 减少到 $3.33CH_4+2.67O_2+4N_2$ 时，低频段 0.078～1.0 kHz 的振荡较大，衰减也较慢，尤其在 0.078 kHz 附近的振幅增加 1 倍多(达到 3.09 kHz)。说明减少氮气配比，会增大低频振荡的成分。当氮气配比增加为 $2.5CH_4+2O_2+10.5N_2$ 时，从低频至高频的振荡成分都有所减少。

8.3.5　混合气体工质的 C-J 爆轰速度

混合气体工质的 C-J 爆轰速度影响冲压加速推进循环的工作模式，在多级冲压加速器中，改变各级混合气体的组成和爆轰速度，不仅可实现弹丸各级间平稳地加速，而且还可形成弹丸运行工作模式的转换，实现由亚爆速推进模式连续过渡到超爆速推进模式，因此对混合气体的C-J爆轰速度进行实验测量与理论计算就非常必要。

1. 实验装置

测量爆轰速度的方法有多种，在这里选用激波管测压力峰阵面的方法测定混合气体的爆轰速度。实验装置由激波管、供气系统和测试系统三大部分组成。其中激波管又分起爆段和爆轰段两部分，起爆接线柱在起爆段的开始处，用4 g RDX与8#雷管起爆混合气体。气瓶与真空泵通过控制阀直接与激波管连通，实验时向激波管内充入混合气体的各组分，并混合1 h(气相色谱分析表明，静止30 min后气体混合已基本均匀)，可进行起爆，爆轰段的管壁上还装有真空表和四个压电式压力传感器。

2. 实验方法与结果

首先用真空泵将激波管抽成真空，然后向激波管中按一定比例充入CH_4、O_2和N_2，直至所要求的压力值。将预混气体均匀混合1 h后，再接通雷管起爆。分析混合气体是否发生爆轰，主要是根据爆轰波压力波形、压力值和传播速度的大小。如果压力波形有突跃，并且压力和传播速度又比较大，则认为已发生爆轰。

根据传感器之间的距离Δs与爆轰波在该距离上的传播时间Δt，则两传感器之间的爆轰速度为$v_{C\text{-}J}=\Delta s/\Delta t$，其实测平均值列于表8.2中。

表8.2 气体混合物爆轰速度计算与实验结果*

气体混合物	T_H/K	$\frac{p_H}{p_0}$	$v_{C\text{-}J}/(m\cdot s^{-1})$	
			计算值	实验值
$2.5CH_4+2.5O_2+5N_2$	2 510	19.7	1 968	1 880
$2.5CH_4+2.7O_2+4.7N_2$	2 761	21.5	2 049	1 957
$2.5CH_4+2.5O_2+3.3N_2$	2 747	22.6	2 122	2 015
$2.5CH_4+3.2O_2+4.3N_2$	3 301	24.9	2 187	2 069
$2.5CH_4+4.1O_2+5.9N_2$	2 725	25.8	2 188	2 004
$2.5CH_4+2.3O_2+5.1N_2$	—	—	—	未爆
$2.5CH_4+2O_2+5.5N_2$	1 860	13.9	1 722	1 770

* 气体混合物装填压力为3.1 MPa，温度为300 K。

3. 混合气体爆轰速度的理论计算

混合气体的爆轰过程是爆轰波在气体中的传播过程，而爆轰波是后面带有一个高速化学反应区的强冲击波。甲烷、氧气和氮气的爆轰产物的组成与它们的混合比例有关，假设氮气只作惰性稀释剂，不参与反应，则实验所用混合比例的反应方程式为

$$aCH_4+bO_2+cN_2=dCO_2+e(H_2O)_g+cN_2+fCO+gH_2$$

二次反应为

$$CO + H_2O \rightleftharpoons CO_2 + H_2$$

平衡常数为

$$k_p = \frac{p_{CO_2} \cdot p_{H_2}}{p_{CO} \cdot p_{H_2O}} = \frac{d \cdot g}{f \cdot e} \tag{8.4}$$

假设原始气体与爆轰产物都遵守完全气体状态方程，即

$$p_0 \nu_0 = \frac{R}{M_0} T_0 \tag{8.5}$$

$$p_H \nu_H = \frac{R}{M_H} T_H \tag{8.6}$$

则有

$$\frac{\nu_0}{\nu_H} = \frac{p_H}{p_0} \frac{M_H}{M_0} \frac{T_0}{T_H} = \frac{p_H}{p_0} \frac{n_0}{n_H} \frac{T_0}{T_H} \tag{8.7}$$

又据 C-J 条件

$$\frac{p_H - p_0}{\nu_0 - \nu_H} = -\left(\frac{dp}{d\nu}\right)_s = \gamma_H \frac{p_H}{\nu_H} \tag{8.8}$$

整理后

$$\frac{\nu_0}{\nu_H} = \frac{(\gamma_H + 1) p_H - p_0}{\gamma_H p_H} \tag{8.9}$$

由式(8.7)和式(8.9)得

$$\frac{p_H}{n_H} = \frac{\nu_H + 1}{2\nu_H} \frac{p_0}{n_0} \frac{T_H}{T_0} \left[1 + \sqrt{1 - \frac{4\gamma_H}{(\gamma_H + 1)^2} \frac{n_0}{n_H} \frac{T_0}{T_H}}\right] \tag{8.10}$$

爆轰波的 Hugoniot 方程

$$h_H - h_0 = \frac{1}{2}(p_H - p_0)(\nu_H + \nu_0) + Q_V \tag{8.11}$$

爆轰速度 $v_{C\text{-}J}$ 为

$$v_{C\text{-}J} = \nu_0 \sqrt{\frac{p_H - p_0}{\nu_0 - \nu_H}} \tag{8.12}$$

上述各式中：R 为通用气体常数；M 为气体平均分子量；γ_H 为混合物比热比；n 为单位质量混合物的摩尔数；ν 为比体积；h 为热焓；Q_V 为单位质量气体混合物的爆轰热；下标“0”表示原始混合气体参数；“H”表示爆轰波 C-J 面参数。

表 8.2 给出实验所用混合气体的爆轰速度的计算结果和 T_H、p_H/p_0 的值。

4. 结果分析

在冲压加速器中，混合气体中 CH_4 的当量比大于 1。在此情况下由表 8.2 可以看出，随着气体混合物中氧的含量增大，爆轰释放的热量增多，爆轰速度增大；增加混合物中氮的含量时，爆轰速度减小。显然，只改变气体混合物中稀释剂氮的含量，就可以调节其爆轰速度。对于 $2.5CH_4+2.3O_2+5.1N_2$ 方案,由于含氧量过少,甲烷当量比大,故实验时未发生爆轰。

8.4 亚声速燃烧热节制推进一维内流场数值模拟

用平衡化学一维理论模型数值模拟亚声速燃烧热节制推进循环是一种比较简单的方法。该方法虽然不能刻画冲压加速器内流场及燃烧过程的细节,但可以计算出一些重要的无量纲参数的变化规律,对于定量描述冲压加速循环的整体性能是非常有用的。

8.4.1 基本假设

冲压加速过程是极其复杂的,冲压管内不仅存在不同的复杂波系的传播和相互作用,而且还伴随着强烈的化学反应。对于亚声速燃烧热节制推进循环工作模式,为了获得一种能够描述冲压加速整体性能的理论模型,忽略流场与燃烧的细节,提出以下基本假设:

① 冲压管内为一维控制体准定常流动。

② 弹后的热节制点下游为壅塞流。

③ 预混气体的燃烧过程为平衡化学过程,按一步反应进行,不考虑中间产物。

④ 预混气体和反应后的生成物燃气均为完全气体。

⑤ 流动是无黏的,即不考虑气体与管壁或弹体的摩擦。

⑥ 反应物与生成物的热力参量(如定压热容 c_p、比热比 γ 等)均为常数。

8.4.2 平衡化学一维数学方程

对于亚声速燃烧热节制推进循环的一维模型,取控制体如图 8.7 的虚线所示。控制体包括:处于弹丸头部的控制面 1 和产生热节制点的控制面 2 及其所在的冲压管壁,以及弹丸表面。为了简化起见,控制面 2 相对于控制面 1 是固定的,在冲压推进循环中控制体是不变的。参考系固定在弹丸上,这样相对于弹丸的管壁运动速度和弹丸上游的气流速度在数值上都等于弹丸的运动速度,即 $u_1=u_\mathrm{p}$,而弹丸运动加速度 $a_\mathrm{p}=\dfrac{\partial u_\mathrm{p}}{\partial t}$。由于只考虑了控制面 1 与控制面 2 的参量变化,没有计及弹丸形状尺寸对最终解的影响,所以就简化了流场内部细节,如激波系、燃烧波系等。下面以连续方程为例,导出准定常关系式。

对于控制体的时间相关连续方程为

$$\frac{\partial}{\partial t}\int_{\mathrm{CV}}\rho \mathrm{d}V=A(\rho_1 u_1-\rho_2 u_2) \tag{8.13}$$

式中:CV 为控制体;ρ 为气体密度;V 为体积;A 为冲压管截面积;下标 1、2 分别表示控制面 1 与控制面 2 的参数。方程(8.13)左边表示控制体在加速过程中质量的增加

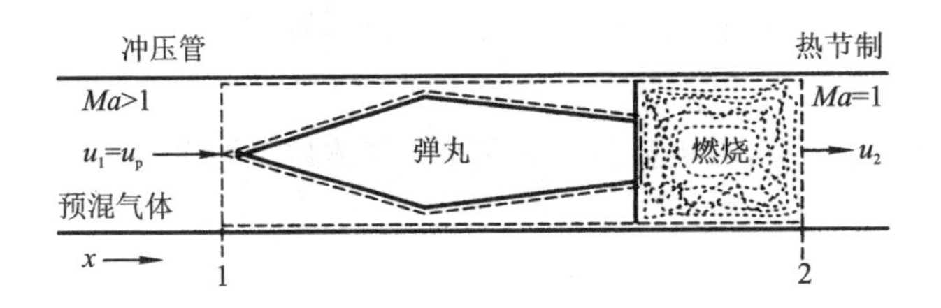

图 8.7　热节制推进循环理想模型示意图

率，该项相对对流项的比值可由下式预估：

$$\frac{\Delta\dot{m}}{\dot{m}_t}=\frac{\dot{m}_{t+\tau}-\dot{m}_t}{\dot{m}_t}=\frac{\Delta u_1}{u_1} \tag{8.14}$$

式中：τ 为流体质点在控制体内的滞留时间；$\dot{m}_t$ 为 t 时刻瞬时质量流量（对流项），即 $\dot{m}_t=\rho_1 u_1 A$；$\Delta u_1=a_p\tau$ 为 τ 时间间隔内流入控制体流体的速度变化量，流体质点滞留时间可近似为 $\tau=\frac{L_{CV}}{u_1}$，这里 L_{CV} 为控制体长度。这样

$$\frac{\Delta u_1}{u_1}=\frac{a_p L_{CV}}{u_1^2}$$

如果 $\frac{\Delta u_1}{u_1}$ 为高阶小量，那么由于弹丸加速而引起控制体内流体质量相对增加 $\frac{\Delta\dot{m}}{\dot{m}_t}$ 的非定常效应可以忽略。数值试验表明，混合气体的燃烧过程在弹后约一个弹长内完成，所以控制体长度可取为 $L_{CV}\approx 2L_p$。对于典型的实验条件，假设 $L_p\approx 0.15$ m，$u_1=2\ 000$ m/s，$a_p=1.5\times10^5$ m/s^2（即约 15 000g），那么 $\frac{\Delta u_1}{u_1}\sim 0.01$，所以控制体内流体质量增加率的非定常效应相当小。这样式(8.13)可写成准定常形式

$$\rho_1 u_1=\rho_2 u_2 \tag{8.15}$$

注意：式(8.15)只表示在给定时刻满足流进流体的质量流量与流出流体的质量流量相等，并不意味着在全部时间内都为常数。

同理，可推导出一维准定常的动量方程与能量方程：

动量方程
$$p_1+\rho_1 u_1^2+\frac{F}{A}=p_2+\rho_2 u_2^2 \tag{8.16}$$

能量方程
$$H_1+\frac{1}{2}u_1^2=H_2+\frac{1}{2}u_2^2 \tag{8.17}$$

方程(8.17)中的焓定义为标准生成焓加上给定状态的焓与标准状态的焓的差值，即

$$H=\Delta H_f^0+(h-h^0)$$

式中：ΔH_f^0 为标准生成焓；h 为给定状态的焓；h^0 为标准状态的焓。则

$$H_2-H_1=(\Delta H_{f_2}^0-\Delta H_{f_1}^0)+(h_2-h_2^0)-(h_1-h_1^0) \tag{8.18}$$

式中:$\Delta H_{f_2}^0 - \Delta H_{f_1}^0$ 为标准状态化学反应的热效应,可表示为

$$-\Delta q^0 = \Delta H_{f_2}^0 - \Delta H_{f_1}^0 \tag{8.18a}$$

式中:Δq^0 放热规定为正,吸热为负。根据完全气体焓的性质有

$$h_1 - h_1^0 = \sum_{i=1}^{m} \int_{T_0}^{T_1} n_i c_{p_i} \, dT \tag{8.18b}$$

$$h_2 - h_2^0 = \sum_{j=1}^{n} \int_{T_0}^{T_2} n_j c_{p_j} \, dT \tag{8.18c}$$

式中:n_i、n_j 分别为反应物与生成物组分的每单位质量摩尔分数;m、n 分别为反应物与生成物的组分数。

状态方程

$$p_1 = \rho_1 R_1 T_1 \tag{8.19}$$

$$p_2 = \rho_2 R_2 T_2 \tag{8.20}$$

马赫数

$$Ma_1^2 = \frac{u_1^2}{\gamma_1 R_1 T_1} \tag{8.21}$$

$$Ma_2^2 = \frac{u_2^2}{\gamma_2 R_2 T_2}$$

由于控制面2在热节制点,所以 $Ma_2 = 1$,即

$$\frac{u_2^2}{\gamma_2 R_2 T_2} = 1 \tag{8.22}$$

方程(8.15)~(8.22)中变量较多,为了简化求解,将方程组整理成相对参量形式。

由方程(8.15)可得

$$\rho_1^2 u_1^2 = \rho_2^2 u_2^2$$

代入马赫数方程(8.21)、(8.22)及状态方程(8.19)、(8.20),可得

$$\rho_1^2 Ma_1^2 \gamma_1 \frac{p_1}{\rho_1} = \rho_2^2 Ma_2^2 \gamma_2 \frac{p_2}{\rho_2}$$

整理得

$$\frac{p_2}{p_1} \frac{\rho_2}{\rho_1} = \frac{\gamma_1 Ma_1^2}{\gamma_2} \tag{8.23}$$

由方程(8.16)两边同除以 p_1 可得

$$\frac{p_2}{p_1} + \frac{\rho_2 u_2^2}{p_1} = 1 + \frac{\rho_1 u_1^2}{p_1} + \frac{F}{A p_1}$$

将方程(8.15)代入上式可得

$$\frac{p_2}{p_1} + \frac{p_2}{p_1} \frac{\rho_2 u_2^2}{p_2} \left(1 - \frac{\rho_2}{\rho_1}\right) = 1 + \frac{F}{A p_1}$$

代入马赫数方程(8.22)与状态方程(8.20),得

$$\frac{p_2}{p_1}=\frac{1+\dfrac{F}{Ap_1}}{1-\gamma_2\left(\dfrac{\rho_2}{\rho_1}-1\right)} \tag{8.24}$$

由方程(8.17)可得

$$H_2-H_1=\frac{1}{2}u_1^2\left(1-\frac{u_2^2}{u_1^2}\right)$$

代入方程(8.15)、(8.21)可得

$$H_2-H_1=\frac{1}{2}Ma_1^2\gamma_1R_1T_1\left[1-\left(\frac{\rho_2}{\rho_1}\right)^{-2}\right] \tag{8.25}$$

当初始条件 p_1、T_1 给定后,方程(8.23)～(8.25)中共有$\dfrac{p_2}{p_1}$,$\dfrac{F}{Ap_1}$,$\dfrac{\rho_2}{\rho_1}$与 Ma_1 四个相对变量,如取其中一个变量为自变量,其余三个变量作为因变量,则可从上述三个方程唯一解出三个因变量,所以方程组是封闭的。注意,方程(8.25)左边 H_2-H_1 只是温度 T_2 的函数,可由式(8.18)～(8.18c)求出,而 $T_2=\dfrac{p_2}{R_2\rho_2}$,所以有

$$H_2-H_1=f\left(\frac{p_2}{p_1},\frac{\rho_2}{\rho_1}\right)$$

8.4.3　计算结果分析

将方程(8.23)～(8.25)牛顿线性化,转变成线性代数方程组,再用高斯(Gauss)全选主元消去法求解线性代数方程组,通过迭代直至满足精度要求,即可得到数值解。

下面对方程组的解进行讨论。无量纲推力$\dfrac{F}{Ap_1}$存在一个最大值$\left.\dfrac{F}{Ap_1}\right|_{\max}$,迭代过程中如果选取的$\dfrac{F}{Ap_1}$超过这个最大值,那么方程就无解;当$\dfrac{F}{Ap_1}$小于最大值时,方程组存在两个解:一个为爆轰解,另一个为爆燃解;当$\dfrac{F}{Ap_1}=0$ 时,这两个解就成为典型的燃烧波解,也就是一个为 C-J 爆轰点,另一个为 C-J 爆燃点。所谓 C-J 爆轰点与 C-J 爆燃点即 Rayleigh 线与 Hugoniot 曲线分别在爆轰段与爆燃段的相切点。从燃烧波的无量纲的参量$\dfrac{p_2}{p_1}$-$\dfrac{\nu_2}{\nu_1}$曲线上可知(ν 为比体积,即 $\nu=\dfrac{1}{\rho}$):典型混合物的 C-J 爆轰点解为$\dfrac{p_2}{p_1}\gg 1$ 且$\dfrac{\nu_2}{\nu_1}\approx 0.5$,而爆燃点解为$\dfrac{p_2}{p_1}\approx 0.5$ 且$\dfrac{\nu_2}{\nu_1}\gg 1$,其中$\left(\dfrac{p_2}{p_1},\dfrac{\nu_2}{\nu_1}\right)=(1,1)$表示初始未反应状态。在实际中,超过 C-J 爆燃点的强爆燃是不存在的。当$\dfrac{F}{Ap_1}$达

到最大值时,两个解趋于同一个解,在$\left(\frac{p_2}{p_1},\frac{\nu_2}{\nu_1}\right)$坐标系中,$\frac{\nu_2}{\nu_1}=1$,这一点为爆轰区与爆燃区的分界点,即$\frac{\nu_2}{\nu_1}<1$为爆轰区,而$\frac{\nu_2}{\nu_1}>1$为爆燃区。方程组的解在$\left(\frac{p_2}{p_1},\frac{\nu_2}{\nu_1}\right)$平面上为C-J爆轰点到C-J爆燃点的连接曲线。

图8.8所示为热力学平面上的计算曲线(压力比-比体积比)。对于不包含推力参数的经典Rankine-Hugoniot曲线中,爆轰与爆燃的分界点$\frac{\nu_2}{\nu_1}=1$是没有物理意义的。因为它意味着$Ma_2=\infty$。在有推力参数的条件下,经过点$\left(\frac{\nu_2}{\nu_1},\frac{p_2}{p_1}\right)=\left(1,1+\frac{F}{Ap_1}\right)$的Rayleigh线将更靠近Hugoniot曲线,这是因为随着无量纲推力$\frac{F}{Ap_1}$的增加,热力学平面上两个相应解的点更加靠近,当无量纲推力达到最大值时,两个解的点就成为一个点。在该点上,Rayleigh线与Hugoniot线相切于唯一的点$\left(\frac{\nu_2}{\nu_1},\frac{p_2}{p_1}\right)=\left(1,1+\left(\frac{F}{Ap_1}\right)\bigg|_{\max}\right)$这样两个解就退化为一个解。

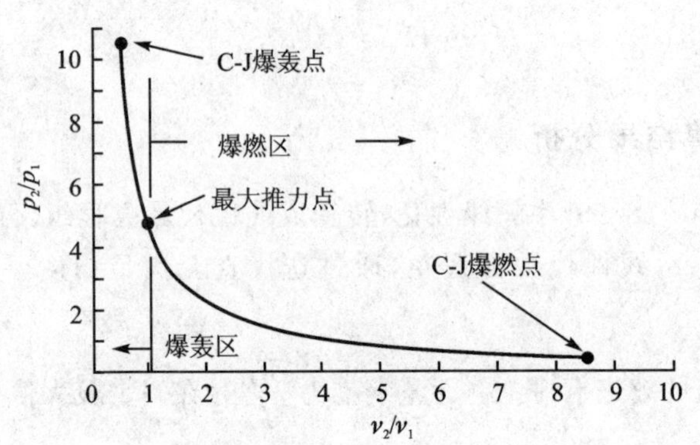

图8.8 热力平面上的压力比随比体积比变化曲线

图8.9所示为无量纲推力与无量纲放热量随马赫数的关系曲线,图中没有给出负推力(阻力)部分的曲线。在实际过程中C-J爆燃点从来没有被观察到,这可从图8.9加以解释。图中的C-J爆轰点是稳定的,而C-J爆燃点是不稳定的。这是因为如果扰动使弹丸运动速度低于C-J爆轰点处的速度(图中Ma_1),将产生正推力,使弹丸加速恢复到原来速度;如果扰动使弹丸运动速度高于C-J爆轰点处的速度,将产生负推力,使弹丸减速到原来速度。而C-J爆燃点的扰动将导致产生一个作用力使弹丸运动速度更加偏离原来速度。

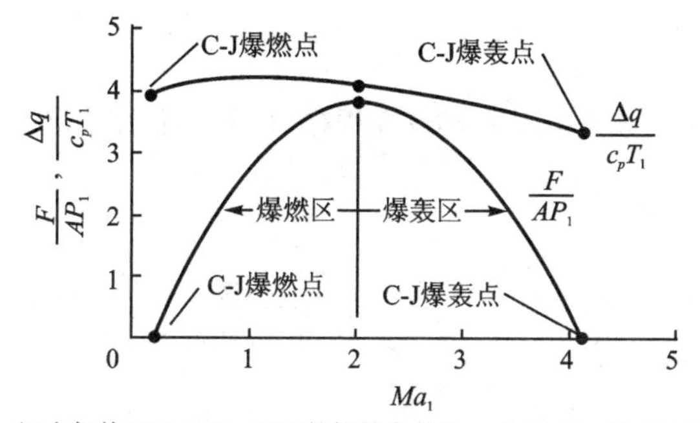

图 8.9　无量纲推力与无量纲放热量随马赫数变化曲线

8.5　亚爆轰推进一维模型的解析解

8.4 节推导出了亚声速燃烧热节制推进循环的化学平衡一维理论模型，并采用数值求解方法获得方程组的数值解。在这一节里，将导出简单的解析式，这样更有利于直接分析各种装填条件对冲压加速性能的影响，亦便于进行弹道估算。

8.5.1　无量纲推力表达式

为了便于分析，首先将能量方程(8.25)中的 H_2-H_1 用反应热表示。由式(8.18)

$$H_2-H_1=h_2-h_1+(\Delta H_{f_2}^0-\Delta H_{f_1}^0)-(h_2^0-h_1^0)$$

式中：$(\Delta H_{f_2}^0-\Delta H_{f_1}^0)-(h_2^0-h_1^0)$表示从初态$(p_1,T_1)$到终态$(p_2,T_2)$过程的反应热。如果规定放热为正，那么有

$$-\Delta q=(\Delta H_{f_2}^0-\Delta H_{f_1}^0)-(h_2^0-h_1^0) \tag{8.26}$$

对于完全气体，如果假设定压比热为常数，那么由焓定义有

$$h_2-h_1=c_{p_2}T_2-c_{p_1}T_1$$

将上式和式(8.26)代入式(8.25)可得

$$c_{p_2}T_2-c_{p_1}T_1-\Delta q=\frac{1}{2}Ma_1^2\gamma_1R_1T_1\left(1-\frac{\rho_1^2}{\rho_2^2}\right) \tag{8.27}$$

此式即为化学反应热 Δq 表示的能量方程。由式(8.24)可得

$$\frac{F}{Ap_1}=\frac{p_2}{p_1}\left[1-\gamma_2\left(\frac{\rho_2}{\rho_1}-1\right)\right]-1$$

将式(8.23)代入上式并消去$\frac{p_2}{p_1}$，即得

$$\frac{F}{Ap_1}=\frac{(1+\gamma_2)\gamma_1Ma_1^2}{\gamma_2}\frac{\rho_1}{\rho_2}-(1+\gamma_1Ma_1^2) \tag{8.28}$$

方程(8.28)中包含 Ma_1 与$\frac{\rho_1}{\rho_2}$两个变量。下面通过能量方程消去$\frac{\rho_1}{\rho_2}$。由能量方程(8.27)两边同除以 $c_{p_1}T_1$,联立质量守恒方程(8.23)与状态方程,并注意到完全气体定压比热 $c_p=\frac{\gamma R}{\gamma-1}$,可得

$$\frac{\gamma_1-1}{\gamma_2-1}Ma_1^2\frac{\rho_1^2}{\rho_2^2}=1+\frac{\gamma_1-1}{2}Ma_1^2+\frac{\Delta q}{c_{p_1}T_1}-\frac{\gamma_1-1}{2}Ma_1^2\frac{\rho_1^2}{\rho_2^2}$$

上式整理后可得

$$\frac{\rho_1}{\rho_2}=\sqrt{\frac{\gamma_2-1}{\gamma_1-1}\frac{2}{(\gamma_2+1)Ma_1^2}\left(1+\frac{\gamma_1-1}{2}Ma_1^2+\frac{\Delta q}{c_{p_1}T_1}\right)} \tag{8.29}$$

将式(8.29)代入式(8.28),整理后可得

$$\frac{F}{Ap_1}=\frac{\gamma_1 Ma_1}{\gamma_2}\sqrt{\frac{2(\gamma_2^2-1)}{\gamma_1-1}\left(1+\frac{\gamma_1-1}{2}Ma_1^2+\frac{\Delta q}{c_{p_1}T_1}\right)}-(1+\gamma_1 Ma_1^2) \tag{8.30}$$

方程(8.30)即为无量纲推力表达式。

从式(8.30)看出,推力 F 与初始混合气体的装填压力 p_1 成正比,无量纲推力$\frac{F}{Ap_1}$随马赫数 Ma_1 的变化规律如图 8.9 所示。在爆燃区,$\frac{F}{Ap_1}$随 Ma_1 的增加而增大;在爆轰区,$\frac{F}{Ap_1}$随 Ma_1 的增大而减小。当推力趋于零时,式(8.30)给出对应的马赫数 Ma_1 为

$$Ma_1=\left(\frac{\alpha\pm\sqrt{\alpha^2-\beta}}{\beta}\right)^{\frac{1}{2}} \tag{8.31}$$

式中:$\alpha=\left(\frac{\gamma_1}{\gamma_2}\right)^2\left(\frac{\gamma_2^2-1}{\gamma_1-1}\right)\left(1+\frac{\Delta q}{c_{p_1}T_1}\right)-\gamma_1$,$\beta=\left(\frac{\gamma_1}{\gamma_2}\right)^2$。

式(8.31)中正号表示 C-J 爆轰波传播对应的马赫数,负号表示 C-J 爆燃波传播对应的马赫数。在冲压加速实际过程中,一般为爆轰波传播,因此在不考虑摩擦的情况下,热节制推进模式的极限速度为 C-J 爆轰速度。

有了无量纲推力$\frac{F}{Ap_1}$随马赫数 Ma_1 的关系式(8.30),根据最大推力的条件

$$\frac{\partial\left(\frac{F}{Ap_1}\right)}{\partial Ma_1}=0$$

可导出最大推力的马赫数为

$$Ma_1=\sqrt{\frac{\gamma_2-1}{\gamma_1-1}\left(1+\frac{\Delta q}{c_{p_1}T_1}\right)} \tag{8.32}$$

将式(8.32)代入式(8.30),则最大推力为

$$\left(\frac{F}{Ap_1}\right)_{\max}=\frac{\gamma_1}{\gamma_2}\frac{\gamma_2-1}{\gamma_1-1}\left(1+\frac{\Delta q}{c_{p_1}T_1}\right)-1 \tag{8.33}$$

若在整个加速过程中比热比 γ 保持不变，则最大推力直接与反应热成正比，即

$$\left(\frac{F}{Ap_1}\right)_{\max}=\frac{\Delta q}{c_{p_1}T_1} \tag{8.34}$$

有意思的是：式(8.32)相当于条件 $u_2=u_1$，u_2 和 u_1 分别对应流出和流进控制体的气流速度，也就是当热节制点相对于管壁不动时的推力为最大，下面证明之。

由质量守恒方程(8.15)，当 $u_2=u_1$ 时，$\frac{\rho_2}{\rho_1}=1$，代入式(8.29)可得

$$\sqrt{\frac{2(\gamma_2-1)}{(\gamma_1-1)(\gamma_2+1)Ma_1^2}\left(1+\frac{\gamma_1-1}{2}Ma_1^2+\frac{\Delta q}{c_{p_1}T_1}\right)}=1$$

整理后即为式(8.32)。

下面分析影响冲压加速的因素。由牛顿第二定律，弹丸在推进过程中的加速度为

$$a=\frac{F}{m}=\frac{Ap_1}{m}\frac{\gamma_1 Ma_1}{\gamma_2}\left[2\left(\frac{\gamma_2^2-1}{\gamma_1-1}\right)\left(1+\frac{\gamma_1-1}{2}Ma_1^2+\frac{\Delta q}{c_{p_1}T_1}\right)\right]^{\frac{1}{2}}-(1+\gamma_1 Ma_1^2) \tag{8.35}$$

从式(8.35)可知，影响弹丸加速的因素主要有四个，即初始装填压力 p_1、弹丸质量 m、弹丸运行马赫数 Ma_1 及混合气体的无量纲反应热$\frac{\Delta q}{c_{p_1}T_1}$。

① 提高装填压力 p_1 可提高弹丸的加速度，但在一些突发情况下，冲压加速管内的压力会在瞬时突然提高，最大压力可超过初始装填压力的 50 倍，而且在装填压力较高时，会出现不稳定燃烧现象。出于安全考虑，在冲压加速试验时，初始装填压力一般都限制在 50 MPa 以下。

② 从式(8.32)、(8.33)可以看出，当马赫数 Ma_1 在最大推力马赫数的某个范围内，可达到较大推力的效果。为了保证在连续的冲压加速中，达到较大推力的效果，必须改变混合气体的声速，为此可采用多节冲压加速管内装填不同组分不同配比的预混气体，使弹丸始终工作在最大推力的马赫数范围内。

③ 提高预混气体无量纲放热量$\frac{\Delta q}{c_{p_1}T_1}$，可提高弹丸的冲压加速度。为了获得较高的$\frac{\Delta q}{c_{p_1}T_1}$，可利用降低惰性气体含量或增加氧气含量，但这两种方法有可能使燃烧不稳定。大量的实验结果表明，当预混气体的$\frac{\Delta q}{c_{p_1}T_1}$约等于 5.0 时，效果较好。若进一步提高$\frac{\Delta q}{c_{p_1}T_1}$的值，燃烧瞬时发生在弹丸前部，产生“非起动(unstart)”现象。

8.5.2 弹道效率与推力压力比

通常用弹道效率和推力压力比这两个参量来评价冲压加速器的弹道性能。弹道效率 η_b 定义为弹丸动能的变化率与化学能释放速率之比,即

$$\eta_b = \frac{Fu_1}{\dot{m}\Delta q} \tag{8.36}$$

式中:$\dot{m}=\rho_1 u_1 A$,$\dot{m}$ 为是通过控制体的质量流量;u_1 为弹丸速度;Δq 为加入气流中的单位质量释放出的热量。根据完全气体的声速公式,弹道效率可表示为

$$\eta_b = \left(\frac{F}{p_1 A}\right)\frac{c_1^2}{\gamma_1 \Delta q} \tag{8.37}$$

由式(8.37)可以看出,当给定混合气体后,弹道效率与无量纲推力成正比。当无量纲推力达到最大值时,弹道效率也趋于最大值;而当弹丸运动速度趋于C-J爆轰速度时,弹道效率趋于零。在亚声速燃烧热节制推进循环中,若 γ 和 c_p 为常数,由最大推力公式(8.34)可得弹道效率最大值为

$$\eta_{b\max} = \frac{\gamma - 1}{\gamma} \tag{8.38}$$

该式确定了弹道效率的上限,决定于 γ 的有效平均值,对于某些有应用价值的混合气体,其上限为0.16~0.30。弹道效率与混合气体的成分和配比有关,随着弹丸速度的增大弹道效率下降。这是因为,处于燃烧层后高压区对速度的变化非常不敏感,以至弹丸速度增大时头部波阻显著增大,使弹道效率下降。

推力压力比 ϕ_t 定义为弹丸净平均推力(推力除以弹丸最大断面积)与循环中最大压力之比,即

$$\phi_t = \frac{F}{A_p p_m} = \left(\frac{F}{p_1 A}\right)\left(\frac{p_1}{p_m}\right)\left(\frac{A}{A_p}\right) \tag{8.39}$$

式中:A_p 为弹丸最大断面积;p_m 为最大静压,通常处于弹底部位,在热节制推进循环中随弹丸马赫数增加而单调增加。推力压力比 ϕ_t 的最大值出现在低马赫数处而不是最大推力处,在热节制推进中它也是随弹丸速度增加而减小。推力压力比 ϕ_t 是一个重要的弹道性能参数,因为它可以提供一个装置的发射能力与最大压力、弹丸和冲压管寿命的比较量度。ϕ_t 的增大,可以在给定冲压管的强度条件下,允许增加装填压力。对于亚声速燃烧热节制模式,ϕ_t 一般在0.15~0.7之间。

图8.10所示为弹道效率随弹丸速度变化的计算与实验结果比较。计算结果表明,随着弹丸速度增大,弹道效率下降。当弹丸速度较低或较高时,计算结果与实验数据差别较大。这是因为:当弹丸刚进入冲压管,运动速度较低时,点火延迟与启动瞬时性现象是造成理论计算结果与实验有较大差别的主要原因,而这些非定常现象在一维准定常模型中并没有考虑;随着弹丸速度增大,喉部下游弹体上的正激波向弹后部移动,直至脱离弹体而稳定在冲压管的"平衡"位置,当正激波脱体后弹道效率急

剧下降，而一维控制体模型并没有考虑正激波系移动等因素的影响。因此，一维控制体模型在预测弹丸加速较为稳定并且正激波处于喉部下游弹体时，其精确度较高。

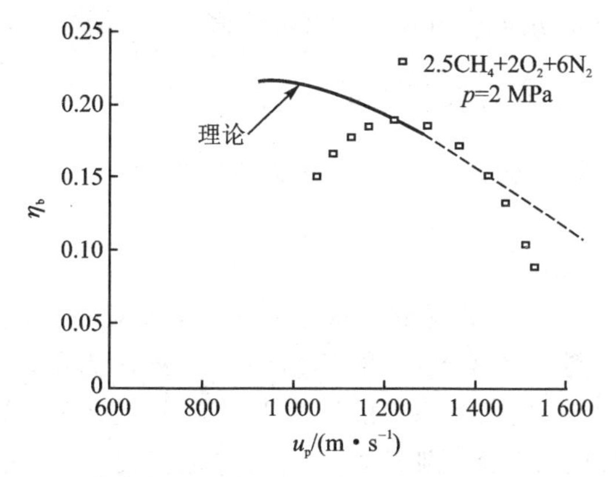

图 8.10　弹道效率随弹丸速度变化规律的计算与实验比较

8.6　冲压加速过程的测试技术

8.6.1　测试方法

在目前的实验条件下，要获得弹丸在冲压加速过程中流谱与燃烧过程的全部特征是不可能的，但可得到反映冲压加速主要特征的一些物理量的变化规律。

（1）膛壁压力

在冲压管壁不同位置上安装压电传感器，通过数据采集与处理系统，就可获得不同测压孔位置上的膛壁压力随时间变化曲线。

（2）弹丸速度

在弹丸上固定环形磁盘，在冲压管不同位置上安装电磁传感器。当弹丸加速运动时，电磁传感器就记录下弹丸不同位置随时间变化的关系，即 $x-t$ 曲线。经一次微分处理，即得 v_p-t 曲线或 v_p-x 曲线；二次微分处理，即得 a_p-t 曲线或 a_p-x 曲线。

（3）火焰温度

冲压管不同位置上安装光导纤维探测器，用于测量已燃气体燃烧波通过时发出的光亮度，经过处理后，即可获得燃烧气体的温度。

（4）弹丸烧蚀

在冲压器出口处，利用 X 光探测技术或者高速摄影技术，可以探测到弹丸在膛内超高速加速后因烧蚀而引起的形状变化。

（5）气体组分

当混合气体装填完，在冲压管不同位置上采样，利用谱分析的方法，确定混合气

体的组分,判断是否均匀混合。

(6) 爆轰速度

利用爆轰管,可测定出混合气体 C-J 爆轰速度。

8.6.2 三种工作模式实验结果分析

以美国华盛顿大学 38 mm 口径冲压加速器试验结果分析三种不同工作模式的特征。

1. 热节制模式

图 8.11 所示为典型的热节制模式物理量随时间变化的曲线。第一个压力脉冲是由弹丸扩压段上的斜激波系产生的,紧接着一系列压力脉动使压力增大到峰值 40 MPa,之后压力下降。斜激波系后的压力上升是由于正激波的缘故,燃烧区流动为亚声速。由于热量加入使弹后亚声速流加速到壅塞流,并且热节制点后燃烧产生的非定常膨胀,使得峰压之后压力衰减。

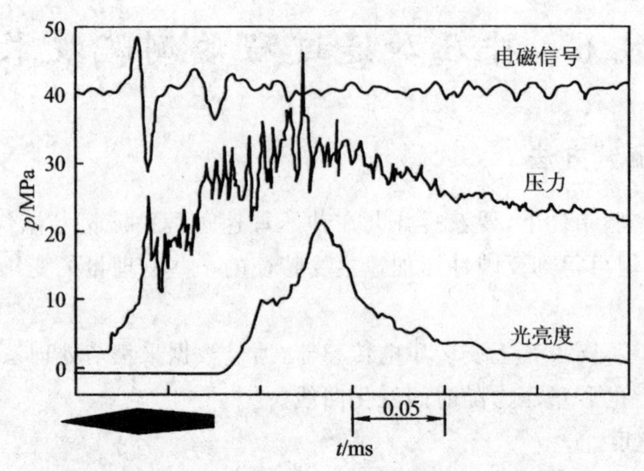

混合气体:$3.5CH_4+2O_2+6.5He$;装填压力:2.5 MPa;速度:v_p=2 020 m/s,Ma=3.7

图 8.11　热节制模式中电磁、压力与宽带光照度信号

图中最上的一条曲线表示处于压力传感器同一横截面上的电磁传感器输出信号。零交叉的第一个信号是由于弹丸喉部上环形磁盘通过时产生的,其后的零交叉表示弹丸尾端面。这些信号对于确定弹上的波系位置非常有用,弹丸运动速度也可通过信号的数据处理得到。

图中最下一条曲线表示处于压力传感器和电磁传感器同一截面上的光导纤维探测器得到的光亮度曲线。假设主要发光是由于弹后亚声速区贫氧燃料燃烧生成碳颗粒引起的。碳颗粒发射是黑体辐射,其峰值表示最高气体温度。

2. 跨爆轰模式

图 8.12 所示为跨爆轰模式的压力与电磁传感器输出信号曲线,其中混合气体为

4.5CH_4+2O_2+2He，装填压力 2.5 MPa，实验测得的 C-J 爆轰速度为 2 050 m/s。65 g 弹丸，初速为 1 300 m/s（*Ma* 为 2.8）连续加速到 2 250 m/s（*Ma* 为 5.0）。图 8.12 对应的弹丸运动速度为 2 150 m/s，*Ma* 为 4.8，$\frac{v_p}{v_{C\text{-}J}}$=105%。亚爆轰模式表明，当弹丸速度接近于 C-J 爆轰速度时，正激波将从弹体上脱落，推力趋于零。但当弹丸速度超过 C-J 爆轰速度时，激波不但没有脱体反而向弹体上游移动，图中可清楚地看出激波系完全依附在弹体上。由于较高的马赫数，初始斜激波系比图 8.11 中的波系更窄并且强度更高。

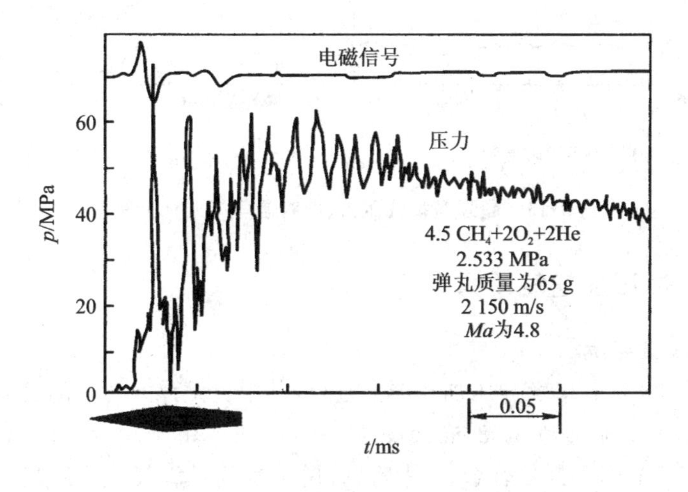

图 8.12　跨爆轰模式压力与电磁信号

3. 超爆轰模式

实验时装填的混合气体为 0.6CH_4+2O_2+3.3CO_2，装填压力为 1.6 MPa，实验测得的 C-J 爆轰速度为 1 650 m/s。弹丸在进入超爆轰模式之前，先利用冲压加速器亚爆轰模式加速到 2 000～2 200 m/s，即弹丸初速达到 C-J 爆轰速度的 120%～130%。

图 8.13(a)所示为压力传感器与电磁传感器测得的信号。此时弹丸速度为 2 070 m/s，*Ma* 为 7.1，$\frac{v_p}{v_{C\text{-}J}}$=125.4%。该压力曲线为典型的超爆轰模式曲线，与图 8.11 所示的亚爆轰模式曲线有明显的不同。从图中可以看出，压力突然上升到 80 MPa 左右(50 倍装填压力)，紧接着存在一系列幅值小于该峰压的压力脉动，最后压力趋于稳定值 50 MPa 左右。

图 8.13(b)所示为处于图 8.13(a)之前 0.3 m 处的压力传感器与光导纤维探测器输出信号，其实验条件同图 8.13(a)。弹丸速度为 2 040 m/s，*Ma* 为 7.0，$\frac{v_p}{v_{C\text{-}J}}$=123.6%。压力曲线的特征同图 8.13(a)。比较图 8.11 与图 8.13(b)的光纤探测器

输出信号,当弹丸处于亚爆轰模式,燃烧主要发生在弹后;当弹丸处于超爆轰模式,燃烧主要发生在弹体上,弹后的光散射可能是碳颗粒的重新结合或者重新生成引起的。

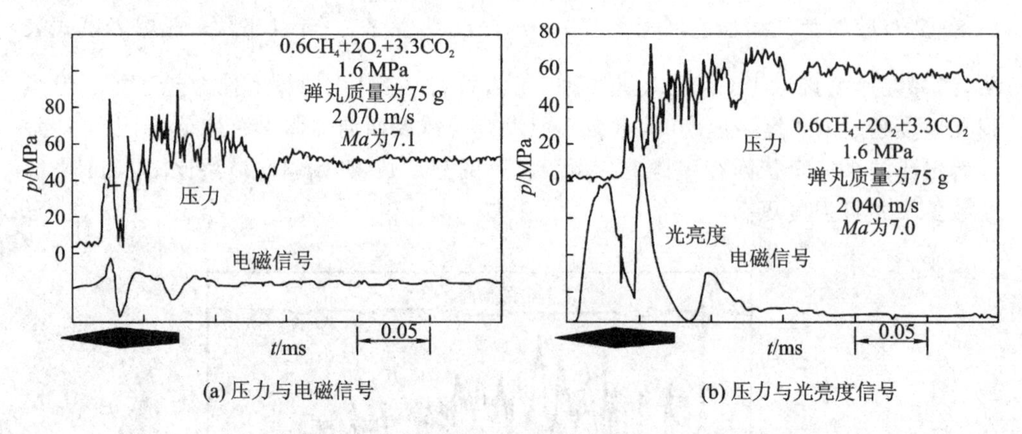

(a) 压力与电磁信号　　(b) 压力与光亮度信号

图 8.13　超爆轰模式压力、电磁信号与光亮度信号

8.6.3　冲压加速气动力分析

1. 实验装置与步骤

实验是在 38 mm 口径冲压加速器上进行,其中提供弹丸初速的发射装置为 6 m 长的轻气炮,冲压加速管为 8 根 2 m 共 16 m 长。用于甲烷—氧气—氮气低压(2.5 MPa)实验的弹丸为铝合金,4 片筋翼;用于氢气—氧气—甲烷高压(5.0 MPa)实验的弹丸为铝与钛合金,5 片筋翼。实验表明,5 片筋翼在单级加速时更容易实现跨爆轰模式。

为了避免弹丸初进冲压管时密封装置脱落过程与弹丸初始点火扰动的影响,在所有实验中都以第二级开始作为试验段,此时弹丸经过 2 m 长的第一级初始段($2.8CH_4+2O_2+5.7N_2$)后,可视为进入准稳态燃烧阶段。在装填 2.5 MPa 甲烷、氧气与氮气的低压试验中,弹丸离开轻气炮口的初速为(1 130±25) m/s,经过第一级初始段加速后,进入试验段的速度为(1 390±20) m/s;而在装填 5.0 MPa 氢气、氧气与甲烷的高压试验中,弹丸离开炮口的初速约为 1 150 m/s,从初始段进入试验段的速度为(1 530±25) m/s。

2. 低压实验

首先分析无量纲放热量 $Q\left(Q=\dfrac{\Delta q}{c_{p_1}T_1}\right)$ 随稀释剂 N_2 变化的实验关系。对于一系列实验,燃料当量比固定为 2.8,而改变氮气稀释量($2.8CH_4+2O_2+xN_2$)。该燃料当量比的选择是根据华盛顿大学试验结果而确定的,对于一级加速试验所取混合物 $2.8CH_4+2O_2+5.7N_2$ 可实现稳定可靠的跨爆轰运行模式。对于给定混合物,放热量 Q 随弹丸马赫数的增加而减少。这是由于热壅塞条件下 $Q-Ma$ 平面上滞止温度

增加,导致更多的离解热损失。值得强调的是,这里给出的 Q 值是在热壅塞条件下的放热量。对于跨爆轰与超爆轰模式,流动不可能在弹后冲压管中热壅塞,此时该 Q 值不是真实的放热量,但可定量表示相似流动条件下不同化学组成的有效放热量。

下面分析低压冲压加速实验结果。在混合的 $2.8CH_4+2O_2+xN_2$ 中,x 值范围为 3~12。图 8.14 所示为弹丸运动速度随位移关系的实验结果。氮气含量最高的两种混合($9.0N_2$ 与 $12N_2$)不能实现正常的燃烧,并且驱动激波脱体,所以出现减速,其余的一直加速到“非起动(unstart)”为止。

作为一般规律,混合物能量越低(氮气含量高),弹丸在“非起动”之前运动得越远。对于给定燃料当量比的混合物,弹丸极限速度存在一个最大值,这也可从图 8.15 所示的 $Q-Ma$ 平面上清楚看到。C-J 爆轰波与 Q 和 Ma 都有关,大多数混合物都能保证弹丸实现跨爆轰运行模式。实验中 $2.8CH_4+2O_2+4.8N_2$ 混合物呈现出最大弹丸极限速度。随着氮气含量增加,“非起动”发生在弹丸低速段,但由于混合物能量降低使弹丸加速度减小,这样其弹丸在减速前管内飞行距离更长。这种热交换和弹丸磨损的长历程将很难使“非起动”现象归咎于纯气动力原因,弹丸也可能遭到严重的筋翼烧蚀而导致严重的倾斜并最终引起“非起动”。随着混合物能量提高(氮气含量低),“非起动”发生得越早,这种情况下弹丸经历的热交换和筋翼烧蚀都较短,可认为是由于气动力引起“非起动”的。

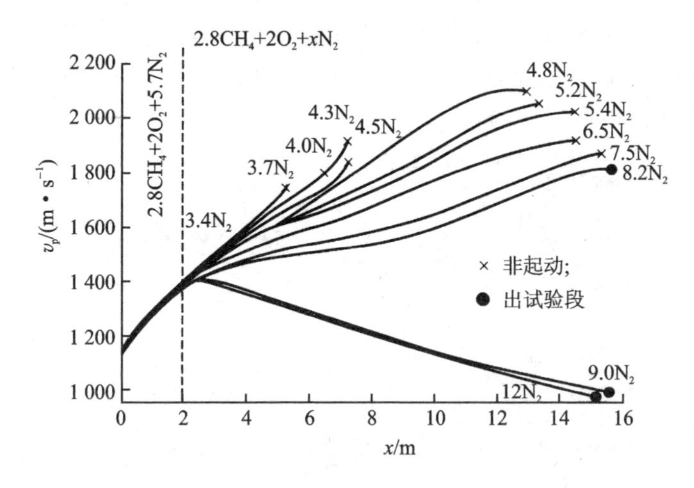

图 8.14　*Ma* 为 3.8 时不同氮稀释量混合物的速度-位移关系

3. 高压实验

首先为热壅塞条件下,$2H_2+2O_2+xCH_4$ 混合物的放热量 Q 随甲烷含量变化的规律。$2H_2+2O_2$ 的摩尔质量为 17,而 CH_4 的摩尔质量为 16,所以 $2H_2+2O_2+xCH_4$ 混合物的摩尔质量随甲烷含量变化的影响很小。这三种气体的比热比也相差很小,因此不同甲烷含量的混合物的声速几乎固定为 449 m/s。为了实现贫氧燃烧,要求 $x>0.5$,这样可降低摩尔比不稳定性对放热量的敏感度,而且贫氧燃烧也有利

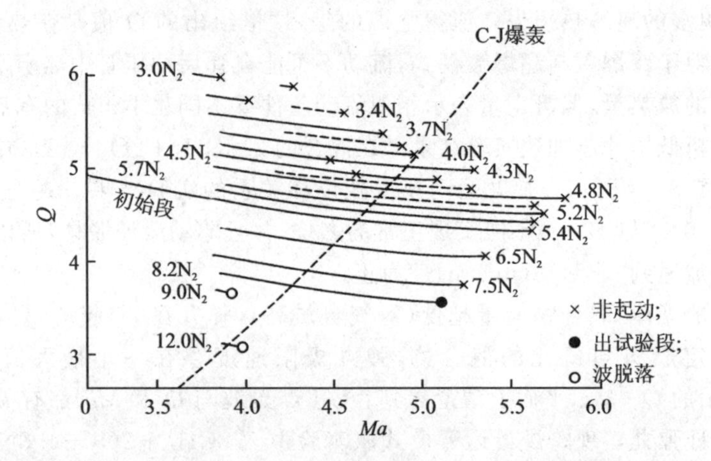

图 8.15 不同氮气含量的热壅塞放热量与飞行 *Ma* 的关系

于减少弹丸的烧蚀。甲烷既起到燃料又起到稀释剂的双重作用。弹丸的马赫数对 $2H_2+2O_2+xCH_4$ 混合物的 Q 的影响比对 $2.8CH_4+2O_2+xN_2$ 混合物的 Q 的影响要大一些。

图 8.16 所示为不同甲烷含量弹丸运动速度随位移变化的曲线，其中 $2H_2+2O_2+xCH_4$ 中的 x 变化范围为 4.8～9。能量最低混合物($x=9.0$)不能实现正常燃烧并且驱动激波脱体，所以弹丸一直减速到 $Ma=2.6$。另一能量较低的混合物($x=7.0$)能够实现正常燃烧，并一直加速到出口速度为 2 070 m/s。其余的都在试验段加速一段距离后出现“非起动”。

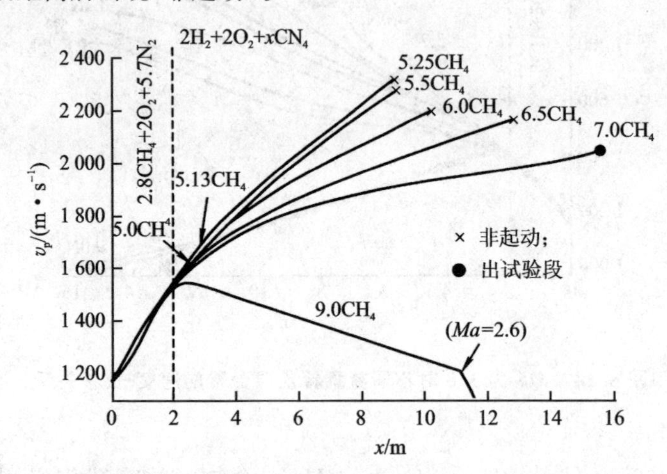

图 8.16 不同甲烷含量弹丸运动速度随位移变化曲线

将实验结果画在图 8.17 所示的 $Q-Ma$ 平面上，运行极限将更加清楚。弹丸最大极限速度对应于能实现冲压加速运行的最大能量混合物，这一点同氮气作为稀释剂的混合物不同，那里最大极限速度对应的混合物介于最大与最小能量之间。高低

压两组不同稀释剂试验也有相似之处：①在跨爆轰运行的极限速度连线几乎与 C-J 爆轰线平行。②增加弹丸极限速度需要减少稀释剂的含量。

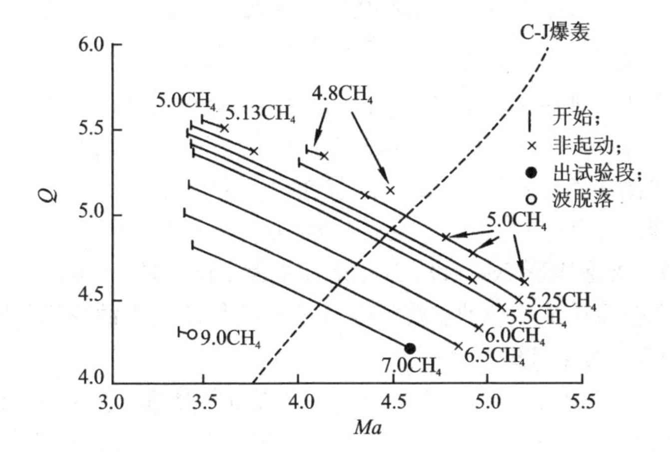

图 8.17　不同甲烷含量的热壅塞放热量与飞行 Ma 的关系

参考文献

[1] 金志明. 高速推进内弹道学[M]. 北京:国防工业出版社, 2001.

[2] 周彦煌, 王升晨. 实用两相流内弹道学[M]. 北京:兵器工业出版社, 1990.

[3] 王金贵. 气体炮原理及技术[M]. 北京:国防工业出版社, 2001.

[4] 王莹, 肖峰. 电炮原理[M]. 北京:国防工业出版社, 1995.

[5] 谈乐斌,等. 火炮概论[M]. 北京:北京理工大学出版社, 2005.

[6] 陆欣. 多孔介质中液体药的燃烧特性及其在随行装药中的应用[博士论文]. 南京:南京理工大学, 1997.

[7] 陆欣, 张浩, 周彦煌, 等. 埋头弹内弹道过程数值分析[J]. 南京理工大学学报, 2008, 32(6): 690-694.

[8] LU X, ZHOU Y H , YU Y G . Experimental Study and Numerical Simulation of Propellant Ignition and Combustion for Cased Telescoped Ammunition in Chamber[J]. Transactions of the ASME, Journal of Applied Mechanics, 2010, 77(5): 051402-1～051402-5.

[9] LU X, ZHOU Y H , YU Y G. Experimental and Numerical Investigations on Traveling Charge Gun Using Liquid Fuels[J]. Transactions of the ASME, Journal of Applied Mechanics, 2011, 78(5): 051002-1～051002-6.

[10] 张兆顺, 崔桂香. 流体力学. 2版[M]. 北京:清华大学出版社, 2006.

[11] [美]路德维希·施蒂费尔. 火炮发射技术[M]. 杨葆新, 袁亚雄译. 北京:兵器工业出版社, 1993.

[12] 王升晨, 周彦煌,等. 膛内多相燃烧理论及应用[M]. 北京:兵器工业出版社, 1994.

[13] HUSTON M G, STAVENJORD K H, SANKHLA C, et al. DOD Cased Telescoped Ammunition and Gun Technology Program[R]. Arlington, VA: Inspector General Department of Defense, 1999.

[14] FARRAND T G. Initial Evaluation of the CTA International 40mm Cased Telescoped Weapon System[R]. U.S. Aberdeen, MD:Army Research Laboratory, 2000.

[15] 金佑民, 樊友三. 低温等离子体物理基础[M]. 北京:清华大学出版社, 1983.

[16] LOEB A, KAPLAN Z. A Theoretical Model for the Physical Processes in the Confined High-pressure Discharges of Electrothermal Launchers[J]. IEEE Transactions on Magnetics, 1989, 25(1): 342-346.

[17] KLINGENBERG G. Experiments with Liquid Gun Propellant[J]. Journal of Ballistics, 1989, 10: 2469-2518.

[18] MORRISON W F, KNAPTON J D, BULMAN M J. Liquid Propellant Guns [R]. ADA188575, 1987.

[19] AZZERBONI B, CARDELLI E, RAUGI M, et al. Some Remarks on the Current Filament Modeling of Electromagnetic Launchers[J]. IEEE Transactions on Magnetics, 1993, 29(1): 643-648.

[20] HE J L, LEVI E, ZABAR Z, et al. Analysis of Induction-type Coilgun Performance Based on Cylindrical Current Sheet Model[J]. IEEE Transactions on Magnetics, 1991, 27(1): 579-584.

[21] 向红军. 电磁感应线圈炮原理与技术[M]. 北京：兵器工业出版社, 2015.

[22] 王靖君, 赫信鹏. 火炮概论[M]. 北京：兵器工业出版社, 1992.

[23] 魏世孝. 兵器系统工程[M]. 北京：国防工业出版社, 1989.

[24] 潘锦珊. 气体动力学基础[M]. 北京：国防工业出版社, 2012.

[25] 吴建民. 高等空气动力学[M]. 北京：北京航空航天大学出版社, 1992.